気候変動リスクとどう向き合うか

企業・行政・市民の賢い適応

西岡秀三
植田和弘
森杉壽芳
〔監修〕

損害保険ジャパン
損保ジャパン環境財団
損保ジャパン日本興亜リスクマネジメント
〔編著〕

一般社団法人 金融財政事情研究会

はじめに

地球環境戦略研究機関

西岡　秀三

1　確実に進む気候変化

　地上平均温度の上昇ペースが、加速していることが、観測されている。この上昇がそのまま続けば、日常の気象パターンが変わり、水資源、水災害、自然生態系、食料等のさまざまな分野に、大きな影響をもたらすことは間違いない。

　自然生態系にしても人間社会システムにしても、少しの影響に対しては耐性がある。陸上・海洋の植物・動物等の生態系は、温度上昇やそれに起因する気象環境変化に対して、ある程度の範囲まではそのままの状態で対応できるうえ、変化が大きければ、自身を変えて対応することが可能である。人間社会も、暑ければエアコンを入れ、風水害の変化に対しては治山治水インフラを強化して対応することができる。このように、現に生じているまたは予想される気候変動とその影響に対応して自然システムまたは人間システムを調整し、その損害を和らげ、またはなんらかの便益があるとすればその機会をうまく活用することを、気候変動への「適応（adaptation）」という。

　気候変化の原因が何であれ、適応可能性には限度があるから、いつかは気候を安定化しなければならない。しかしそれが自然な変化であるならば、生態系や人間社会は、その変化に一生懸命追従し適応していくしか手立てがない。だが、現在進行している気候変化が人為的原因によるものであれば、その原因をコントロールして、適応可能な範囲に気候を安定化することによって、生態系や人間社会は存続していくことができる。

　世界の専門家による「気候変動に関する政府間パネル（IPCC）」の第5次報告（AR5：2013年）では、いまの気候変化は人間活動から排出される温室効果ガス（GHG）によってもたらされた可能性がきわめて高い、と述べている。このことはまた、人為的なコントロールで気候変化を「緩和（mitigation）」することが可能であることを意味している。GHGの排出抑制によってうまく「緩和」できれば、少ない「適応」努力で、生態系や人間社会は生き残っていくことができる。

　GHG排出抑制によって気候を安定化するための取組みが、UNFCCC（国連気候変動枠組条約）によって進められている。京都議定書で定めた先進国の一部だけがGHG排出を抑制するという約束では、気候安定化は困難とみられている。そのため、UNFCCCでは、2020年からすべての加盟国が削減に参加する国際的仕組みを、

2015年までにつくりあげることを目指して交渉を進めている。

G8やUNFCCC等、国際社会が目指す、産業革命から2℃以下の上昇に抑えるというレベルでの安定化のためには、2050年の二酸化炭素世界排出総量を、現在の排出量（300億t／年）から半分に下げることが必要とされる。そのためには、2030年には、2010年のコペンハーゲン合意に基づく各国の削減誓約量より、さらに80億t以上削減しなければならないとされる。

しかしながら、GHG排出抑制に関する国際交渉は、遅々として進まない。そのため、このままでは2℃目標を達成できない、という認識が広まりつつある。こうしたなか、世紀末には3～4℃ぐらいまで上がることを見越して、適応を推進していくことの必要性を説く専門家が増えている。

2　緩和と適応の総合的気候政策へ

気候変動の進行やそれに伴う被害が報告され、気候変動を「緩和」するための行動が遅れつつあるなか、気候変動への「適応」が、気候政策の重点にのぼってきている。気候変化が起こることを覚悟し、それぞれの地域で変化に備えた手を打っておくということである。今後の気候政策は、最大限の緩和努力をするとともに、万が一への備えをも同時並行で進める、さらにはこの両方を相乗して進めるという方向にある。

気候変動が注目され始めた1990年代にも、気候変動影響評価に適応能力を考慮しなければならないことが指摘されていたが、政策研究の中心は、気候変動に伴う影響の大きさの予測とどれだけ緩和が可能かの研究にあり、それぞれが別々に進められてきた。しかし2000年代に入り、緩和の推進の困難さに対する認識が広まり、気候変動影響とみられる事象が世界各地で観測され始めたことを受け、緩和による気候安定化を待つことなく、適応を進めていく必要があることが明らかになってきた。

気候変動によって生じる影響は多様であるが、短期的には気温や降水量が極端に振れ、高温現象や集中豪雨・干ばつ等の頻度が増し、気象災害が増大する。長期的には海面上昇が継続的に、止めようがなく進む。これに対応するためには、従来の国土計画や防災計画、インフラ投資に、気候変動への適応の観点を織り込んでいかねばならない（気候変動対策のメインストリーム化）。これによって、国土は自然災害に対していっそう強靭（レジリエント：resilient）さを増す。

適応の研究や制度づくりが世界で進み、国際交渉においても重視され始めた。緩和についても、エネルギー供給側の対策だけでは十分でなく、土地利用や都市インフラ整備まで踏み込んでいかねばならないことが明らかになり、緩和と適応を融合した気候政策を考える時代に入った。

3 適応策を推進する際の課題

　適応を具体的に進めるための個別の対策（適応策）は、これまで各分野でなされてきたものの延長にある。温度と降水のパターンが変わることにより、たとえば水災害の分野では、洪水渇水対策のため、ダムでの貯水を増やさねばならない。食料分野では、農作物の植付け時期をずらす、あるいは植付けする品種を変え、変化する気候にあわせて生産量を保たなければならない。自然生態系の分野に関して、世界規模で起きる広大な生態系変化や種の絶滅等に対して、人類が対応しうる手段はほとんどなく、生態系自体が極方向に移動する、新たな種の進化を待つというように、自然自体の変化に任せるしかない。

　気候変動への適応策は、以下のような気候変動問題の特性をふまえ、構築されねばならない。

① 不可逆性

　いったん影響が顕在化すると、その慣性は強く、気候がもとに戻っても変化はすぐに止まらない。また、もとの状況に戻れる可能性も保証されない。変化を先取りした予防的な取組みが不可欠である。

② 長期継続性

　温暖化による影響は、何世紀にわたるものである。たとえば、南極やグリーンランドの氷は温度上昇に対応してすぐに解けるわけではなく、その温度レベルにあわせてゆっくりと解け始め、数世紀の間、海面を上昇させる。一方、極端現象といわれる、温度・降雨等の振れ幅の大きい変化は、比較的早く現れるであろう。

③ 不確実性

　気候モデル研究が進み、地域的・空間的な気候変化パターンに関して、共通の知見がかなり得られているうえ、コンピュータ性能が上がり、ダウンスケール手法が組み合わされ、高解像度での気候変化が計算できるまでになった。

　しかしながら、気候変化が進んでいる傾向は、すでに確認されているといってよいが、それが、どの地域に、いつごろ、何が、どの程度、起きるかに関して、まだ十分な予測ができていない。また、全球平均温度の上昇予測に関して、研究者が用いるモデルによる違いが大きいうえ、今後の温室効果ガス排出抑制がどれほど進むかによって、上昇速度は異なる。そのため、ある地域での適応策の検討を、ある１つのモデル結果だけを利用して進めることは、むずかしい状況にある。

　こうした不確実性を前提に、幅広い柔軟な考え方で、適応策の検討を進める必要がある。

④ 地域性と多様性

　気候変動の影響はグローバルに及ぶが、気候（気象）変化の状況は地域によって違

ううえ、気候変化で影響を受ける地域の状況は、地域ごとにまったく異なる。農作地帯では水不足が、都市では熱中症が、沿岸部では海面上昇による高潮が、海洋では酸性化による海中生物への影響が、それぞれ重要な問題となってくる。このように、地域ごとに状況が異なり、多様な問題がかかわってくることから、適応策に関する一般的な知識だけでは、対応が困難である。

そのため、地域の状況に根ざした、住民や地方自治体等のステークホルダー自身による、地域の知識を集約した独自のボトムアップ型適応策の立案が不可欠である。すでに国際的には、適応策を検討する地方自治体やNGOのグループが各地域で生まれており、アジアでは、国連環境計画（UNEP）が主導するAPAN（Asia-Pacific Adaptation Network）が、各地域の適応策に関する知識共有ネットワークとして活動している。

⑤ メインストリーミング

メインストリーミングとは、「主流化すること」「意思決定のなかに（適応の）配慮を組み込むこと」を指す。適応策の大半が、各分野で従来進められてきた対策の延長にあるが、既存の対策のなかに適応の視点が組み込まれているケースは少ないのが現状である。そのため、新たに適応策を立てるというよりは、従来の国土形成、都市計画、農業振興、健康政策等に適応策の観点を注入し、よりいっそう強靭な国土を形成していくという方向性が、最も効果的である。

4 本書成立の経過

公益財団法人損保ジャパン環境財団では、「適応」の必要性が世界的に高まったことを受け、わが国における適応のあり方を検討し、その成果を社会に発信するため、有識者による「気候変動への『適応』—主として自然災害リスクへの対応について—」をテーマとする「環境問題研究会」を、2011年から3カ年にわたり開催してきた。

研究会では、適応に関する国際動向、科学研究、理論、中央政府・地方自治体・企業・海外諸国における取組状況等について、研究会委員や外部委員が議論を続けてきた。その中間報告として、2012年11月には、公開シンポジウムを開催し、広く情報発信に努めた。

2014年3月には横浜において、気候変動の影響と適応策に関する最新の科学的知見を評価する「IPCC第5次報告 第二作業部会」の最終まとめ会合が開催される。これを契機に、研究会の成果を取りまとめ、出版することにした。本書が、わが国の各分野における適応への活発な取組みに役立てば幸いである。

【監修者・執筆者紹介】（所属・役職は2014年2月1日現在）

■監修者

西岡　秀三
　　公益財団法人地球環境戦略研究機関　研究顧問

植田　和弘
　　京都大学大学院　経済研究科長・経済学部長

森杉　壽芳
　　日本大学　客員教授、東北大学　名誉教授、一般財団法人　日本総合研究所　技術顧問

■執筆者（執筆順）

西岡　秀三　〔はじめに〕
　　公益財団法人地球環境戦略研究機関　研究顧問

原澤　英夫　〔第1章1－1〕
　　独立行政法人国立環境研究所　理事

高村ゆかり　〔第1章1－2〕
　　名古屋大学大学院　環境学研究科　教授

久保田　泉　〔第1章1－3〕
　　独立行政法人国立環境研究所　社会環境システム研究センター　環境経済・政策研究室　主任研究員

高橋　潔　〔第2章2－1〕
　　独立行政法人国立環境研究所　社会環境システム研究センター　統合評価モデリング研究室　主任研究員

多々納裕一　〔第2章2－2〕
　　京都大学防災研究所　社会防災研究部門　防災社会システム研究分野　教授

横山　天宗　〔第2章2－3、第3章3－2－1、第3章3－2－9〕
　　損保ジャパン日本興亜リスクマネジメント株式会社　CSR・環境本部　CSR企画部　主任コンサルタント

槻木　清隆　〔第2章2－3〕
　　株式会社損害保険ジャパン　個人商品業務部　担当部長

西野　大輔　〔第2章2－3、第3章3－2－9〕
　　株式会社損害保険ジャパン　企業商品業務部　リスクソリューショングループ　課長代理

郷原　健〔第2章2−3、第3章3−2−9〕
株式会社損害保険ジャパン　企業商品業務部　リスクソリューショングループ　副長

森杉　壽芳〔第2章2−4〕
日本大学　客員教授、東北大学　名誉教授、一般財団法人　日本総合研究所　技術顧問

前田　章〔第2章2−5〕
東京大学大学院　総合文化研究科　特任教授

山鹿　久木〔第2章2−6〕
関西学院大学　経済学部　教授

日引　聡〔第2章2−7〕
上智大学　経済学部　教授

辻原　浩〔第3章3−1−1〕
環境省　地球環境局　総務課　研究調査室　室長

斎藤　照夫〔第3章3−1−2、第3章3−2−3〜7〕
損保ジャパン日本興亜リスクマネジメント株式会社　顧問

田中　充〔第3章3−1−3〕
法政大学　社会学部　教授

市橋　新〔第3章3−1−4〕
東京都環境科学研究所　調査研究科　主任研究員、都市自然環境・資源循環対策研究領域長

白井　信雄〔第3章3−1−5〕
法政大学　地域研究センター　特任教授

陸　斉〔第3章3−1−5〕
長野県環境保全研究所　主任研究員

菅原　正〔第3章3−2−2〕
日産自動車株式会社　グローバル内部監査室　主管（コーポレートリスクマネジメント）

竹ケ原啓介〔第3章3−2−8〕
株式会社日本政策投資銀行　環境・CSR部長

蛭間　芳樹〔第3章3−2−8〕
株式会社日本政策投資銀行　環境・CSR部　BCM格付主幹、世界経済フォーラム　リスク・レスポンス・ネットワークパートナー

佐野　　肇〔第3章3-2-9〕
　　損保ジャパン日本興亜リスクマネジメント株式会社 定量評価部 部長

津守　博通〔第3章3-2-9〕
　　損保ジャパン日本興亜リスクマネジメント株式会社 定量評価部 主任研究員

松岡　智江〔第3章3-3-1〕
　　損保ジャパン日本興亜リスクマネジメント株式会社 CSR・環境本部 CSR企画部 主任コンサルタント

米良　彰子〔第3章3-3-2〕
　　特定非営利活動法人オックスファム・ジャパン 事務局長

筒井　哲朗〔第3章3-3-3〕
　　特定非営利活動法人シャプラニール 事務局長

根本　悦子〔第3章3-3-4〕
　　認定特定非営利活動法人ブリッジエーシアジャパン 理事長

関　　正雄〔第4章〕
　　公益財団法人損保ジャパン環境財団 専務理事、明治大学 経営学部 特任准教授

■環境問題研究会「気候変動への『適応』～主として自然災害リスクへの対応について～」参加メンバー（監修者・執筆者以外）
・研究会の発表者
　三村　信男　茨城大学 学長特別補佐 地球変動適応科学研究機関長
　関谷　毅史　環境省 中間貯蔵施設担当参事官
　寳　　　馨　京都大学防災研究所 教授
　小林健一郎　神戸大学都市安全研究センター 准教授
　肱岡　靖明　国立環境研究所 社会環境システム研究センター 持続可能社会システム研究室 主任研究員
・株式会社損害保険ジャパン
　吉田　　彰、松田　博志、笹田紘太朗、中島　陽二、高橋　幸嗣、船井　保宏、中嶋　慎也、島村　祐次、嶋田　行輝、酒井香世子、富沢　泰夫、金井　　圭、後藤　　愛
・公益財団法人損保ジャパン環境財団
　福井　光彦（現 独立行政法人環境再生保全機構 理事長）
　更井　徳子、芦沢　壮一
・株式会社損保ジャパン総合研究所
　槙　絵美子
・損保ジャパン日本興亜リスクマネジメント株式会社
　福渡　　潔、岡崎　康雄、関井　勝善

目　　次

第1章　適応をめぐる動向と課題

1−1　気候変動の影響 …………………………………………………………2
　1　気候変動影響に関する科学的知見 ……………………………………2
　2　気候変動と極端現象 ……………………………………………………6
　3　各国の取組み ……………………………………………………………8
　4　影響評価や適応研究における今後の課題 …………………………11
　〈コラム〉適応策の分類と具体例 ………………………………………13
1−2　適応策を推進するうえでの課題——適応策をめぐる議論と主な論点 …18
　1　気候変動問題における適応策 …………………………………………18
　2　適応策の特質と推進にあたっての課題 ………………………………22
1−3　適応策に関する国際交渉の動向 …………………………………26
　1　気候変動枠組条約および京都議定書における適応の位置づけ ……26
　2　適応策に関する国際交渉の進捗状況 …………………………………27
　3　適応支援のための資金供与制度の現状と課題 ………………………29
　4　国際レベルでの適応支援策の制度設計に関する今後の課題 ………31

第2章　理論面からのアプローチ

2−1　気候変動リスク管理・リスク分析 ……………………………36
　1　気候変動問題と「リスク」 ……………………………………………37
　2　リスク分析の事例 ………………………………………………………39
　3　リスク分析の課題 ………………………………………………………42
2−2　気候変動のもとでの適応策としての災害リスク管理 ………45
　1　気候変動と自然災害 ……………………………………………………45
　2　自然災害リスクの構成要素 ……………………………………………46
　3　災害のリスクとしての特徴とそのリスクマネジメント上の意味 …47
　4　総合的災害リスクマネジメントの必要性 ……………………………51
　5　適応的リスクマネジメントに向けて …………………………………52
　6　リスクマネジメントからリスクガバナンスへ ………………………55
2−3　リスクファイナンスとは …………………………………………60

1　リスクファイナンスの手法……………………………………………………60
　〈コラム〉東日本大震災への対応…………………………………………………63
　　　2　国際的な災害補償制度………………………………………………………66
2－4　災害費用をどう見積もるべきか——成長論を適用した新しい定義と
　　　　計測の提案…………………………………………………………………70
　　　1　従来の水害の定義……………………………………………………………71
　　　2　従来の水害の定義と資本減耗との関係……………………………………72
　　　3　消費変化による水害の定義と算定…………………………………………74
　　　4　ラムゼー動学モデルと定常均衡（持続状態）……………………………76
　　　5　長期比較静学による災害被害の定義と計測………………………………78
　　　6　長期静学便益乗数の算定……………………………………………………79
　　　7　動学便益乗数の推定…………………………………………………………81
　　　8　地球温暖化の動学被害額の試算……………………………………………81
　　　9　ま と め………………………………………………………………………83
2－5　対策をいつ実施するべきか——最適停止問題からの示唆……………85
　　　1　不可逆的な決定………………………………………………………………85
　　　2　最適停止問題…………………………………………………………………86
　　　3　投資問題の例…………………………………………………………………87
　　　4　先送りの意思決定……………………………………………………………89
　　　5　最適な時期の選択……………………………………………………………90
　　　6　最適停止の原理………………………………………………………………92
　　　7　ま と め………………………………………………………………………93
2－6　自然災害に対する賢い選択行動と政府の姿勢……………………………94
　　　1　リスク回避行動としての立地選択…………………………………………95
　　　2　自然災害リスクに対する人々の反応………………………………………97
　　　3　リスク認知に対するゆがみ…………………………………………………99
　　　4　ま と め………………………………………………………………………101
2－7　望ましい水害保険の構築に向けた政府関与のあり方…………………103
　　　1　自然災害と保険………………………………………………………………103
　　　2　なぜ自然災害には政府の関与が必要か……………………………………104
　　　3　海外の政府関与の事例………………………………………………………106
　　　4　ま と め………………………………………………………………………109

目　次　ix

第3章 実践面からのアプローチ

第1節 行政による取組み……………………………………………112

3－1－1 日本における適応への取組み………………………………112
1. 適応策の枠組みと諸外国の取組み………………………………112
2. 日本における気候変動の影響……………………………………114
3. わが国における適応策の取組みについて………………………117
4. おわりに……………………………………………………………119

3－1－2 英国における適応への取組み………………………………120
1. 適応への取組み……………………………………………………121
2. 損失と損害（Loss & Damage）への対応………………………125

3－1－3 地方自治体における適応策の取組動向と課題……………131
1. 気候変動影響の把握と適応に係る全国の自治体の動向………131
2. 主な自治体における適応策の取組事例…………………………135
3. 地域社会が主導する適応策の考え方と今後の課題……………136

3－1－4 自治体の視点からの適応策の考え方………………………138
1. 自治体の視点からみた適応策……………………………………138
2. 簡易なリスク検証の実施…………………………………………140
3. 気候変動予測がもつ不確実性への対処法………………………142
4. 適応策推進上の課題………………………………………………146

3－1－5 長野県における適応策の取組経緯とモデルスタディ……147
1. 長野県における適応策の検討経緯………………………………147
2. 長野県環境保全研究所における関連研究………………………149
3. 長野県における気候変動の影響と適応策の検討課題（モデルスタディ）……………………………………………………………150
4. 長野県および全国各地の先行地域における適応策普及のために………152

第2節 企業による取組み……………………………………………154

3－2－1 企業による取組み……………………………………………154
1. 企業による気候変動リスクの認識………………………………154
2. 企業による適応への取組状況……………………………………157
3. 企業が適応を進めるうえでの課題………………………………161

3－2－2　製造セクターの取組み──日産自動車におけるリスクマネジメントの取組みと自然災害への適応事例……………………………………………163
　1　気候変動と製造セクター……………………………………………163
　2　日産自動車について…………………………………………………163
　3　リスクマネジメント体制……………………………………………163
　4　自然災害リスクへの対応事例………………………………………166
　5　気候変動へのアプローチ……………………………………………170
3－2－3　食品・農林セクターの取組み……………………………………171
　1　気候変動と食品・農林セクター……………………………………171
　2　防止策の取組み………………………………………………………172
　3　損失および損害への対処の取組み…………………………………179
3－2－4　建設・運輸セクターの取組み……………………………………182
　1　気候変動と建設・運輸セクター……………………………………182
　2　適応策の取組み………………………………………………………183
3－2－5　水資源セクターの取組み…………………………………………190
　1　気候変動と水資源セクター…………………………………………190
　2　適応策の取組み………………………………………………………191
3－2－6　エネルギーセクターの取組み……………………………………199
　1　気候変動とエネルギーセクター……………………………………199
　2　適応策の取組み………………………………………………………200
　3　未電化コミュニティのレジリエンスを高める取組み……………204
3－2－7　観光セクターの取組み……………………………………………206
　1　気候変動と観光セクター……………………………………………206
　2　適応策の取組み………………………………………………………207
3－2－8　銀行セクターの取組み──日本政策投資銀行によるBCM格付融資……………………………………………………………………211
　1　気候変動と銀行セクター……………………………………………211
　2　グローバル・リスクとしての気候変動リスク……………………212
　3　企業の事業継続性（Enterprise Resilience）に着目した新たな金融……217
　4　今後の展望……………………………………………………………220
3－2－9　保険セクターの取組み──損保ジャパンによる気候変動への「適応」と「緩和」…………………………………………………222
　1　気候変動と保険セクター……………………………………………222
　2　損保ジャパンについて………………………………………………222

3　損保ジャパンによる気候変動へのアプローチ······223
　　4　タイにおける天候インデックス保険の展開······224
　　5　日本における天候デリバティブの展開······228
　　6　自然災害リスク評価モデル······229
　　7　持続可能な社会の実現に向けて······230

第3節　市民による取組み······231

3－3－1　市民による取組み······231
　　1　市民団体による活動の状況······231
　　2　市民団体による気候変動への取組み······233

3－3－2　フィリピン・インド・エチオピアにおける取組み──オックスファムによる農業・災害分野の取組事例······235
　　1　オックスファムについて······235
　　2　開発促進事業を通じた気候変動への適応······236
　　3　食料システムの革新に向けて······242

3－3－3　バングラデシュ・ネパールにおける取組み──シャプラニールによる災害分野の取組事例······244
　　1　シャプラニールについて······244
　　2　支援活動を通じた気候変動への適応······245
　　3　個人のエンパワーメントと社会の変革に向けて······249

3－3－4　ミャンマーにおける取組み──ブリッジエーシアジャパンによる災害・水資源分野の取組事例······251
　　1　ブリッジエーシアジャパンについて······251
　　2　支援活動を通じた気候変動への適応······252
　　3　困難を抱える人たちに寄り添って······258

第4章　適応の推進に向けた提言

いま日本に何が必要か······260
　　1　「緩和」と「適応」の両輪による気候変動対策······260
　　2　適応策推進の課題と解決に向けた提言······261
　　3　企業への期待と問われる各セクターの役割······266

第 1 章

適応をめぐる動向と課題

1–1 気候変動の影響

国立環境研究所　原澤　英夫

　本稿では、気候変動の影響について、気候変動に関する政府間パネル（IPCC）等の科学的な知見の概要を示し、本書の主要テーマである「適応」を議論する際の、共通情報とすることを意図している。

　まず1では、IPCCによる気候変動に関する科学的知見を示す。2では、現在、世界や日本で発生している熱波や洪水、ハリケーン等の極端現象の影響に関する知見を示す。3では、各国で実施されている影響評価の現状や適応策を、最後の4では、影響評価や適応研究における今後の課題を示す。

1　気候変動影響に関する科学的知見

(1) IPCCについて

　気候変動に関する政府間パネル（IPCC）は、1988年に国連環境計画（UNEP）と世界気象機関（WMO）によって設置された国連機関であり、気候変動の科学的知見を定期的に評価し報告書を作成して公表している（科学的アセスメントと呼ばれる）。

　執筆時点では、2007年に発表された第4次評価報告書（AR4）が最新であるが、第5次評価報告書（AR5）の編集作業が最終段階に入っている。2013年9月には、気候変動の科学や予測を扱うWG1報告書（SPM）が公表され、2014年3月には、影響、適応、脆弱性を扱うWG2報告書が、4月には、緩和策を扱うWG3報告書が公表される。そして9月には、3つの報告書をもとに作成される統合報告書が、総会で審議された後に公表される。従前にも増して、IPCCの編集段階での内容等の情報漏えいに対する規制が厳しくなっている。最新とはいえ科学的知見が公表されるのは、5～6年おきであり、最新の知見の取りまとめのタイミングが長すぎるといった意見が聞かれる。

　AR4が公表されてからも、温暖化の科学的な検討は関連分野で進んでおり、学術論文以外にもレビュー論文や国別の影響報告書というかたちで公表されている。また、英国、ドイツ等、EU各国や米国では、IPCCへの貢献も考慮して、気候変動の影響や適応に関する独自の検討を進めている。たとえば英国では、2008年に気候変動法が成立して以降、定期的に影響に関する報告書を公表している。それを受けて適応計画を策定しており、法のもとで、影響報告書、適応計画を5年ごとに見直すことを義務づけている。

こうした各国における影響や適応研究の成果もIPCCの評価対象となるが、評価報告書の執筆や編集の際は、紙面が限られていることから、科学的により確かな情報（確度の高い情報）を中心に編集がなされる。このため、たとえば、日本に関する影響や適応、さらに緩和策に関する記載も限られたものになることから、そうした情報不足を補う意味で、国が独自に取りまとめる影響報告書が重要な役割を果たしている。日本においては、後述するように、文部科学省、気象庁、環境省が、気候変動研究にかかわる専門家の協力を得て、2013年4月に影響報告書を取りまとめている（文部科学省・気象庁・環境省、2013）。

(2) IPCC第4次評価報告書（AR4）の概要

　執筆時点で最新のIPCC第4次評価報告書（AR4）の影響、適応、脆弱性に関する知見は、おおよそ以下のようにまとめられる（環境省、2007等）。

　　a　温暖化の影響の現状

　温暖化の進行に伴い、世界各地で温暖化の影響が顕在化している。AR4は、「すべての大陸とほとんどの海洋において雪氷、生態系、人間社会に影響が現れていることがわかった」と結論した。2万9,000件を超える観測事例をもとに分析し、そのうちの90％以上に温暖化の影響が有意に表れていると判断している。顕在化している影響としては、以下があげられる。

- 氷河湖の増加と拡大、永久凍土地域における地盤の不安定化、山岳の岩なだれの増加
- 植物の発芽や開花、鳥の渡り、産卵行動等の早期化、動植物の生息域の高緯度・高地方向への移動
- 北極および南極の生態系（海氷生物群系を含む）および食物連鎖上位捕食者の変化
- 多くの地域で湖沼や河川の水温上昇や水質変化
- 熱波による死亡、媒介生物による感染症リスク、水系感染症リスクの増大

　雪氷や生態系への影響が深刻になっていること、加えて社会・経済活動まで影響が及んでいることが明らかになってきた。

　　b　拡大する極端現象の影響

　温暖化の影響として、熱波、豪雨や干ばつ、ハリケーンや台風等の熱帯低気圧等の極端現象（いわゆる異常気象）の影響についても言及されている。特に2003年の欧州熱波や2005年の米国を襲ったハリケーンカトリーナの影響等については、これまで温暖化が進行すると発生すると予測されていたが、地球の平均気温上昇が0.7℃で起きたこと、また従来、影響研究で予測されていた以上に規模が大きく深刻な被害をもたらしたことから、各国政府の政策担当者や影響研究者等の、極端現象に対する関心が非常に高くなっている。そのためAR4公表以降、IPCCでは、AR4をもとにした極端

現象に関する科学的知見を、その後の新たな知見も加え、特別報告書として取りまとめ公表している（詳細は2参照）。

　　c　温暖化の影響の予測

　温暖化の各分野や、各地域へ与える影響の現状と将来予測について、まとめられている。図1はよく引用される図であるが、地球の平均気温と各分野の影響との関連を示すために作成されたものである。

　横軸の気温上昇量は、1980～99年の平均値（1990年頃の値）からの気温上昇量を表している。2010年のCOP16カンクン合意で、産業化前から気温上昇を2℃未満に抑えるため、大幅に温室効果ガスを削減することが必要との認識が、世界各国で共有された。

　長期目標としている気温上昇2℃未満は、産業化前に比べての気温上昇なので、この図と比較する場合には0.5℃を足す必要がある。すなわち横軸目盛り2.0℃は産業化前より2.5℃である。図中の文字は、左端に相当する気温上昇量からそうした現象が起きることを表している。たとえば、生態系影響では、1.5～2.5℃で最大で30％の種が絶滅するリスクがあることを表している。また、実線は、影響研究の結果から影響の出ることを表しており、点線は気温が4～5℃より高くなるとその影響がさらに深刻になることを表しているが、参照しうる影響研究はないことに留意する必要がある。

　分野ごとの影響の概要は以下のとおりである。

① 　淡水資源への影響

　今世紀半ばまでに、年間平均河川流量と水の利用可能性は、高緯度およびいくつかの湿潤熱帯地域において10～40％増加し、多くの中緯度および乾燥熱帯地域において10～30％減少すると予測される。

② 　生態系への影響

　多くの生態系のもつ回復力が、気候変化とそれに伴う撹乱や他の変動要因の同時発生により、今世紀中に追いつかなくなる可能性が高い。

・植物および動物種の約20～30％について、全球平均気温の上昇が1.5～2.5℃を超えた場合、絶滅のリスクが増加する可能性が高い。

・今世紀半ばまでに陸上生態系による正味の炭素吸収はピークに達し、その後弱まる、あるいは排出に転じる可能性が高く、これは気候変化を増幅する。

・サンゴ礁への影響については、約1～3℃の海面温度の上昇により、サンゴの温度への適応や気候馴化がなければ、サンゴの白化や広範囲な死滅が頻発すると予測される。

③ 　農業・食料への影響

　世界の食料生産量は、地域の平均気温の1～3℃までの上昇幅では増加すると予測

図1 世界の平均気温の上昇量と分野ごとの主要な影響（1980～99年）（環境省、2007）

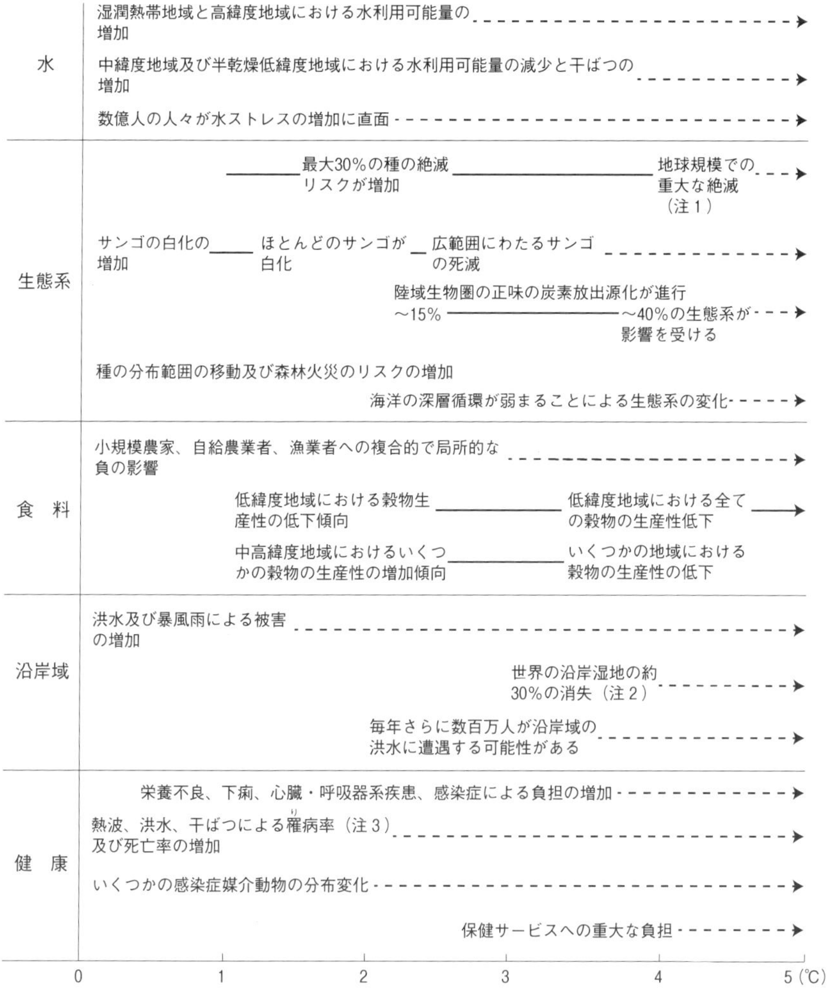

分野	影響
水	湿潤熱帯地域と高緯度地域における水利用可能量の増加
	中緯度地域及び半乾燥低緯度地域における水利用可能量の減少と干ばつの増加
	数億人の人々が水ストレスの増加に直面
生態系	最大30％の種の絶滅リスクが増加／地球規模での重大な絶滅（注1）
	サンゴの白化の増加／ほとんどのサンゴが白化／広範囲にわたるサンゴの死滅
	陸域生物圏の正味の炭素放出源化が進行 ～15％／～40％の生態系が影響を受ける
	種の分布範囲の移動及び森林火災のリスクの増加
	海洋の深層循環が弱まることによる生態系の変化
食料	小規模農家、自給農業者、漁業者への複合的で局所的な負の影響
	低緯度地域における穀物生産性の低下傾向／低緯度地域における全ての穀物の生産性低下
	中高緯度地域におけるいくつかの穀物の生産性の増加傾向／いくつかの地域における穀物の生産性の低下
沿岸域	洪水及び暴風雨による被害の増加
	世界の沿岸湿地の約30％の消失（注2）
	毎年さらに数百万人が沿岸域の洪水に遭遇する可能性がある
健康	栄養不良、下痢、心臓・呼吸器系疾患、感染症による負担の増加
	熱波、洪水、干ばつによる罹病率（注3）及び死亡率の増加
	いくつかの感染症媒介動物の分布変化
	保健サービスへの重大な負担

横軸：0～5（℃）

（注1） ここでは40％以上。
（注2） 2000～80年の海面水位平均上昇率4.2mm／年に基づく。
（注3） 病気の発生率のこと。

されるが、それを超えて上昇すれば、減少に転じると予測される。

④ 沿岸域への影響

2080年代までに、海面上昇により、毎年の洪水被害人口が追加的に数百万人増えると予測される。洪水による影響を受ける人口は、アジア・アフリカのメガデルタが最も多い。また、小島嶼国は特に脆弱であることが指摘されている。

⑤ 人の健康への影響

熱波等の直接影響と、マラリア、デング熱等の間接的な影響が予測されている。

(3) AR4以降の影響研究の動向

IPCCは、前述のように2007年に第4次評価報告書を公表したが、その後、2013～14年を目標に、第5次評価報告書を作成中である。影響、適応、脆弱性を扱うWG2AR5は、30章構成で、適応関連が4章にわたっており、適応の重要性が増してきたことを表している。AR4以降の影響・適応研究の特徴をまとめたレビュー論文等を参考に、影響面の研究動向の概要を示す。

影響予測・評価では、将来気候シナリオに基づき、分野ごとに影響予測モデルを用いて、影響の規模や頻度を予測しているが、気候シナリオや影響予測について不確実性が以前から問題となっていた。そのため、AR4以降、温暖化の影響評価および気候モデルの不確実性評価について確率的な方法が検討されている。たとえば、複数の気候モデル、排出シナリオ（マルチ気候シナリオ、排出シナリオ）による影響予測の結果を確率や確率分布で表示する、影響モデルの変数の不確実性を考慮するといった研究が行われている。

また、成り行き（BaU）シナリオと比較して、GHG削減を考慮した緩和策シナリオのもとで、潜在的な便益の評価が検討されている。たとえば、緩和策が影響低減に資する点を評価する研究、2℃目標の緩和策により、BaUに比べて悪影響を大幅に低減できる、などである。しかし緩和策のみでは影響を排除できないので、適応策は重要である。

分野によって影響研究の進捗には差があるが、概して気候と自然・人間システムの関係の理解には、まだ不確実性がある。たとえば、CO_2の肥沃化効果、極端現象の健康影響、温暖化とマラリア、海洋酸性化の海洋生物影響等である。

また、これまでは地球の平均気温が影響を検討する場合の尺度として利用されてきたが（たとえば、図1）、気温が唯一の影響の尺度ではないという認識が高まっている。具体的には、降水量は気温より将来予測がむずかしい変数であるが、気候モデルの進展により、複数の変数（気温と降水量）を考慮した影響分析が進んできている。

2 気候変動と極端現象

(1) 極端現象に関するIPCC特別報告書

IPCCは、評価報告書で取り上げられた話題のうち、特に関心の高い話題について、特別報告書を作成して、より詳細な内容を取りまとめている。

2011年11月には、「気候変動への適応推進に向けた極端現象及び災害のリスク管理に関する特別報告書（SREX）」を公表した。SREXの目的は、気候変動と極端な気

象・気候現象（極端現象）の関係と、これらの現象の持続可能な開発への影響等に関する文献を評価し、気候変動に関連する災害リスク管理および気候変動への適応策に利用できるようにすることである。特徴として、以下の点があげられる（髙橋、2012等）。

① IPCCAR4の作成時に用いられた複数の気候予測モデルをもとに、極端現象に着目した解析結果が示されるとともに、極端現象と災害に対するリスク管理を適応にどのように活かしていくか等、AR4以降の知見も評価されている。

② 温暖化影響・適応を扱うIPCCWG2、温暖化の科学的根拠を扱うIPCCWG1、さらに防災にかかわる研究コミュニティも加わり、分野横断的な視点で作成されたことが特徴である。一方、各分野の用語の違いも明確になり、用語の定義等に議論に相当時間を費やした。具体的には、極端現象、曝露、脆弱性、災害リスク管理、レジリエンス等の用語である。

③ 気候変動のもたらすリスクの評価や管理に焦点を当てた、初めてのIPCCの報告書である。

④ 極端現象に関する知見として、暑い日／夜の数の増加、寒い日／夜の数の減少（世界的規模、可能性が高い）、降雨の強度の増加（世界的規模、中程度の確信度）、平均海面水位上昇による沿岸域の極端な高潮の増加（可能性が高い）、熱帯低気圧の活動（風速、発生数、持続期間）の変化（低い確信度）が示されている。

IPCC評価報告書では、発行を重ねるごとに極端現象にかかわる科学的知見を蓄積しており、その不確実性の幅が狭まっているが、依然として個々の極端現象と温暖化との関係を特定することは困難である。しかし過去の観測値の解析や気候モデルの予測を駆使して、特に温暖化による熱波や豪雨等の極端現象のリスクを高めているとする研究、個々の極端現象と温暖化との関係を検討する研究が増えている。

(2) 各国で発生する極端現象

近年、気候変動の影響が疑われている極端な気象・気候現象（極端現象）が、世界各地で発生している。

　　a 熱　　波

2003年夏に欧州全域で熱波が発生し、多くの人々が死亡する大惨事となった。その後の検討から、死者は7万人に及ぶという報告も出ている（J.-M. Robine et al.、2008）。発生後に、この欧州熱波と温暖化との関係について、Schärらが研究したところ、発生確率がまれな極端な現象であり、温暖化の影響である可能性が高く、こうした大規模な熱波の発生リスクはますます高まるであろうという結果となった（Schär et al.、2004）。その後、欧州各国は、将来起きるであろう熱波に対する備えとして、適応策を真剣に検討し、実施に移している。

2010年には、ロシアで大規模な熱波が発生し、1万1,000人以上が死亡したと報告されている。2010年は、日本においても非常に熱い夏となり、熱中症等で1,700名以上が死亡したと報告されている。2013年も日本全国で暑い夏となり、高知県四万十市では40℃を超える日が4日続くなど、過去に例をみない記録的な猛暑となった。高齢化社会を迎えている日本において、温暖化の影響が高齢者等の気候変動弱者に顕著に表れることから、国、自治体、企業、コミュニティや個人レベルで、幾重にも安全を考慮した仕組みとして、適応策を検討していくことが肝要といえる。

　　b　洪　　水

　世界各地で豪雨、洪水が多発している。2011年にタイで大洪水が発生し、タイの社会・経済や人々の生活や活動に大きな影響を及ぼしただけでなく、現地の日系企業へも影響し、サプライチェーンを通じて、日本の経済社会にも影響したことは記憶に新しい。

　日本においては、2011年の台風12号がもたらした紀伊半島豪雨が記憶に新しいが、紀伊半島の一部地域では、解析雨量で2,000mmを超える雨が短期間に集中して降り、深層崩壊や堰止湖等により大きな被害が生じた。

　こうした個々の豪雨や洪水が、温暖化の直接的な影響によるものか判断は困難だが、温暖化すると豪雨や洪水の規模や頻度が増加すると予測されていることから、現在、世界各地で発生している極端現象は、自然の変動とも相まって、深刻化していくと考えられる。

　　c　ハリケーン

　2005年8月に米国南部を襲ったハリケーンカトリーナは、現地で大きな被害をもたらした。復旧、復興するまでには、長い年月を要し、現在でもまだ完全には復興していない。

　2012年10月に発生したハリケーンサンディは、ニューヨーク等米国の中枢部を襲った。多くの犠牲者が出るとともに、都市や交通機関等が麻痺し、経済、社会、活動や人々の生活や活動に多大な悪影響をもたらした。再選されたオバマ大統領をも動かし、温暖化対策を重点的に進めるきっかけとなったことは間違いない。2013年7月に公表されたオバマ大統領の気候変動行動計画においても、気候変動に起因する洪水への対応（適応策）を最重要政策の1つとして位置づけていることから、深刻さをうかがうことができる。

3　各国の取組み

(1) 各国の影響評価・適応の取組み

　世界各国で温暖化の影響が顕在化していることから、先進国、途上国を問わず、各

表1 主要国の影響・適応への取組み

国	経緯	影響・リスク評価	適応計画
英国	1997 UKCIP開始 2008.11 気候変動法：英国の気候変動リスク評価（CCRA）を5年ごとに実施し、それに基づき国家適応計画（NAP）を5年ごとに策定	2012 英国全体の気候変動リスク評価（CCRA）	2013.7 国家適応計画（NAP）
米国	1990 地球変動研究法に基づき地球変動研究プログラム（USGCRP）開始 2009 省庁間気候変動適応タスクフォース（TF）設置	2000 国家気候評価（NCA） 2009 第2回NCA 2013 第3回NCA	2011 TF報告 2013 省庁別適応計画 2013.6 オバマ大統領気候変動対策強化（適応を含む）
EU	2009 適応白書を策定 2010.5 欧州議会で白書採択	2008 欧州気候変動影響報告書 2012 欧州気候変動、影響、脆弱性報告書	EU各国が適応計画を策定 2012 適応情報のクリアリングハウスシステム
オランダ	国家適応・空間計画プログラム（ARK）を実施	2004 気候変動空間計画（CcSP） 2008 気候ナレッジプロジェクト（KfC）	2007 国家気候適応・空間計画戦略
フィンランド	2001 国家気候計画 2005 欧州で最初の適応国家戦略を策定	2004 FINADAPTプロジェクト	2005 気候変動適応のフィンランド国家戦略 2013 改訂（予定）
ドイツ	2005 政府は、気候保全プログラムに適応戦略を位置づけ	2005 ドイツの気候変動：気候に敏感な分野の脆弱性と適応	2008 気候変動適応のドイツ国家戦略
中国	2011.3 第12次5カ年計画（2011～15年）	2006.12 第1次国家気候変動アセスメント報告 2011 第2次気候変動国家アセスメント報告	第12次5カ年計画において適応能力向上を温暖化政策の重点活動と位置づけ
韓国	2010.1 低炭素グリーン成長基本法	2010 気候変動評価報告書	2010 国家適応マスタープラン策定 2011 脆弱な地域・セクターの評価を実施

国が適応の重要性を認識し始めている。表1は温暖化の影響、適応に関する先進国・新興国の取組みを経緯、影響・リスク評価、適応計画について簡単にまとめたものである。英国、ドイツ等のEU加盟国や米国では、IPCC設立当初より、温暖化の影響

研究を実施してきたが、中国、韓国の新興国でもいち早く適応の重要性を考慮し、国レベルの対応を進めている。

(2) 英国における取組み

これまで一貫して影響・適応研究を先導してきた英国は、1997年に気候影響プログラム（UKCIP：UK Climate Impacts Programme）を開始している（UKCIP、2011）。2008年11月には世界に先駆けて英国政府が気候変動法を制定し、英国の気候変動リスク評価（CCRA）を5年ごとに実施し、それに基づき国家適応計画（NAP）を5年ごとに策定することとなった。2012年には、英国気候変動リスク評価政府レポート等を公表し、それをふまえて、適応計画が2013年に策定された。

影響評価には、気候モデルによる将来気候シナリオが不可欠であるが、UKCIPと英国ハドレイセンターが気候モデルの開発、気候シナリオの作成に尽力している。世界に先駆けて、気候シナリオの確率評価を実施した英国気候予測2009（UKCP09：UK Climate Projection 2009）を作成して影響研究を先導しており、日本の研究者も先進事例として参考にしている。

(3) 日本における取組み

わが国においては、温暖化の影響評価に早い段階から着手しており、その成果はIPCC評価報告書や特別報告書に引用され、影響研究の発展に貢献してきた。たとえば、1997年には、環境庁（当時）の地球温暖化問題検討委員会が、影響評価報告書「地球温暖化の日本への影響1996」をまとめている（環境庁地球温暖化問題検討委員会、1997）。その後、環境省の検討会や総合科学技術会議が組織した温暖化イニシアティブ等が、定期的に報告書をまとめている。2009年には、文部科学省・気象庁・環境省が、「気候変動の観測・予測及び影響評価統合レポート：日本の気候変動とその影響」を公表し、2013年4月には2012年度版を公表している。

(4) 国際的ネットワークと技術情報

すでに世界各地で温暖化の影響が顕在化していることから、IPCC関連の影響研究者が、影響、適応の具体的な取組みや国際的ネットワークの構築を行っている。またCOPでは、さまざまな基金を設定しており、それに基づき途上国における影響、適応策の立案を進めるための、国際的ネットワークを構築している。以下はその代表的なものである。

・気候変動の脆弱性、影響、適応研究プログラム（PROVIA：Programme of Research On climate change Vulnerability, Impacts, Adaptation）
・アジア太平洋適応ネットワーク（APAN）
・全球適応ネットワーク（GAN）
・全球気候変動適応パートナーシップ（GCAP）

・気候変動に対する適応・レジリエンスネットワーク（ARCC CN）等

　影響、適応評価にあっては、気候シナリオ、影響モデル、適応策等のさまざまな情報やモデル等の方法やツールが必要となり、そのための技術ガイドラインも作成されている。以下は主要な技術ガイドラインだが、今後、日本の地域レベルで影響、適応策の検討を実施する際に役立つものであり、こうした技術的な情報を集約・共有し、取組みを進めていくことが必要である。
・IPCC気候変動影響・適応評価の技術ガイドライン（1994）
・UNDP適応政策フレームワーク（2005）
・意思決定のためのリスク管理フレームワーク（2011）
・適応能力構築のためのコミュニティベースガイドライン（2008）

　前述したとおり、IPCCは影響評価報告書をもとに、特定の話題を取り上げ、その科学的知見を取りまとめた特別報告書を公表している。特別報告書の記念すべき第1号は、1994年に英国と日本の研究者が中心となって取りまとめた、気候変動影響・適応評価の技術ガイドラインである。そこではすでに、影響予測・評価の一環として、適応策の必要性と評価方法が記載されており、この技術ガイドラインがその後、UNEPのガイドライン、米国が支援したカントリースタディの技術情報のもととなった。

　英国と日本が中心となってまとめた技術ガイドラインだが、影響評価の手法は日進月歩であるため、影響評価のコンセプトと当時利用可能な手法等が記載された、コンパクトな内容となっている。その後、IPCCを中心として、技術ガイドライン改定の話があったが、IPCCの活動範囲が拡大したことから、技術ガイドラインづくりは、国際的に組織された影響研究グループにおいて進められCOP19のサイドイベントで公表された（PROVIA、2013）。

4　影響評価や適応研究における今後の課題

　世界的に温暖化の影響が顕在化しているが、日本においては、適応策を積極的に計画・実施しようとする地方自治体や企業は、まだ少ない状況といえる。現在、国レベルの適応計画の策定が議論されているが、今後急速に適応策の検討や実践が、地域レベルで始まると考えられる。

　ここでは、適応の推進に向けて、影響評価や適応研究における今後の課題について示す。

① 日本の影響・適応研究の推進とIPCCや国際的な影響研究ネットワークへの貢献
　日本の温暖化の影響評価や適応の研究は、現在、環境省、文部科学省等の研究プロジェクトとして進められている。特に強調すべきは、気候予測モデルの研究グループ

との連携が緊密に行われ、科学的な研究成果が多く出ているとともに、一体となってIPCCへ貢献している点である。この点が、影響・適応研究分野の特徴の1つといえる。

また、研究レベルではあるが、気候予測、影響評価の結果を地域にダウンスケールし、地方自治体の行政担当者、地方環境研の研究者とともに、地域レベルの影響、適応を検討しているといった特徴もある。

影響・適応に関する国際的な研究ネットワークについては、いまだ構築途上にあることから、積極的にネットワークに加わり、実質的な研究面での貢献を進める必要があると考えられる。

② 影響・適応に関するトランスディシプリナリ研究の実践

温暖化の影響・適応研究に関する最新の情報を発信し、気候リスクに強靭な社会へのあり方や方向を示すことにより、行政・企業・市民による適応への取組みを促し、レジリエントな社会の実現に直接、間接的に寄与することが、影響・適応研究者に期待されている。温暖化研究は問題の複雑さゆえに、分野横断的な研究として取り組むことは当然であるが、さらに多様な関係者（ステークホルダー）を巻き込んだ超分野横断的な研究（トランスディシプリナリ研究）が必要となってきた。

③ 影響・適応と緩和策、そして安全・安心な適応型低炭素社会、持続可能社会へ

従来、温暖化の影響・適応と緩和策は別々に議論されてきた。温暖化の影響である極端現象の発生が顕著となっている現段階において、温暖化を根本的に止めるための温室効果ガスの削減（緩和策）と、顕在化しつつある影響への対応（適応策）を、同時並行して実施していくことが喫緊の課題となっている。

そして東日本大震災を経験して、温暖化対策についても従来の3E（環境、経済、エネルギー）に加え、S（安全・安心）を考慮していく必要がある。日本においては、安全・安心な適応型低炭素社会の実現に向け、また途上国においては、日本の先導による持続可能な開発と融和できる温暖化対策の実現に向け、国内外で取組みを進めていくことが不可欠といえる。

〈参考文献〉
環境庁地球温暖化問題検討委員会（1997）「地球温暖化の日本への影響1996」
環境省（2007）「気候変動に関する政府間パネル第4次評価報告書に対する第2作業部会の報告政策決定者向け要約」
環境省（2011）気候変動に関する政府間パネル（IPCC）「気候変動への適応推進に向けた極端現象及び災害のリスク管理に関する特別報告書」
高橋潔（2011）「気候変動への適応推進に向けた極端現象及び災害のリスク管理に関する特別報告書」の紹介、地球環境研究センターニュース、22(10)、2～4

文部科学省・気象庁・環境省（2013）「気候変動の観測・予測及び影響評価統合レポート：日本の気候変動とその影響（2012年度版）」

J-M. Robine et al.（2008）Death toll exceeded 70,000 in Europe during the summer of 2003, *C. R. Biologies,* 331（2）, pp. 171-178.

PROVIA（2013）PROVIA Guidance on assessing vulnerability, impacts and adaptation to climate change.

Schär, C., Vidale, P.L., Luthi, D., et al.（2004）The role of increasing temperature variability in European summer heatwaves, *Nature,* 427, pp. 332-336.

UKCIP（2011）Making Progress: UKCIP & adaptation in the UK, UK Climate Impacts Programme, Oxford, UK.

── コラム ──

適応策の分類と具体例

　適応策には、さまざまな分類方法がある。環境省が作成した「気候変動適応の方向性」（2010）によると、ハード施策／ソフト施策、また、法制度／技術開発／経済的手法／情報整備等の分類方法があり、短期的影響の防止・軽減に資する施策と、中長期的影響の防止・軽減に資する施策とに分けられる。なお、ここでいう短期、中長期の区分について、短期は10年以内、中長期は10～100年である。

　以下にあげた分野ごとの適応策の例をみればわかるように、適応策の大半は、既存の水資源対策や防災対策、生態系保護対策等と重複するものである。ただし、既存の対策は、「過去」の経験や情報をもとに立案・検討されている。一方、適応策は「将来」の気候変動の予測情報をもとに立案・検討される点に大きな特徴があり、適応策は既存の対策の延長にあるといえる。

〈水環境・水資源分野の例〉　　　　　　　　　　（●：ハード施策　○：ソフト施策）

	短期的影響の防止・軽減に資する施策	中長期的影響の防止・軽減に資する施策
技　術	●海水の淡水化、淡水の輸送 ●富栄養化対策（アオコフェンス、曝気設備等） ●節水機器普及 ●浄水場における自家発電装置等の整備・強化	●渇水対策としての導水、排水管理システムの導入 ●下水再生水、中水、雨水等の利用 ●地下水塩水化防止対策 ●都市河川の良好な水辺や緑地空間の形成、ヒートアイランド対策 ●森林の整備・保全 ●治水容量と利水容量を振り替えるダム群の再編
法制度	○水運用の改善	○地盤沈下抑制等のための深層地下水の揚水規制 ○排水水質の規制

経済的手法	○渇水時に地域で柔軟に水を融通し合う仕組みの導入	○水利権の再配分 ○深層地下水の利用制限における課徴金制度等の経済手法による間接的な地盤沈下抑制等
情報整備	○渇水情報の発信	○水道原水水質特性の総合評価とこれに適した浄水プロセスの選定
普及啓発	○節水意識の向上	○需要マネジメントによる節水型社会の構築

〈水災害・沿岸の例〉

	短期的影響の防止・軽減に資する施策	中長期的影響の防止・軽減に資する施策
技　術	●河道や堤防、防波堤・防潮堤の整備、洪水調整施設、下水道施設の整備 ●治山施設の整備 ●危険区域（浸水想定区域）における堤防の補強、老朽化対策の実施 ●建築物の強化・嵩上げ ○避難場所の整備 ○現状での防護水準等の把握 ○災害リスクの評価 ○津波・高潮・内水ハザードマップの策定 ○施設管理者の保守点検能力向上 ○水門・陸閘等の操作体制の高度化 ○対策技術の研究開発	●災害リスク評価に基づいた施設整備・能力向上の実施 ○気候変動を考慮した土地利用規制変更に基づいた対策（住居移転など）の実施 ●避難場所の整備 ○継続的な対策技術の研究開発
法制度	○災害危険区域の指定による土地利用規制	○河川や海岸の背後地域における土地利用規制の変更 ○危険区域（浸水想定区域）における建築行為の禁止や移転を義務づける法律整備
経済的手法	○地方整備局・国総研・土研・自治体・民間の連携によるインフラの早期復旧 ○浸水保険制度などの整備 ○災害復旧基金や補助金の創設	○浸水保険制度の整備
情報整備	○ハザードマップや水害痕跡の情報提供	○災害リスクの情報提供

普及啓発	○災害リスクの情報提供 ○自主防災組織の整備 ○観測情報や被害予測などの情報の提供 ○防災教育の実施	○観測情報や被害予測などの情報の提供 ○防災教育の実施

〈自然生態系分野の例〉

	短期的影響の防止・軽減に資する施策	中長期的影響の防止・軽減に資する施策
技術	●ビオトープの創出、保全、再生 ●マツ枯れ等森林被害防除対策 ●シカ防護柵等の被害防除対策 ●河川・湖沼・海域への流入汚濁負荷物質削減対策（下水道整備、浄化槽設置、農業集落排水施設整備等） ●河川・湖沼の水質浄化対策（植生浄化、底泥のしゅんせつ等） ●魚道の設置等による連続性の確保 ●水生生物に配慮した護岸の整備	●エコロジカル・ネットワークの形成 ●針広混交林等多様な森林の整備、保全 ●河畔林の整備、保全による生物の異動空間確保 ●多自然川づくりの推進による生物の避難場所確保 ●動植物の生息・生育・繁殖環境の保全、再生（水生生物） ●沿岸水際線での緑地整備、ネットワーク化 ●砂浜の保全、再生
法制度	○特定鳥獣保護管理計画に基づく狩猟期間の延長や捕獲等によるシカ等の個体数管理 ○脆弱性の高い場所（高山帯等）での観光者の行為制限	○各種保護・保全地域（県立自然公園保護地区、風致地区、自然環境保全地域、森林生態系保護地域、特別緑地保全地区等）の設置、見直し
経済的手法	○高山帯等観光地での課金制度による入込数制限	○シカ資源活用・市場形成によるシカ捕獲数の維持
情報整備	○マツ枯れ危険度マップの作成	○森林生態系の動態に関するモニタリング ○マツ枯れの防除指針の作成 ○シカ生息頭数モニタリング調査、分布状況の把握 ○生物季節のモニタリング
普及啓発	○高山植物や湿原への踏圧軽減の意識啓発	○生物季節のモニタリング結果の周知 ○生物季節の自治体間連携によるモニタリング（北上種の分布把握など） ○モニタリングに協力可能な知識・技術を有するボランティアの育成 ○サンゴの保全に関する意識啓発

〈食料分野の例〉

	短期的影響の防止・軽減に資する施策	中長期的影響の防止・軽減に資する施策
技　　術	○高温耐性品種等の導入 ○栽培手法、作期の変更 ○適切な水管理 ●高温障害等を回避する施設の導入 ○暑熱による生殖機能への影響評価 ●畜舎環境制御	○高温耐性品種等の開発 ○水不足が予測される地域における節水栽培法の開発 ○生殖機能等へのストレス軽減技術の開発 ○種畜の夏期不妊対策技術の開発
経済的手法	○共済システムの活用	
情報整備	○普及指導員等からの情報収集と整理 ○地球温暖化適応策にかかわる情報提供システム（「温暖化ネット」等）の活用	○温暖化における気象警報の発信システムの開発
普及啓発	○普及指導員等への指導	
その他	○農家に対する適応策の支援・指導の仕組みづくり ○普及指導員・営農指導員への情報提供、人材育成	○魚類の回遊経路、漁場形成にあわせた漁期設定

〈健康分野の例〉

	短期的影響の防止・軽減に資する施策	中長期的影響の防止・軽減に資する施策
技　　術	【熱中症】 ●熱中症警報システムの整備 【感染症】 ○ワクチン接種 ○媒介動物（蚊など）の防除	【熱中症】 ●ヒートアイランドを防ぎ、CO_2消費の少ない熱対策を含んだ都市計画 ●上下水道の整備 ●熱中症防止シェルターの整備 【感染症】 ●継続的な感染症の病原体へのワクチン・治療薬の研究開発 ●自然界における病原体検出・評価手法の確立 ○温暖化の病原体増殖に及ぼす影響解明
法制度	【熱中症】 ○熱中症予防条例・制度等の制定	
経済的手法	【熱中症】	

	○熱中症の可能性の高い地域における、エアコン未設置住宅へのエアコン設置補助	
情報整備	【感染症】 ○媒介動物の発生状況調査	【感染症】 ○感染症に係るサーベイランス ○殺虫剤抵抗性の出現状況調査等 ○継続的な媒介動物、海水中の細菌数等の各地域における調査
普及啓発	【熱中症】 ○保健指導マニュアルの普及 ○高齢者世帯等への指導（ポスターの配布、介護制度の活用） ○職場・学校での取組みの支援	【感染症】 ○媒介動物の防除に対する情報提供

〈全分野共通の例〉

	短期的影響の防止・軽減に資する施策	中長期的影響の防止・軽減に資する施策
技 術	●モニタリング機器やモニタリング体制の整備・拡充・高度化 ●気候変動・影響予測精度の向上	●モニタリング機器やモニタリング体制の整備・拡充・高度化 ●気候変動・影響予測精度の向上

1-2 適応策を推進するうえでの課題
──適応策をめぐる議論と主な論点

名古屋大学　高村　ゆかり

　本稿では、現行の制度における適応策の位置づけや緩和策との関係等について示し、適応策をめぐる議論の特質と主な論点を紹介する。

1　気候変動問題における適応策

(1)　現行の制度における適応策

　「適応（adaptation）」とは、現に生じているまたは予想される気候変動とその影響に対応して自然システムまたは人間システムを調整し、その損害を和らげ、またはなんらかの便益があるとすればその機会をうまく活用することをいう[1]。

　これまで、国際的にも日本国内においても、気候変動対策の主眼は、温室効果ガスの排出量を削減・抑制する「緩和（mitigation）」にあった。

　気候変動枠組条約は、緩和策だけではなく気候変動に対する適応策についても規定している。たとえば、4条1項では、各国が、緩和策と適応策を定める国家計画を作成し、実施し、公表し、定期的に更新すること（4条1項(b)）や、気候変動の影響に対する適応のための準備について協力すること（同項(e)）等を定めている。

　しかし、附属書Ⅰ国（先進国と市場経済移行国）の、より具体的な義務を定める4条2項は、附属書Ⅰ国が緩和策をとるという義務を定めるものの、適応策に関する言及はない。適応策については、4条4項で、気候変動の悪影響を特に受けやすい途上国がそのような悪影響に適応するための費用を負担することについて、附属書Ⅱ国（先進国）が途上国を支援する義務を定めるにとどまり、実質的な規定は乏しい。気候変動枠組条約のもとでの適応策は、後発途上国の適応計画作成を支援する後発途上国基金の設置（2001）、ナイロビ適応作業計画（2006）、適応委員会設置（2010）等、その多くが締約国会議（COP）の決定により展開することになる[2]。

　日本においても、気候変動対策の主たる関心は緩和策にあった。気候変動対策の中軸となる法である地球温暖化対策推進法（温対法）[3]をみても、この法律の適用上、

---

[1]　Parry, M.L., O.F. Canziani, J.P. Palutikof and Co-authors (2007), Technical Summary. Climate Change 2007: Impacts, Adaptation and Vulnerability. Contribution of Working Group II to the Fourth Assessment Report of the Intergovernmental Panel on Climate Change, M.L. Parry, O.F. Canziani, J.P. Palutikof, P.J. van der Linden and C.E. Hanson, Eds., Cambridge University Press, Cambridge, UK, p. 27.
[2]　詳細は本書「1－3　適応策に関する国際交渉の動向」参照。

「地球温暖化対策」は、「温室効果ガスの排出の抑制並びに吸収作用の保全及び強化（以下、「温室効果ガスの排出の抑制等」という）その他の国際的に協力して地球温暖化の防止を図るための施策をいう」（2条2）と定義され、明示的には適応策について規定していない[4]。2014年度末をめどに、日本の適応計画を策定する作業が2013年より開始されたところである[5]。

(2) 適応策の必要性に対する認識の高まり

　これまでに大気中に排出された温室効果ガスの影響により、ここ20～30年の間は、いかに厳しい緩和策をとったとしても、一定の気候変動の影響を避けることはできない[6]。したがって、こうした「回避しえない気候変動の影響」に対して、なんらかの適応策がとられることは不可欠である。もちろん、いま、十分な緩和策がとられないまま推移すれば、将来の気候変動の影響は増大し、長期的には、自然システムも人間システムも気候変動の影響に対処する能力を超え、いかなる適応策をとっても受容できない悪影響を被るおそれもある。その意味で、緩和策と適応策の双方の推進が必須である。

　2011年のダーバン会議（COP17）で採択されたダーバン・プラットフォーム決定によって、2015年までにすべての国が参加する国際制度（2015年合意）に合意し、2020年からその国際制度を始動させることが決定された。こうしたダーバン会議での一連の合意によって、京都議定書は、その第二約束期間の後は、この新しい国際制度に統合することが想定される。また、気候変動枠組条約のもとで採択されたカンクン合意とそれをもとにしたCOP決定からなる一群の規則が、京都議定書に参加しない国や第二約束期間に削減目標を掲げない国を含め、すべての国がそれに基づいて削減努力を行う共通の枠組みとなる。しかし、国連環境計画（UNEP）、国際エネルギー機関（IEA）の報告書のいずれも、カンクン合意に基づいて先進、途上国を問わず各国が提出した目標を積み上げても、カンクン合意で各国が合意した「工業化以前と比べて気温上昇を2℃未満に抑える」という政策目標の達成には十分ではないとする[7]。2012年のUNEPの報告書によると、2020年の排出量は、現行対策（BaU）ケースの場合、二酸化炭素換算で58ギガトン（Gt）と予測されるのに対し、各国が提出

3　地球温暖化対策の推進に関する法律（平成10年10月9日法律第117号）。2002年、2005年、2006年、2008年、2013年に改正されている。
4　震災前の2010年3月に、民主党政権下で閣議決定され、国会に上程された温暖化対策基本法案は、「地球温暖化対策」の定義においても適応策が盛り込まれ、適応策を推進のための措置を講ずるよう努めることが国と地方公共団体に義務づけられていた。しかし、この基本法案は、2012年11月16日、衆議院の解散により期限切れ廃案となった。
5　詳細は本書辻原論文参照。
6　前掲脚注1（2007）p. 71.

した目標を最大限確実に実施することを想定する最善のケースでも、2020年に予測される排出量は二酸化炭素換算で52Gtである。これは、二酸化炭素換算で、1990年の排出量37Gt、2010年の排出量49Gtと比して、世界の排出量は2020年には減るどころか増えることを意味する。現在、2015年合意の交渉を行う作業部会で、2020年までの世界的な排出削減水準の引上げ交渉もあわせて行われているが、画期的な対策が合意されない限り、将来の気候変動の悪影響のリスクはいま以上に大きなものになることが見込まれる。それゆえ、適応策の抜本的な強化が必要との認識が高まっているのである。

(3) 適応策と緩和策、その相互関係

適応策と緩和策は、2つの異なる気候変動への対応策である。

緩和策は、それがとられる結果生じる排出削減の便益は世界全体に及ぶのに対し、その費用は緩和策をとる主体（国、地域、個人、事業者等）が負うことになる。それに対して、適応策は、それがとられる結果生じる気候変動の影響を低減する便益と費用は、双方とも適応策をとる主体に帰属する。

それゆえ、緩和策は、各主体が進んで緩和策をとるインセンティブに乏しいため、世界的な排出削減に向けて主体が行動をとるインセンティブを設け、相互の利害を調整して排出削減に向かわせる主体間の合意（公共政策）が必要となる。

他方で、適応策は、それをとる主体に便益をもたらすため、自ら進んで適応策をとるインセンティブを内在している。しかし、それ以外の主体が、適応策をとりたいがとる能力を欠く主体を支援するインセンティブは少ない。

この2つの気候変動への対応策—適応策と緩和策とはどのような関係にあるのだろうか。

地球規模でみると、一般に、適応策の水準が同じである場合、緩和策の費用を大きくすれば、生じる悪影響（損害）は小さくなる。他方で、緩和策の水準が同じである場合、適応策の費用を大きくすれば、生じる悪影響（損害）は小さくなる。それゆえ、緩和策と適応策のトレード・オフ（trade-off）の可能性、すなわち、短期的に緩和策の水準を高めるのは、各国も、国際的にもなかなか容易ではないので、短期的には緩和策よりも適応策を強化して、新たな削減技術等の登場までの時間を稼いで、それから緩和策を強化するという考えも議論されうる。

しかし、こうした考えには、いくつかの理由からさらに慎重な検討が必要である。

第一に、気候変動の影響予測には不確実性を伴い、長期にわたる影響予測と影響の

---

7 UNEP (2011), *Bridging the Emission Gap* (2012), *The Emissions Gap Report 2012* UNEP (2013), *The Emissions Gap Report 2013*およびIEA (2011), *World Energy Outlook 2011.*

費用推計には限界がある。緩和策と適応策それぞれの費用と便益を推計する研究は政策決定の指標として有用であるにしても、それらの費用と便益を衡量して安易なトレード・オフをするのは慎重であるべきだろう。

第二に、緩和策をとるべき主体と、悪影響を被るので適応策をとらざるをえない主体は、空間的、時間的に異なる。

緩和策をとるべき主体は温室効果ガスを排出する者であるが、適応策をとらざるをえない主体は気候変動の悪影響を被る国々であり、住民である。特に悪影響のリスクは、それに対して十分に対応する能力に乏しい脆弱な国、人々に対して顕在化しやすい。

また、時間的にみても、緩和策をとるのは排出している現世代であるが、緩和策がとられない結果生じる悪影響について適応策をとらなければならないのは将来の世代である。このように、緩和策と適応策をとる主体は、空間的、時間的に非対称である[8]ため、緩和策と適応策の単純なトレード・オフは、気候変動に対処する費用の負担について、世代内・世代間の衡平と社会的正義の観点から問題を提起しうるのである。

近年の研究により、緩和策と適応策は、相互に関連しており、緩和策、適応策の選択によっては、相互に相乗効果（コベネフィット）が期待できることもまた、明らかになってきている[9]。たとえば、都市の気温上昇に対する適応策としてエアコンを大量に導入し、使用すれば、エネルギー消費量と温室効果ガスの排出量を増大させ、緩和策の効果を損なう可能性がある。それに対して、海面上昇に対する適応策としてマングローブ等の植林を行うことで対応すると、それは同時に吸収源による吸収を促進し、緩和策を強化することになる。

緩和策と適応策の相乗効果を考慮した対策の選択によって、緩和策か適応策かの政策選択でなく、同時に双方の対策の効果をあげ、費用対効果の高いかたちで対策の実現を図ることもできる。

(4) 「損害と損失」への対処

前述のように、緩和策と適応策の強化により、気候変動に伴う人間システムおよび自然システムへの悪影響の顕在化（＝「損失と損害（loss and damage）[10]」）を回避し、低減することができる。

しかし、現在においてもすでに気候変動が寄与しているのではないかと考えられる

---

[8] Tol, R.S.J. (2005), Adaptation and mitigation: trade-offs in substance and methods. *Environmental Science and Policy*, 8 (6), pp. 572-578.
[9] 前掲脚注1（2007）。
[10] 損失（loss）とは、水源や植生の喪失等、不可逆的な気候変動の負の影響を意味し、損害（damage）とは、建築物やインフラの損傷等、修復可能な負の影響を意味する。

気候の変化とその悪影響も生じている。現在の緩和策と適応策の水準では、将来のより大きな気候変動の悪影響による「損失と損害」は避けがたい。

しかしながら、気候変動枠組条約でも京都議定書でも、緩和策をとっても適応策をとっても生じてしまう「損失と損害」に対処する実質的、具体的な規定はほとんどなく、現に生じているまたは将来生じるおそれのある「損失と損害」の救済を求めることがむずかしい[11]。

こうした状況を背景に、COP17（国連気候変動枠組条約第17回会合）（2011）の決定に基づいて開始された作業計画の実施結果をもとに、COP18（2012）では、気候変動の悪影響に特別に脆弱な途上国における気候変動の影響に伴う損失と損害に対処する制度的取決め（国際メカニズムを含む）をCOP19（2013）で設置することを決定した。そして、COP19（2013）では、ワルシャワ国際メカニズムが設置された。

2 適応策の特質と推進にあたっての課題

(1) 地域性と多様性

適応策の特質の1つは、緩和策と比してもその地域性とそれに伴う多様性にある。

一国の国内においても、地域によって気候変動の影響のリスクは異なり、地域の気象条件、社会／経済条件等によってその顕在化の度合いも異なる。したがって、効果的な適応策が講じられるためには、適応策をとろうとする地域が、その地域の気候変動の影響リスクを同定し、それに対する対策を検討し、地域のニーズやリスクの受容可能性等に照らして、対策の優先順位を定めて、人的資源、財源を動員して実施することが必要となる。

しかし、一般に、適応策を講じる地域が気候変動の影響リスクを独自に同定することはむずかしく、国レベルで、場合によっては国際的に、気候変動影響予測の研究を推進し、科学者と協力して、各地域が気候変動の影響リスクを同定し、その適応策を立案し、実施することができるよう支援することが必要である。

(2) 費用負担の配分のむずかしさ

適応策がとられることによる気候変動の悪影響を低減する便益と費用は、双方とも適応策をとる地域に帰属する。それゆえ、影響を被る主体が進んで適応策をとるインセンティブが生じるが、他方で、適応策による便益を被らない主体には、適応策を支援するインセンティブは生じない。緩和策の便益は世界全体に及ぶため、排出を削減

---

11 Takamura, Y. (2013), Climate Change and Small Island Claims in the Pacific, In Oliver C. Ruppel, O. C., Roschmann, C. & Ruppel-Schlichting, K. eds., *Climate Change: International Law and Global Governance, Volume I: Legal Responses and Global Responsibility*, Nomos.

したいが、その能力に欠く主体の緩和策を支援するインセンティブが他の主体に生じるのとは対照的である。

　こうした適応策の特質は、適応策の費用負担配分について、緩和策のそれとは異なる問題を生じさせる。影響を被る主体が進んで適応策をとるインセンティブがあるのは間違いないが、とりわけ適応策の費用の増大が見込まれるなかで、原則として、影響を被る主体が適応策の費用を負担するという現行の制度が妥当かどうかは今後の検討課題である。

　適応策の費用は、温室効果ガスの排出によって生じる悪影響を防止し、緩和するための費用である。公害問題のように従来の環境問題であれば、それに伴う損害の未然防止措置の費用は、本来ならば、汚染者（原因者）負担原則に基づいて、排出を生じさせている原因者がその費用を負担する。

　しかし、適応策の費用は、気候変動問題の特質ゆえに、この汚染者負担原則を適用するのはなかなかむずかしい。気候変動問題は、ストック型（蓄積性を有する）環境問題で、原因行為（ここでは温室効果ガスの排出）の蓄積により損害が発生する。温室効果ガスの排出が総体として気候変動とその悪影響を生じさせることについて、強固な科学的証拠があるものの、個別の原因行為（排出）と個別の損害の因果関係を証明することはむずかしい。排出と損害発生の時間差がその因果関係の証明をいっそうむずかしくする。さらに、気候変動の悪影響は、気候システムの複雑な仕組みのなかで生じており、どの部分が気候変動起因の悪影響であるかを特定することも困難である。

　また、法的には、気候変動の原因が温室効果ガスの人為的排出であるとの共通の認識が形成される前に行われた原因行為に起因する悪影響への適応費用を、原因行為を行ったからといって排出者に負担させることが妥当かという問題もある。

　しかしながら、島嶼国のように、最も甚大な気候変動の悪影響を被るおそれがありながら、温室効果ガスの排出にはほとんど寄与していない国、地域、住民に、その適応策の費用を負担させるというのも適切ではないだろう。

　気候変動枠組条約も京都議定書も、適応策の費用負担の支援の水準や先進国間の負担の配分について明確に定めていない。気候変動枠組条約4条4項は、附属書II国が「……気候変動の悪影響を特に受けやすい開発途上締約国がそのような悪影響に適応するための費用を負担することについて、当該開発途上締約国を支援する」と定めるのみである。あえていえば、現行の制度では、各先進国が支払いたいと思うだけ支払っていることから、支払意思（willing to pay）により費用負担を配分しているといえる。2001年のCOP7の決定で設置され、後発途上国の国家適応計画作成を支援する後発途上国基金（LDCF）も基本的に同じ考え方に立つ。京都議定書の適応基金

は、先進国の自主的拠出とともに、クリーン開発メカニズム（CDM）の排出枠の２％を財源としており、従来とは異なる独特の費用負担原則を採用している。今後、適応策の規模や水準が拡大していくことが見込まれるなかで、適応策をとる国にもっぱら負担させるのでよいか、脆弱な国への支援をこれまでのように自発的なかたちの費用負担による方法で十分な資金が調達できるのか、衡平性を担保しうるか、いかなる方法で費用負担を配分するのが妥当か、検討が求められる。日本においても、今後適応策の推進が本格化すれば、適応策をめぐる国内での費用負担配分の問題は１つの検討課題となるだろう。

(3)　損害と損失に対する革新的なアプローチの探求

　気候変動の悪影響の拡大が見込まれるなかで、緩和策、適応策をとっても避けがたく生じる損害と損失についていかに対処するかもまた重要な課題である。前述のように、こうした損害と損失についてだれ／どの国がいかに対処するか、生じる費用を負担するかに関する具体的な国際合意はまだない。

　こうした損害と損失については、まずは、効果的に緩和策と適応策を推進することで、生じる損害と損失をできるだけ小さくすることが必要である。たとえば、インフラストラクチャの強化等の構造的措置や、緊急時計画、災害計画、災害リスク削減計画、早期警報制度、予測、土地利用計画、公衆の認識等、非構造的措置がリスクの削減に資する。次に、損害と損失を被る主体が、将来生じうる損害と損失のリスクを自らおよび（または）協同して引き受け、リスクへの対応を準備することも重要である。たとえば、住民の対応能力の構築や予期せぬ金銭上の負担を相殺するための準備基金の設置等が措置の一例である。

　これらに加えて、近年注目されているのは、損失と損害のリスク、特に金銭上のリスクを、ある主体から別の主体に移すことを助けるリスク移転（risk transfer）である。一般に、経験するおそれのある潜在的な損失と損害が、自らがその損失と損害を管理する能力を超えてしまうと評価する場合にとられるアプローチで、このリスク移転についていくつか革新的なアプローチが展開しつつある。損害が気候変動起因かを証明することのむずかしさを考慮し、一定の天候インデックスを満たせば特に損害を証明することなく支払が行われる天候保険、途上国の住民の実情に対応し少額の支払だが少額の保険料で運営されるマイクロ保険、一国では到底支えられない極端な気象現象の被害のリスクを、地域で担保する地域リスクプーリング（たとえば、カリブ地域破局的リスク保険機構（CCRIF：Caribbean Catastrophe Risk Insurance Facility）等）等である[12]。

　こうしたアプローチは、異常気象のような極端な気象現象のリスク対応としては特に効果が見込まれる。他方で、海面上昇のように、緩やかに進行する（slow onset）

現象による損害と損失に効果的に対処するアプローチは、まだ検討が緒についたばかりで、今後いっそうの研究が必要である。

(4) 適応策と持続可能な発展

　適応策と持続可能な発展は密接に関連している。適応策の失敗は、気候変動の悪影響のリスクを顕在化させ、人命や財産、経済、社会に損害を生じさせ、持続可能な発展の実現の足枷となりうるからである。他方で、持続可能な発展に向けて着実に歩んでいくことで、気候変動の悪影響のリスクに対する脆弱性を減じ、国や住民がこれらのリスクに対応する能力（適応能力）を有することができる。

　こうした観点からは、気候変動の悪影響のリスクを十分に考慮して、長期的な展望に立って、国や地域の持続可能な発展戦略が策定され、実施される必要がある。それは単に気候変動の悪影響のリスクに受動的、技術的に対応するのではなく、そのリスクをふまえたうえで、これからどのような社会を構築していくかという長期的な社会のビジョン・計画づくりと実践である。それゆえに、適応策とそれを盛り込んだ持続可能な発展戦略は、その社会を構成する住民の参加と討議によって作成され、実施される必要がある。そのことが気候変動の悪影響のリスクに効果的にかつ柔軟に対応しうる社会の構築を可能とするだろう。

12　本書関連章参照。前掲脚注11 Takamura（2013）およびA literature review on the topics in the context of thematic area 2 of the work programme on loss and damage: a range of approaches to address loss and damage associated with the adverse effects of climate change, Note by the secretariat, 15 November 2012, FCCC/SBI/2012/INF.14も参照。

1-3 適応策に関する国際交渉の動向

国立環境研究所　久保田　泉

　今後、緩和策を強化したとしても、気候変動影響の発現は避けられないとされている。そのため、適応策は、2020年以降の気候変動対処のための国際制度の重要項目の1つと考えられており、国際レベルで適応策支援をどのように進めるかについての交渉が進められている。

　途上国は、不利な地理的条件に加え、気候変動への適応策を実施するための、資金や技術が不足している。また、途上国の気候変動の影響の深刻化は、最終的に途上国の貧困削減を妨げ、持続可能な開発の目標達成能力を抑制する。そのため、途上国は、先進国によって引き起こされた気候変動の悪影響に対して、先進国に適応策への資金・技術支援を求めており、国際制度に寄せる期待は非常に大きい。他方、適応策の計画策定および実施は、基本的に地方または地域レベルの対応であり、国際制度が果たすことのできる役割は限られている。ここにギャップが存在している。

　本節では、国際レベルにおける適応支援策に関する交渉がどのように進んできたかを概観し、今後の課題を明らかにすることを目指す。まず、気候変動枠組条約および京都議定書下の適応に関連する規定を概観したうえで、これら規定の問題点に触れる。次に、国際交渉の進捗状況を概観し、国際レベルの適応支援策のどの要素に注目が集まってきたかを示す。最後に、最も注目度の高い、適応関連資金供与制度の現状について述べ、国際レベルでの適応支援策の制度設計に関する今後の課題について言及する。

　なお、本研究は、平成25年度環境省環境研究総合推進費Ｓ－８－３「アジア太平洋地域における脆弱性及び適応効果指標に関する研究」および2Ｅ－1201「気候変動問題に関する合意可能かつ実効性をもつ国際的枠組みに関する研究」の成果の一部である。

1　気候変動枠組条約および京都議定書における適応の位置づけ

　気候変動枠組条約および京都議定書では、適応に関する規定も置かれているが（表1）、緩和策に比べると重きが置かれていない。これら規定の問題点として、何をもって気候変動の影響への適応とするかがあいまいなまま、「適応」という語が、条約および議定書の複数の箇所に断片的に登場しており（Yamin and Depledge、2003）、締約国がとるべき措置の具体性に欠ける点がある。また、条約も議定書も、

表 1　気候変動枠組条約および京都議定書における適応関連の規定

	主体	内容
気候変動枠組条約	全締約国	・適応を容易にするための措置を含む、自国／地域の計画の作成・実施・公表・定期的更新（4条1項(b)）
		・適応のための準備についての協力（4条1項(e)）
		・自国の政策措置における考慮（4条1項(f)）
		・気候変動の悪影響または対策措置の実施による悪影響を受ける途上国への資金供与、保険、技術移転等についての十分な考慮（4条8項）
		・資金供与および技術移転における後発開発途上国（LDC）の個別のニーズおよび特別な事情についての十分な考慮（4条9項）
	附属書Ⅱ国	・資金供与：途上国がインベントリおよび国別報告書の提出（12条1項）ならびに条約4条1項の約束を履行するための費用負担の支援を目的とした新規かつ追加的な資金の供与（4条3項）
		・気候変動の悪影響を特に受けやすい途上国の適応費用の支援（4条4項）
京都議定書	全締約国	・適応を容易にするための措置（適応技術および国土に関する計画を改善するための方法等）を含む、自国／地域の計画の作成・実施・公表・定期的更新（10条(b)）
	附属書Ⅰ国	・悪影響（気候変動の悪影響、国際貿易への影響、ならびに途上国への社会上・環境上・経済上の影響）を最小限にするような方法で政策措置（議定書2条）を実施するよう努力（2条3項）
		・途上国に対する社会上・環境上・経済上の悪影響を最小限にするような方法で、排出削減約束を履行するよう努力（3条14項）
	CMP	・CDMの認証事業活動からの収益の一部が気候変動の悪影響を特に受けやすい途上国への適応費用の支援に用いられるよう確保（12条8項）

（出所）　高橋・久保田（2005）、久保田・森田（2011）

締約国に対し、気候変動による悪影響に適応するため、とりうるあらゆる措置を講じることを義務づけていない点（Verheyen、2004）が、問題点としてあげられる。

2　適応策に関する国際交渉の進捗状況

　気候変動枠組条約のもとでは、適応関連のさまざまな活動が行われてきた。同条約下での適応関連制度のマイルストーンとなる合意は3つある。

　第一に、マラケシュ合意（2001）における適応関連の合意である。具体的には、COP7（マラケシュ（モロッコ）、2001）における、後発開発途上国（LDC）作業計画の合意およびLDC専門家グループ（LEG）の設置、ならびに、気候変動枠組条約

および京都議定書下の適応関連資金供与制度（後発開発途上国基金（LDCF）、特別気候変動基金（SCCF）、適応基金）の設置を指す。このLDC作業計画を通じて、国家適応行動計画（NAPA）の策定および実施等、LDC国内の気候変動関連制度が発展してきている。NAPAの策定支援を通じて、LDCの適応ニーズの同定および能力構築が実現されており、LEGは、NAPAの活動に対し、助言を行っている。LDC作業計画およびLEGの活動は、現在も継続している。

　第二に、COP12（ナイロビ（ケニア）、2006）における、ナイロビ作業計画の合意である。同作業計画は、気候変動影響、脆弱性、適応に関連するプロジェクトを実施するものである。同作業計画の目的は、①気候変動に係る悪影響、脆弱性および適応の理解および評価の改善、ならびに、②現在および将来の気候変動や変化を考慮のうえ、科学、技術、社会経済を基礎とした気候変動に対処するための、実践的な適応行動についての決定、の2点であり、同作業計画は、特に途上国を支援することを目指している。同作業計画の実施には、気候変動枠組条約の締約国のみならず、多くの政府系機関やNGO、民間セクター等が参加し、上述の2つの目的の達成に向け、取組みを進めている。同作業計画は、当初、5年の予定であったが、引き続き、同作業計画のもと、活動が行われている。

　第三に、COP16（カンクン（メキシコ）、2010）において採択された、カンクン適応フレームワークの合意である。同フレームワークのもと、すべての国が、適応行動の計画・優先順位づけ・実施、影響・脆弱性・適応の評価、社会経済・生態系システムのレジリエンスの構築等を通じて、適応に関する行動を強化することとなった。そのほか、LDCによる中長期の国家適応計画の策定および実施のための支援プロセスの設置、適応委員会の設置、気候変動影響に伴う損失・損害（loss and damage）を扱うための作業計画の設置等に合意した。同フレームワークのもとでの活動については、現在も交渉が続けられている。

　以上より、気候変動対処のための国際枠組みにおける適応支援策の要素は、
① 適応のための資金支援制度の構築
② 適応計画策定・実施の促進
③ 知識共有の基盤構築
の3つに主眼が置かれてきたといえる。

　国際交渉において、緩和策と比較すると、適応策に関する議論は、2003年頃までずっと注目度が低かった。しかしながら、近年、適応策について、国際制度のなかで、緩和策とバランスのとれた扱いをするよう、途上国が求めるようになってきている。

　ただ、適応に関する国際制度構築に関する議論は、国家適応行動計画（NAPA）

の策定等、一部の進展を除き難航してきた。その理由として、適応は、基本的に地方または地域レベルでの対応であるため、国際制度のなかで国家の権利義務関係として構成することが困難であること、適応策策定に必要な脆弱性評価・影響評価・経済評価が十分でない、あるいは偏在していたことがあげられる。

3 適応支援のための資金供与制度の現状と課題

途上国の適応ニーズを満たす、資金メカニズムに関する議論への注目が高まっている。今後、途上国で気候変動影響への適応に必要とされる額は、年間およそ数百億米ドルにのぼるとされる（UNFCCC、2007、World Bank、2010）。これは、現行の資金供与メカニズムの資金規模とは、大きな隔たりがある。

気候変動枠組条約のもとでの適応関連の資金供与制度は、4つある（表2）。COP7において、条約下にLDCFおよびSCCFが、議定書下に適応基金がそれぞれ設置された。さらにこの3つの基金の運用・管理をしている地球環境ファシリティ（GEF）も、適応に関する戦略的優先項目（SPA）としてGEF信託基金を通じて適

表2 気候変動枠組条約および京都議定書下の適応関連基金、GEF信託基金による適応支援の特徴

	最後発発展途上国基金	特別気候変動基金（適応プログラム）	適応基金	GEF信託基金 適応に関する戦略的優先項目（SPA）
支援対象	後発開発途上国（条約締約国）	途上国（条約締約国）	途上国（議定書締約国）	途上国
資金調達	条約附属書Ⅰ、Ⅱ各国の任意拠出	条約附属書Ⅰ、Ⅱ各国の任意拠出	各国の任意拠出およびCDMクレジットの2%	GEF信託基金
管理機関	GEF	GEF	適応基金理事会暫定事務局：GEF 暫定受託機関：世界銀行	GEF
資金規模	6億2,700万米ドル（2013年6月）	2億4,600万米ドル（2013年10月）	約3億2,400万米ドル（2012年末時点）	5,000万米ドル（2004～07年）
支援状況	97プロジェクト承認（2013年6月まで）	31プロジェクト承認（2013年6月まで）	28プロジェクト承認（2013年4月まで）	22プロジェクトを支援

（出所）久保田（2013a）（久保田・森田（2011）p.172を情報更新したもの）

応策支援を行った。

　現行の適応関連資金メカニズムの最大の課題は、適応に必要とされる額に比べて、資金規模が非常に小さいことである。また、SCCF、LDCF、適応基金を含め、GEFを軸とした資金供与には、条約・議定書のガイダンスに沿い、技術的・制度的にリスクのある活動を支援できる利点や、さまざまな援助機関、実施機関と連携しながら適応プロジェクトを実施できるという利点があるとされる。一方で、GEFは、世界銀行等の実施機関と連携しており、官僚的で、資金供与手続が複雑な面がある。

　そのため、途上国を中心に、GEFの資金供与ガイドライン・手続の複雑さにより資金調達がむずかしい、GEF理事会で資金供与国側の意見が支配している、適応ニーズに対して拠出できる資金が少ない、といった批判が出ている（Persson et al.、2009、久保田・森田、2011）。

　気候変動枠組条約の枠外においても、適応の資金支援に関して検討されている。気候投資基金（CIF）の気候変動影響への対応力強化のためのパイロット・プログラム（PPCR）（資金規模：10億米ドル）も、その１つである。これは、気候変動へのレジリエンスを確保しつつ、脆弱な途上国による気候変動適応プログラムの策定を支援するものである。

　同プログラムでは、専門家委員会が設置され、同委員会がPPCR対象国リストを助言し、対象国を確定させ、対象国内の適応プログラムを構築するという仕組みになっている。9カ国（バングラデシュ、ボリビア、カンボジア、モザンビーク、ネパール、ニジェール、タジキスタン、イエメン、ザンビア）＋2地域（カリブ諸国、南太平洋諸国）がPPCR対象国として選定され、現在、これらの国において適応プロジェクトが構築されてきている。

　これまでの適応策の資金メカニズムに関する議論では、途上国の適応策のニーズを満たすための資金をどのように集めるかについて、焦点が置かれていた。今後は、効果的・効率的な資金供与方法についても、十分議論する必要がある（Müller、2008）。また、適応関連資金供与制度が本来目的としている、気候変動影響に脆弱な国に対する支援を確保することも必要である。

　COP16（カンクン（メキシコ）、2010）において、気候変動の影響に脆弱な発展途上国のニーズに配慮しながら、途上国による温室効果ガス排出の削減または低減や、気候変動の影響に対する適応を支援するため、緑の気候基金の設置が合意された。カンクン合意においては、短期資金（2012年まで）として、幅広い資金源（公的・民間、2国間・多国間等）から、先進国が300億米ドルを途上国の緩和と適応策の支援のために集めること、そして、長期資金（2020年まで）として、1,000億米ドルを集めることが盛り込まれた。緑の気候基金における適応関連資金供与制度をどのよう

に設計するか、現在議論がなされている。

4　国際レベルでの適応支援策の制度設計に関する今後の課題

　現在の気候変動枠組条約および京都議定書の適応関連規定は、情報提供や一般的な協力義務を置くにとどまっている。しかし、現在、適応に関する国際制度は、カンクン適応フレームワークを中心として、各国／地域が、それぞれの影響や事情にあわせて、適応策を立案・実施することを促す機能を取り込んでいこうとしている（久保田・森田、2011）。

　気候変動対処のための国際枠組みにおける適応支援策の要素は、
① 　適応のための資金支援制度
② 　適応計画策定・実施の支援
③ 　知識共有の基盤構築

の3つといえる。適応策の策定および実施は、基本的に、地方や地域における対応であることに留意し、取組みを進めていく必要がある。

　上記3要素のうち、①と②につき、今後の課題を指摘したい。

(1)　適応のための資金支援制度

　現行の適応関連資金供与制度の最大の課題は、適応に必要とされる額に比べて、資金規模が圧倒的に小さいことである。カンクン合意により、資金規模の拡大が目指されたものの、その実現には程遠い状況であるため、その打開策を検討する必要がある。

　また、資金規模の拡大のみならず、効果的・効率的な資金供与方法についても、十分に検討する必要がある。2つの基金の運用状況をみると、適応基金は、脆弱な国への支援を目的の1つとしているものの、プロジェクトのホスト国の脆弱性というよりは、資金配分の効率性を重視しているといえる。すなわち、プロジェクトとして構築された、目の前にある適応オプションを実施に移す際の支援として機能するという強みがある（Horstmann、2011）。他方で、資金規模が小さく、プロジェクト構築能力をもたない、気候変動影響に脆弱な国が支援を得るのはむずかしいという短所がある（久保田、2013b）。

　一方、PPCRは、脆弱性を軸に対象国を選定しているという点で、資金配分の衡平性確保の1つの方策を実現したと考えられる。しかしながら、対象国を選定した後に、対象国内で適応プロジェクトを構築するという方法は、適応基金のような、すぐに実現可能な適応オプションの実施を妨げ、世界全体でみると、適応実施の効率性を下げるおそれがある（久保田、2013b）。

　資金配分に関する設計にあたっては、すでに存在する適応オプションを効率的に実

現すべく資金支援を行っていくことと、気候変動影響に脆弱な国に対する支援を確保することの両方の視点が必要である（久保田、2013a）。

(2) 適応計画策定・実施の支援

各国の適応計画策定は、まだ初期段階にある。気候変動影響への適応は、地方ないし地域レベルで実施されるが、適応計画の策定および実施にあたり、各国政府も重要な役割を有する。途上国政府は、限られた財源のなかで、短期的な政策課題に対して、重点的に投資を行うため、資金支援のみならず、長期的リスクの評価に目が向くような仕組みをつくりだす必要がある（高橋・久保田、2006）。

適応策は、貧困削減、産業発展、防災といった、既存の上位開発政策との一貫性を有していない場合、適切に実施されない。そのため、適応策を開発政策のなかに取り込んで推し進めていく必要がある。これを「適応策の主流化（メインストリーミング）」というが、これが以前にも増して重要となっている。

適応策のメインストリーミングの方策の1つに、政府開発援助を通じた開発援助への適応策の統合があげられる（African Development Bank et al.、2003）。たとえば、ODAプロジェクトの一部として、リスク評価、脆弱性評価、および環境影響評価が実施されれば、気候変動に対する脆弱性の低減に資するとして、評価する声がある。他方、ODAの額が世界全体で減少傾向にあることや、ODAを通じた開発援助は資金供与国の利害と直結し、ホスト国の持続可能な発展につながらない場合もあるなど、この方策の問題点も指摘されている（Bouwer and Aerts、2006）。

〈参考文献〉

久保田泉・森田香菜子（2011）「適応策に関する議論の概要と今後の国際的取り組みの方向性」亀山康子・高村ゆかり編著『気候変動と国際協調―多国間条約の行方』（慈学社）pp. 163-181

久保田泉（2013a）「気候変動影響への適応支援のための資金供与制度の現状と課題」『季刊環境研究』171号、pp. 96-102

久保田泉（2013b）「適応関連資金供与における異なるスキームの定性的比較分析」『環境情報科学学術研究論文集27』pp. 243-246

高橋潔・久保田泉（2005）「将来枠組みにおける適応策の位置づけ」『季刊環境研究』138号、pp. 102-110

高橋潔・久保田泉（2006）「温暖化の適応に関する研究およびその実施の促進をめざして―温暖化影響のリスク評価・リスク管理の視点から」『環境情報科学』35（3）、pp. 39-44

African Development Bank et al. (2003), Poverty and Climate Change: Reducing the Vulnerability of the Poor through Adaptation, World Bank, Washington D.C.

Bower, L. M. and Aerts, J.C.J.H. (2006), Financing Climate Change Adaptation. Disasters, 30 (1), pp. 49-63.

Horstmann, Britta (2011), Operationalizing the Adaptation Fund : Challenges in allocating funds to the vulnerable. Climate Policy, 11, pp. 1086-1096.

Müller, Benito (2008), International Adaptation Finance: The Need for an Innovative and Strategic Approach, Oxford Institute for Energy Studies EV42.

Persson, Åsa; Klein, Richard J.T.; Siebert, Clarisse Kehler; Atteridge, Aaron; Müller, Benito; Hoffmaister, Juan; Lazarus, Michael; and Takama, Takuma (2009), Adaptation Finance Under a Copenhagen Agreed Outcome, Research Report, Stockholm Environment Institute, Stockholm.

UNFCCC (2007), Investment and financial flows: to address climate change, United Nations Framework Convention on Climate Change, Bonn.

Verheyen, Roda (2004), The Legal Framework of Adaptation and Adaptive Capacity, In Klein, R.J.T., Huq, S. and Smith, J.B., Climate Change, *Adaptive Capacity and Development*, Imperial College Press, London.

World Bank (2010), The economics of adaptation to climate change. A synthesis report, final consultation draft, World Bank Report.

Yamin, Farhana; Depledge, Joanna (2003), The International Climate Change Regime: A Guide to Rules, Institutions and Procedures, Cambridge University Press, Cambridge.

第 2 章

理論面からのアプローチ

2-1 気候変動リスク管理・リスク分析

国立環境研究所 　高橋　潔

　IPCC第4次評価報告書（以下、IPCC－AR4）は、その統合報告書のなかで、リスク管理に関して以下のように述べている（IPCC、2007）。

　「気候変動への対応には、気候変動の被害、共同便益、持続可能性、衡平性、リスクに対する姿勢を考慮し、適応と緩和を含めた反復型のリスク管理プロセスが含まれる。リスク管理の技法は、セクター／地域／時間の多様性を明示的に扱いうるが、この適用は、最も可能性の高い気候シナリオから生じる影響のみならず、確率がより低いが重大な帰結をもたらす事象によって生じる影響や、提案されている政策措置の影響についての情報を必要とする。一般に、リスクとは、ある事象とその帰結の可能性の積であると理解されている。気候変動影響の程度は、自然・社会システムや、発展経路、および地理的要因等の特徴による」

　同評価報告書の公表を境にして、「気候変動問題をリスク管理の問題としてとらえる」動きが国内外で早まった。

　国際的には、たとえばIPCCは冒頭のIPCC－AR4と第5次評価報告書（2013～14年に公表予定）の間に2つの特別報告書を公表したが、そのうちの1つ「気候変動への適応推進に向けた極端現象及び災害のリスク管理に関する特別報告書（SREX）」（2011年11月公表）は、タイトルに「リスク」を銘打った初のIPCC報告書である（IPCC、2012）。一方で政策決定の現場に目を向ければ、2008年制定の気候変動法に従い英国政府が実施する「気候変動リスクアセスメント」を筆頭に、各国でリスク評価報告をまとめ気候変動政策の検討材料として活用する動きがある。また、学界においても、タイトルやキーワードに「リスク」を含む温暖化関連の研究論文数は増えつつある。

　国内に目を向けても、国際的潮流に反せず、やはり「リスク分析」「リスク管理」という記述をみかける機会が増えてきた。国内の大学・研究機関の100人規模の研究者らが協力して取り組む大型研究プロジェクトである「気候変動リスク情報創生プログラム（文部科学省委託事業・平成24年～28年）」「地球規模の気候変動リスク管理戦略の構築に関する総合的研究（環境省環境研究総合推進費プロジェクト・平成24年～28年）」はその例である。

　以上のように「リスク」は気候変動問題における重要概念として定着しつつある。本稿ではまず1において、気候変動分野で「リスク」概念がどのように扱われてきた

のか考察し、本稿で事例紹介する「リスク分析」のスコープを説明する。2では国内外のリスク分析の具体的事例を紹介し、最後に3で今後の課題について述べる。

1　気候変動問題と「リスク」

「リスク」という語は日々の生活ではどんな場面でどんな意味で用いられているだろうか。多くの人には「リスクを伴う」「リスクを背負い込む」といった表現で、なじみがあるかもしれない。辞書を引いてみると「予想どおりにいかない可能性」といった説明が見つかり、なるほどとうなずく。

では気候変動問題の分野ではどのようであったかというと、文脈・場面によりさまざまな意味で用いられており、一言では説明できない。この多義性は、冒頭のIPCC－AR4の引用文の「リスク管理の技法は、セクター／地域／時間の多様性を明示的に扱いうる」との記述にも示される、フレキシビリティの大きさとも関係しているのであろう。

過去のIPCC評価報告書をたどってみると、温暖化の科学的根拠を扱う第一作業部会報告書では、生態系や人間システムへの危害を直接に対象とする作業部会ではないため、リスクという用語はほとんど使われてこなかった。一方、影響・適応を扱う第二作業部会ならびに緩和を扱う第三作業部会では、「気候変動リスク」を「気候変動に伴い今後生じうる悪影響」の意で用いている例を、多く見つけることができる。また、確率的な影響予測を「リスク分析」として実施し、ステークホルダーの意見も得ながら許容可能なリスクの水準・閾値（リスク基準）を決め、リスク分析結果をそのリスク基準に照らして対策検討する一連の手順を「リスクアプローチ」と呼ぶ例も見

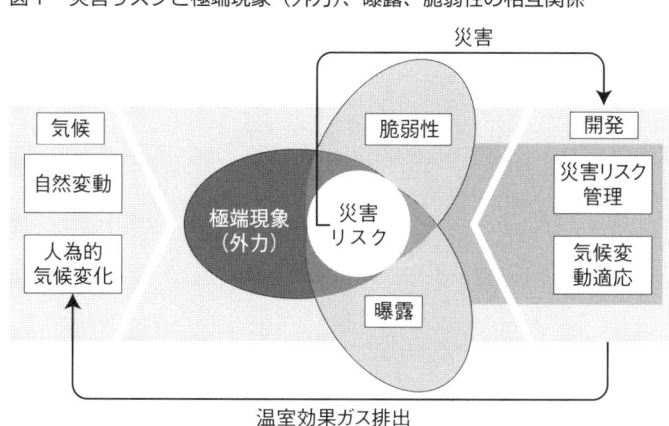

図1　災害リスクと極端現象（外力）、曝露、脆弱性の相互関係

（出所）　IPCC（2012）に基づき作成

つかる。さらにSREXでは、リスクの大小は極端現象(外力)・曝露・脆弱性により決まること(図1)を強調し、リスク分析にあたっては極端現象・曝露・脆弱性の各々について現状把握し、将来見通しを得るとともに、リスク管理が必要な場合には極端現象の制御(緩和)と曝露・脆弱性の制御(適応・開発政策)の双方をあわせ行う必要があることを示した。

　気候変動に限らなければ、リスクに関連した用語の定義を整理・考察した文献はさまざまあるため、本稿では定義について深く論ずることはしない(たとえば、IRGC、2005)。ただし、本稿中の用法を便宜的に定めるために、適応策を用いた地域的な気候リスク管理との整合性の高さをJones and Preston(2011)が指摘している国際標準規格ISO31000(リスクマネジメント―原則および指針―)の定義(表1)を示しておく。表1のうち「リスク分析」に相当する調査・研究の事例を2で紹介する。

　高橋・久保田(2006)は、リスク評価・管理の枠組みで温暖化問題を取り扱うことのメリットを4点にまとめた。第一に、不確実な事象を定量的に取り扱い、その大きさを明示的に示すことができること、第二に、温暖化以外のリスクの評価結果と比較検討し、総合的な対応の検討が可能になること、第三に、緩和策(排出削減策)と適応策とを整合性をもって考慮できること、第四に、影響を受ける側の個人差、地域差

表1　ISO31000におけるリスクに関連した用語の定義

用語(和訳)	用語(英語)	ISO31000での定義(和訳)
リスク	risk	目的に対する不確かさの影響
リスク基準	risk criteria	リスクの重大性を評価するための目安とする条件
リスク特定	risk identification	リスクを発見、認識および記述するプロセス
リスク分析	risk analysis	リスクの特質を理解し、リスクレベル(結果とその起こりやすさとの組合せとして表される、リスクまたは組み合わさったリスクの大きさ)を決定するプロセス
リスク評価	risk evaluation	リスクおよび/またはその大きさが、受容可能かまたは許容可能かを決定するために、リスク分析の結果をリスク基準と比較するプロセス
リスクアセスメント	risk assessment	リスク特定・リスク分析・リスク評価のプロセス全体
リスク対応	risk treatment	リスクを修正するプロセス
リスク管理	risk management	リスクについて、組織を指揮統制するための調整された活動

(出所)　リスクマネジメント規格活用検討会(2010)

等の反応特性の差を積極的に理解するきっかけとなることである。実際には、利用可能なデータの制約や評価に要する資源の制約との兼ね合いもあり、それらのメリットすべてが実現されるケースはほとんどないが、温暖化問題をリスク管理の問題として扱うことを重視する昨今の風潮には、以上のような潜在的メリットへの期待の表れもあろう。

2 リスク分析の事例

　1の議論からもわかるように「気候変動影響予測」と「気候変動リスク分析」の区別はあいまいである。あえて区別しようとするならば、①リスク管理の手順・枠組みを明示したうえでその手順の一部として影響予測を行う場合、②不確実性幅や確率密度関数を示すべく確率的な影響予測を行う場合、③リスクの構成要素である外力・曝露・脆弱性を切り分けて扱い、将来の影響被害の見通しを示す場合等に、従来型の気候変動影響予測と区別し、気候変動リスク分析と呼ぶことができるかもしれない。

　本稿では、上述の①〜③について最近の調査・研究事例を以下で紹介する。

(1) リスク管理の手順・枠組みの一部として影響予測を行うケース

　本稿冒頭でも触れた英国の「気候変動リスクアセスメント」は、①の範疇に含まれる典型例であろう。英国では、2008年に成立した気候変動法に従い、気候変動リスクアセスメントを実施・公表（2012）し、さらに同評価報告をふまえ国家適応計画を公表（2013）した（詳細は3−1−5参照）。

　気候変動法では、このリスクアセスメント→国家適応計画策定という手順を、5年おきに実施することとしている。すなわち、反復・見直しプロセスを含むリスク管理枠組みのなかに、リスクアセスメントが明確に位置づけられている。

　2012年に公表された初回の気候変動リスクアセスメントでは、まず英国において懸念される温暖化影響が700以上あげられ、そのうち11の主要分野にわたる100以上の影響項目について、影響の大きさや確信度についての詳細な分析がなされた。この700以上の項目出しと、そこから絞り込んだ主要項目の詳細分析は、表1ではリスクアセスメント（リスク特定〜リスク分析〜リスク評価）に相当する手順であり、またそれをふまえた国家適応計画策定は、リスク対応の入り口に相当すると考えることができよう。

　学術研究として実施される単発の気候変動影響予測の場合には、研究資源・手法の制約等から影響項目の抜け落ち・見過ごし等が免れえない。結果的に、評価対象として選択された影響項目が過度に強調された対策の提案になりがちである。リスク特定を手順に含めることで、リスクの見落しを避けることを期待できる。

　わが国においては、政府全体としての適応計画策定に向け、2013年7月に中央環境

審議会に小委員会が設置され、既存研究知見の整理を通じて気候変動が日本に及ぼす影響について審議し、2014年度内を目標にその結果の取りまとめを行うこととなった（詳細は3－1－2参照）。

　英国のように法律で定められたリスクアセスメントではないが、国家適応計画策定での活用を目的としていることから、同取りまとめには英国の気候変動リスクアセスメントに相当する機能が期待されていると考えられる。各国の先行事例を参考に、関連各省庁・学界の協力を得て意義ある審議・結果の取りまとめを行う必要がある。

(2)　確率的な影響予測を行うケース

　次に②の例を紹介する。温暖化の進行時に各方面に悪影響が表れることを示し、なんらかの対策の必要性を主張するという目的のみであれば、気候・社会経済等の諸条件を現実的な範囲で任意に想定して影響予測することで、おおむね目的は達せられる。実際、1990年代に行われていた影響予測の多くはその種のアプローチをとっていた。

　しかし現実に対策を策定・実施する状況では、対策の種類・時期・規模等の意思決定に資する予測情報が求められる。予測に不可避的に付随する不確実性に目をつむり、恣意的に設定した仮定・評価手法の組合せで単一の影響予測を実施し、その予測結果のみに依拠して意思決定を行うことには問題がある、との認識が広がったわけである。そのような予測情報へのニーズの変化を受け、影響予測の前提条件のとりうる幅や生起確率、影響予測手法の精度等を明示的に考慮した、確率的影響予測・不確実性評価の取組みが増えてきた。

　確率的影響予測については、水文・水資源、農業・食料、人間健康等、どの分野についても取組事例があるが、おおむねそれらに共通する点として、影響予測計算の入力条件の1つである気候シナリオについて、気候モデルの違いに由来する予測のばらつきを考慮して確率分布を構築し、それを与えた影響モデルの多数回シミュレーションを行い、影響予測の不確実性幅を示したり、確率密度関数として示したりする点があげられる。

　たとえばFronzekら（2010）は、フィンランド周辺のパルサ（永久凍土地帯に分布する周氷河地形の一種で高さ数mの泥炭質の高まり）の分布について、気候シナリオの不確実性を考慮した分析を行った。中位（SRES－A1B）～高位（SRES－A2）の温室効果ガス排出シナリオを想定した場合、パルサに適した地域の広がりが、基準期間（1961～90年）に比べて2030年代までに90％以上の確率で半分より小さくなり、21世紀末までに66％以上の確率ですべて失われることを示した。一方、低位（SRES－B1）の排出シナリオを想定した場合には、21世紀末まで現状の適地の一部が50％以上の確率で残存することも示した。影響予測を確率的に示すことで、気候予

測の不確実性を考慮しつつ、目指すべき温室効果ガス排出経路の検討材料を与えている。

わが国においても、確率的影響予測の取組みは増えつつある。典型例として「地球温暖化に係る政策支援と普及啓発のための気候変動シナリオに関する総合的研究」（環境省環境研究総合推進費プロジェクトＳ－５・平成19年～23年）では、温室効果ガス排出の将来見通しと気候モデルの不確実性に特に注目して、6分野（水文・水資源、海洋・水産、極域・氷床、農業・食料、陸域生態系、人間健康）の影響評価を行った。より具体的には、IPCC－AR4で評価対象となった約20の全球気候モデルによる気候予測情報を網羅的に用いて、その各々を前提として個別分野の影響評価を行い、不確実性の幅を把握した。たとえばMasutomiら（2009）では、3つの排出シナリオ（中位：SRES－A1B、高位：SRES－A2、低位：SRES－B1）について、気候シナリオの不確実性を考慮して、アジア域のイネ単収への気候変動影響を予測した。その結果、2020年代においては、どの排出シナリオでも二酸化炭素施肥効果に比して、気候変動の悪影響が大きく見積もられる傾向があり、適応による対処の必要が高いこと、2080年代には、排出シナリオ間で単収への影響に明確な違いが生じ、低位排出のSRES－B1では収量低下が軽減されることを示した。なお同プロジェクトでは、どの分野においても気候モデルの違いによる影響予測の差異を無視できないことが示された。

わが国を対象地域とした地域的な影響予測に関しては、「温暖化の危険な水準および温室効果ガス安定化レベル検討のための温暖化影響の総合的評価に関する研究」（環境省環境研究総合推進費プロジェクトＳ－４・平成17年～21年）が、多分野を包括的に扱う評価を実施している。ただし同プロジェクトでは、分野別影響評価で共通想定する気候・社会経済条件について幅を十分に考慮しておらず、不確実性評価が課題として残った。それを受け「温暖化影響評価・適応政策に関する総合的研究」（環境省環境研究総合推進費プロジェクトＳ－８・平成22年～26年）では、共通利用シナリオの設定にあたり、不確実性を見落とさないことを研究のポイントにあげている。

(3) **外力・曝露・脆弱性を分けて扱い将来の影響被害の見通しを示すケース**

39頁の③について、近年リスク分析に際して、外力・曝露・脆弱性を切り分けて扱うことの重要性が、強調されるようになってきた。従来の影響研究では、温室効果ガス排出の大小により影響がどの程度変わるのか、あるいは許容可能な範囲に影響を抑制しようとするなら、温室効果ガス排出をどの程度減らす必要があるのか、という問いに答えを示すことに主眼が置かれてきた。つまり緩和策のみでリスク管理する前提での分析が主であった。

しかしながら、野心的な排出削減を実現できたとしても、ある程度の気候変動は免

れえないとの見通し、あるいは気候変動とその影響が次第に表れつつある現状を考慮した場合、緩和策にあわせて適応策の実施も考えねばならず、適応策による曝露・脆弱性の積極的な制御が注目されるようになってきたわけである。

　また、その種の分析を支援する目的で、整合的な気候・社会経済シナリオセットとして代表的濃度経路（RCPs：Representative Concentration Pathways）とそれを前提とした気候シナリオ群、共通社会経済経路（SSPs：Shared Socio-economic Pathways）と呼ばれる社会経済シナリオ等が、国際的なコーディネーションのもとで開発され、影響予測研究コミュニティへの提供が始まっている。

　それらのシナリオセットを活用した影響予測が表れつつあるが、わが国で実施された研究事例としては、将来の水需要推計のためにSSPsを用いたHanasakiら（2013）の全球規模の水資源の評価や、農作物の収量変化の推計のためにRCPsに基づく気候シナリオを、人口変化や技術進歩についてSSPsに基づく社会経済シナリオをそれぞれ用いたHasegawaら（2014）の全球規模の食料リスクの評価等をあげることができる。個々の研究結果についてここでは詳しく紹介しないが、気候変動と同等あるいはそれ以上に、社会経済変化に伴う曝露・脆弱性の変化が影響の大小を左右するという結果を示す研究事例が多い。あの手この手の対策を組み合わせてリスク管理を効果的・効率的に行っていくためには、それに対応できるようにリスク分析の仕様も設計・拡張していく必要がある。

3　リスク分析の課題

　冒頭で述べたように、リスク概念の気候変動問題への適用に対する期待は高まっており、2でも示したように関連の調査・研究数は増えているが、政策・対策の立案・実施の現場での活用は、まだ十分には進んでいない。本稿の最後に、リスク概念の気候変動問題への適用に関する課題点・留意点をあげておきたい。

　1点目は、確率的影響予測の無批判な応用は誤った意思決定を導きうる、ということである。2で紹介した例も含め、影響予測が確率密度分布として示されていたとしても、関連するあらゆる因子について、確率的に扱っているわけではない。確率的に扱われない諸条件の設定によっては、予測結果が大幅に異なるものとなる可能性もある。また、影響モデルのモデル式自体にも、結果が依存することに注意が必要である。確率分布の作成手順を慎重に確認したうえで、意思決定への適用の可否・是非を検討することが、確率的予測情報の利用者には求められる。

　2点目に、リスク情報・確率的予測のコミュニケーションの問題をあげる。往々にして、政策決定者・市民は、確率的予測の解釈・活用に困難を感ずる場合が多いし、一方で研究者・技術者は、確率的予測の平易な言葉での伝達に、必ずしも長けている

わけではない。政策決定者や市民によるリスク情報へのニーズを正しく把握して研究者に伝えたり、逆に研究者が示す確率的予測を含むリスク情報をわかりやすく翻訳して政策決定者・市民に伝達したりする、コミュニケータの役割をもつ中間的な立場が重要になる。これは、研究者が自身の研究の延長として行うのではなく、役割をコミュニケーションに特化した責任ある組織を構築することで、状況改善の余地がある。あるいは、科学コミュニケーション分野で提案・活用されてきた、ステークホルダー会議等の活用も有効であろう。

　3点目には、偏りないリスクの把握と対応の検討をあげる。リスク情報は、高度な評価手法が、すでに利用可能な状況にある影響項目に集中しがちである。相対的に重要度が高いからこそ、評価手法・評価事例が充実しているとの見方もできるが、データ制約等の理由でその影響項目のみに評価事例が集中する場合もある。リスクの包括的な把握のためには、影響モデルによる定量分析の存在する影響項目だけではなく、その他の影響項目についても、定性的な分析・評価を実施することが妥当である。2でも述べたように、リスク特定のステップにおける、潜在的なリスクの項目出しと、その優先順位づけ・スクリーニングが、有効かつ現実的な手順であろう。

　最後になるが、以上のような課題に取り組み気候変動リスク管理に係る意思決定に寄与すべく、「地球規模の気候変動リスク管理戦略の構築に関する総合的研究」（環境省環境研究総合推進費プロジェクトS－10・平成24年～28年）」（ICA-RUS：Integrated Climate Assessment - Risks, Uncertainty and Society）が、2012年より開始された。筆者も同プロジェクトに、リスク情報・対策評価の総合化を通じた管理戦略提案の役割で参加している。ICA-RUSでは、気候変動の多種多様なリスク、ならびに多様な対策の選択肢、水・食料・生態系等の諸問題との関連性、および社会のリスク認知・価値判断を総合的に把握しながら、リスク管理の視点から人類のとりうる戦略を検討する。これにより、科学的・社会的に合理性の高い戦略の選択肢を提示し、国内外の気候変動政策に貢献する。ICA-RUSの目的・研究計画・研究体制については、ホームページ（http://www.nies.go.jp/ica-rus/）を参照されたい。

〈参考文献〉
気候シナリオ実感プロジェクト（2012）「地球温暖化に係る政策支援と普及啓発のための気候変動シナリオに関する総合的研究」成果報告書
　http://www-iam.nies.go.jp/s5/materials/materials/S5report.pdf
高橋潔・久保田泉（2006）「温暖化の適応に関する研究およびその実施の促進をめざして―温暖化影響のリスク評価・リスク管理の視点から」『環境情報科学』35（3）、pp. 39-44
リスクマネジメント規格活用検討会（2010）『ISO31000：2009 リスクマネジメント解説と適用ガイド』日本規格協会

Fronzek, S., Carter, T. R., Raisanen, J., Ruokolainen, L., and Luoto, M. (2010), Applying probabilistic projections of climate change with impact models: a case study for sub-arctic palsa mires in Fennoscandia, *Climatic Change*, 99, pp. 515-534.

Hanasaki, N., Fujimori, S., Yamamoto, T., Yoshikawa, S., Masaki, Y., Hijioka, Y., Kainuma, M., Kanamori, Y., Masui, T., Takahashi, K., and Kanae, S. (2013), A global water scarcity assessment under Shared Socio-economic Pathways – Part 2: Water availability and scarcity. *Hydrol. Earth Syst. Sci.*, 17, pp. 2393-2413.

Hasegawa, T., Fujimori, S., Shin, Y., Takahashi, K., Masui, T. and Tanaka, A. (2014). Climate change impact and adaptation assessment on food consumption utilizing a new scenario framework. *Environmental Science & Technology*, 48 (1), pp. 438-445.

IPCC (2007), *Climate Change 2007: Synthesis Report. Summary for Policymakers*.

IPCC (2012), *Managing the Risks of Extreme Events and Disasters to Advance Climate Change Adaptation*. Cambridge University Press.

IRGC (2005), *White paper on risk governance towards an integrative approach*. International Risk Governance Council, Geneva.

Jones, R.N. and Preston, B.L. (2011), Adaptation and risk management. *WIREs Climate Change*, 2, pp. 296-308.

Masutomi Y., Takahashi K., Harasawa H., and Matsuoka Y. (2009), Impact assessment of climate change on rice production in Asia in comprehensive consideration of process/parameter uncertainty in general circulation models. *Agric.Ecosyst.Environ.*, 131, pp. 281-291.

2-2 気候変動のもとでの適応策としての災害リスク管理

京都大学　多々納　裕一

本稿では、本書の主要テーマである自然災害に焦点を当て、気候変動のもとでの適応策としての災害リスク管理の必要性を示す。

1　気候変動と自然災害

人間活動に起因する気候変化は、その予想される影響の大きさと深刻さからみて、人類の生存基盤そのものに影響を与える重要な課題である。その影響は、生態系、淡水資源、食糧、沿岸と低平地、産業、健康等、広範囲の分野に及ぶものと考えられている。

特に沿岸域や低平地では、海面水位の上昇、大雨の頻度増加、台風の激化等により、水害、土砂災害、高潮災害等が頻発・激甚化するとともに、降雨の変動幅が拡大することに伴う渇水の頻発や深刻化の懸念が指摘されている（以下、これらを「水災

表1　100年後の降水量の変化が治水安全度に及ぼす影響

地域名	将来の治水安全度（年超過確率）					
	1/200（現計画）	水系数	1/150（現計画）	水系数	1/100（現計画）	水系数
北海道	—	—	1/40〜1/70	2	1/25〜1/50	8
東　北	—	—	1/22〜1/55	5	1/27〜1/40	5
関　東	1/90〜1/120	3	1/60〜1/75	2	1/50	1
北　陸	—	—	1/50〜1/90	5	1/40〜1/46	4
中　部	1/90〜1/145	2	1/80〜1/99	4	1/60〜1/70	3
近　畿	1/120	1	—	—	—	—
紀伊南部	—	—	1/57	1	1/30	1
山　陰	—	—	1/83	1	1/39〜1/63	5
瀬戸内	1/100	1	1/82〜1/86	3	1/44〜1/65	3
四国南部	—	—	1/56	1	1/41〜1/51	3
九　州	—	—	1/90〜1/100	4	1/60〜1/90	14
全　国	1/90〜1/145	7	1/22〜1/100	28	1/25〜1/90	47

害」と呼ぶ）。

表1に示すように、国土交通省社会資本整備審議会は、地球温暖化に伴う気象変動によって、100年後には日本の主要河川の治水安全度が大幅に低下すると予測した[1]。将来の降水量の増加により、河川整備の現在の計画が目標とする治水安全度は、将来時点において著しく低下することになり、浸水・氾濫の危険性が増えるというわけである。

気候変化により激化する水害や土砂災害、高潮災害等は、さまざまな規模が考えられるため、これらからすべてを完全に防御することはむずかしい。このため、国土交通省社会資本整備審議会は「気候変化への適応策としては「犠牲者ゼロ」に向けた検討を進めるとともに、首都圏のように中枢機能が集積している地域では、国家機能の麻痺を回避すること等、重点的な対応に努め、被害の最小化を目指すことが必要である」としている。このことは、ある程度の被害を許容するかわりに、総合的なリスク管理方策を講じることの必要性が認識され、その方向で検討が進められつつあることを意味している。

2　自然災害リスクの構成要素

地震や台風、豪雨等のハザードの発生は必ずしも災害をもたらすわけではない。これらのハザードそれ自体は単なる自然現象であり、われわれはこれらのハザードの発生が被害を引き起こしてはじめて災害として認められるようになる。これらのハザードが発生したところに、人口・資産といった被害対象（exposure）が存在しており、かつ、それらがハザードに対して脆弱である（vulnerable）という条件が重なる

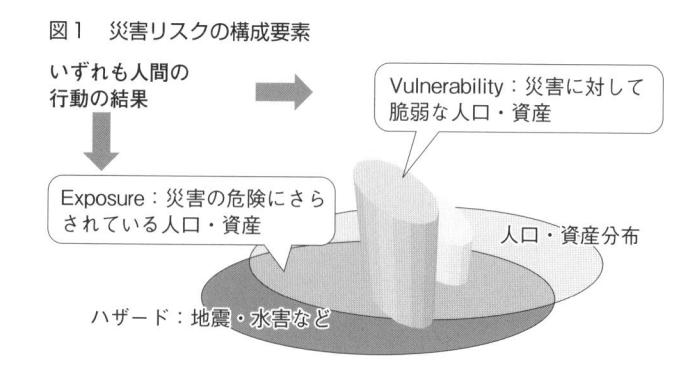

図1　災害リスクの構成要素

いずれも人間の行動の結果

Vulnerability：災害に対して脆弱な人口・資産

Exposure：災害の危険にさらされている人口・資産

人口・資産分布

ハザード：地震・水害など

---

[1]　国土交通省社会資本整備審議会（2008）「水災害分野における地球温暖化に伴う気候変化への適応策のあり方について（答申）」

ことが、これらのハザードが単なる自然現象から災害へと変化する条件である。言い換えれば、このようなexposureやvulnerabilityの制御こそが、災害による損失を軽減するための鍵であると考えられる。

しかしながら、都市への人口・資産の集積や、都市の災害に対する脆弱性は、いずれも人間の活動の帰結であり、社会のなかで展開されている個人や企業の活動の結果でもある。もちろん、政府の役割は重大ではあるが、実際に居住地や立地を選択しているのは個人や企業であり、また、被害軽減のための方策の大部分もまた個人や企業の選択に委ねられている。したがって、災害に強い社会を実現させ、気候変動による災害リスクの増大に対して強靭な社会を実現するためには個人や企業という社会を構成する主体の選択行動を中心にすえて、これらの主体の行動をいかに安全で安心な社会が実現するように誘導していくかが問われていると考えられる。このためには、これらの主体の行動を理解し、施策の評価のための規範を持ち合わせていなければならないと同時に、非構造的な施策を含む施策がこれらの主体の行動や厚生にいかなる影響を及ぼすかを分析するツールをもたねばならない。

3 災害のリスクとしての特徴とそのリスクマネジメント上の意味

(1) 災害の頻度と認知リスク

災害は、明らかに希少な事象である。このことは、われわれが災害について多くの知識を得ることができない主要な要因となっている。災害のリスクに関しても日常の経験を通じて学習することが困難であるため、あいまいなリスク認知やバイアスが生

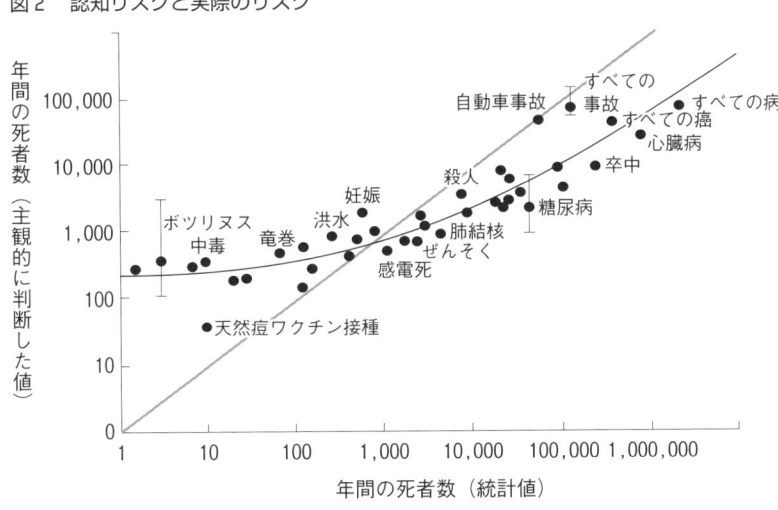

図2 認知リスクと実際のリスク

図3　客観的リスクと認知リスク（Viscussiモデル）

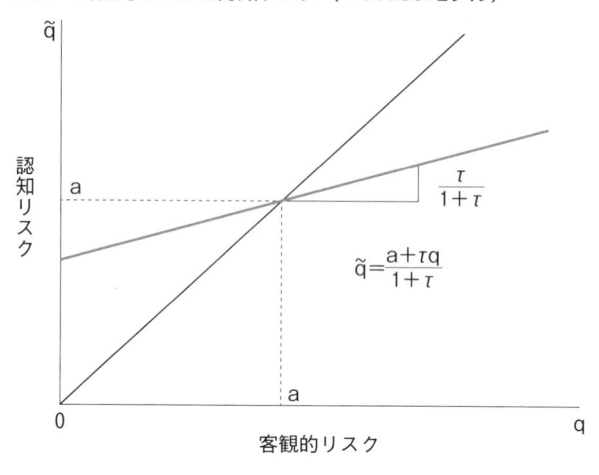

$$\tilde{q} = \frac{a + \tau q}{1 + \tau}$$

傾き $\frac{\tau}{1+\tau}$

縦軸：認知リスク　横軸：客観的リスク

じることとなる。

　図2は、一般の人々が希少な事象に対するリスクをどのように評価しているかを調べたアンケート調査の結果である（Fischoff *et al.*、1981）。

　この図から、よりまれにしか生じない事象に対しては、そのリスクが高めに見積もられ、そうでない場合には低めに見積もられる傾向が読み取れる。

　Viscussi（1992）はその一連の研究のなかで、合理的なBayes学習を行う家計であっても、情報によって獲得された客観的なリスクのみで、家計の認知リスクが記述されるわけではなく、その情報を利用する以前に形成されていた先見的な認知リスク水準にも依存することを示した。パラメータの事前分布がベータ分布、特定の期間内に災害が生起する確率が二項分布に従う場合には、認知リスクが先見的な認知リスクと情報によって獲得された客観的リスクとの線形和として与えられうることを示している。この場合には、客観的なリスクの限界的な変化の一部のみが実際に認知されるリスクの変化として認識されることを示している。このことは、リスク軽減行動の効果が過小に評価される可能性を示唆するものである。

　一般の人々によってなされる減災行動や居住地選択行動は、主観的に認知されたリスクに基づいてなされる。したがって、この種のバイアスの存在は災害に対して脆弱な都市構造をつくりあげる要因の1つとなりうる。このような認知リスクのバイアスが存在する状況下では、主観的な効用をもとに便益を評価すると社会的には望ましくない結果を招くおそれがある。山口・多々納ら（2000）は客観的なリスク水準を用いて補正した厚生をもとに便益評価を行う方法を示している。そのうえで、認知リスクのバイアスの存在が税・補助金もしくは情報提供といった間接的な手段による土地利

用の誘導によっては、効率的な土地利用を実現することができないことを示している。このことは、このような認知リスクのバイアスの存在を前提とすれば、都市計画、土地利用計画等といった都市内の土地利用に関する直接的規制を用いることの正当性が導かれることを意味している。逆に、認知リスクのバイアスが存在しなければ、効率的な土地利用が市場を介して実現しうる。このことは、認知リスクのバイアスを除去するために、リスクコミュニケーション等を通じてバイアス自体を軽減することの重要性を示唆している。

ただし、この種の議論は必ずしも市場機構を介した調整が自然災害リスクマネジメントとして有効でないということを主張しているわけではない。むしろ、完全ではないにしろ、市場機構を通じたリスク管理の可能性を示唆するものである。米国における研究成果からは、立地選択行動が自然災害のリスクの影響を受けているという想定を支持する結果がもたらされてきた（たとえば、Berknoph *et al.*、1997）が、最近の地震危険度と地価や家賃の形成に関する実証的な研究（山鹿・中川・齊藤、2002a、2002b）によれば、わが国においても災害リスクの危険度は住宅市場における取引に影響を及ぼしており、市場機構を通じたリスク管理の可能性が支持される可能性が高いことが示されている。

(2) 被害の集合性・局所性とその帰結

災害の特徴としてもう１つ忘れてはならないのが、被害の集合性である。災害が生じた場合には、多くの人や資産が同時に被災する。しかしながら、必ずしもすべての家計が同時に被災するわけではない。

小林・横松（2000）は、災害のこのような性質を集合リスクと個人リスクと呼び、災害が社会全体の損失を決定する過程（集合リスク）とその損失を個々人に分配する過程（個人リスク）との２段階のくじとして表現している。

大数法則が成り立つような世界では、集合リスクはほとんど消滅している。なぜなら、損失を社会全体でプールすれば、その損失はほぼ定常的となるからである。これに対し、災害の場合には、集合的なリスクこそが問題となる。大規模な災害による被害はまれにしか起こらないが、起こった場合の被害は大きく、単に社会全体でプールすることが不確実性を軽減することにつながらないからである。

小林・横松（2000）は、この種のリスクのファイナンスの問題に着目し、集合リスクをアロー証券として地域間で取引し、個別リスクを地域内の相互保険（強制保険）によってファイナンスすることが有効であることを示している。

被害が空間的な相関性をもち、局所的であるということも災害リスクの特徴である。特定の地域にのみ発生しうるリスクは、その移転が困難なリスクであった。これは、リスクをプールしても集合リスクを軽減できないためである。近年のリスクファ

イナンス技術の進展によって、この問題には一定の解決の可能性が見出されてきた。リスクの証券化等の手段によれば、まったくリスクを負っていない主体も投資の機会としてこの種のリスクを負担する可能性が生じてきたからである。

しかしながら、このことはまったくリスクを負っていない主体にリスクの一部を移転することを意味している。このような移転が実現するためには、リスクを負っている主体は、彼が負うリスクの一部を引き受けてもらうために、その期待値以上のプレミアム（保険料）をリスクを引き受ける主体に支払うことが必要となる。このことは、災害のリスクファイナンスでは、支払保険料が期待保険金額と一致するという給付＝反給付原則が成り立たないことを意味している（小林・横松、2000）。この場合、災害による損失を完全にカバーするような保険は必ずしも最適でなく、部分的な補償が実施されるような部分カバーの保険が効率的となる。

被害の局所性は、この種のリスクファイナンスにかかわる困難性のみを生じさせるものではない。むしろ、地域の社会・経済構造に長期的な影響を介して、災害リスクの軽減方策の効果にもたらしうるのである。

たとえば、都市の形成が集積の経済性と混雑の効果との関係によって定まるという都市経済学的な見地に立てば、都市システムにおける均衡は複数の可能な均衡のなかから歴史に依存して（経路依存して）定まることになる。この場合、災害に対して脆弱な地域と安全な地域とがあったにせよ、そのいずれかの地域の都市が他の都市よりも人口・産業規模の大きな都市にもなりうることが示唆される。すなわち、経済システム内で最も重要な大都市が災害に対して脆弱な地域に存在するような状況も発生しうるのである。この場合、個々の都市が交易等の経済活動を伴う関係性を有していれば、災害に対して脆弱な都市の安全性を高めることは、他の都市にとっても短期的には便益をもたらす。

しかしながら、長期的には、災害に対する安全性の向上が大都市の混雑を助長し、経済システム全体の厚生を低下させる場合が生じる。この効果は、災害に対して脆弱な大都市の安全性が向上することによって生じる他の都市への正の外部効果と混雑の効果とに依存して定まる（庄司ら、2001）。この結果が意味するところは、被害軽減施策の実施が長期的には正の便益をもたらさない場合が生じうることを意味している。

この種の問題に対処するためには、単に被害軽減施策を講じるのではなく、災害に対して脆弱な大都市の混雑を軽減するよう、小都市における生活環境の整備等を同時に実施するといった、複合的施策が重要であることを意味している。

また、被害の局所性は災害からの復興経路にも影響を及ぼす。Tatanoら（2004）は、社会資本を共有する2つの地域（災害脆弱地域と安全な地域）の災害復興過程

を、内生的経済成長モデルを用いて記述し、災害復旧過程が最適な資本構成比率に資本の構成が収束していく過程であることを示した。

そのうえで、復旧の程度は、被害の局所性、言い換えれば、被災を免れた資本がどれだけ存在するかに依存すること、地域間の共通資本である社会資本は、個々の地域の生産資本に比べて相対的に（平常時の最適資本比率を上回る程度の）軽微な被害であっても、優先的な復旧が必要となる場合があること等が示されている。したがって、効率的な経済の復興を図るためには、地域間の連携がきわめて重要となる。

4 総合的災害リスクマネジメントの必要性

災害リスクマネジメントの手段は、リスクコントロールとリスクファイナンスに分類される（たとえば、山口、1998）。

リスクコントロールは、損失の回避、軽減方策に分類される。たとえば、自然災害の発生の危険の高い場所には立地しないという行動をとるという個人の選択や、堤防を築いて氾濫を防止するとか土地利用の規制をかけて利用そのものを禁止するという政府の選択はこの回避方策に該当する。被害軽減方策は、災害によって発生する損失の程度を小さくする行為である。

リスクファイナンスは、災害後の復興を容易にし、被災後にフローとして生じる被害を軽減するための事前の金銭的な備えである。代表的には、災害に備えた貯蓄や、基金を積立て等の行動として現れるリスクの保有と、保険等によるリスクの移転がある。災害で生じた被害のうち、保険でカバーされた金額の割合はあまり大きくなく、多くの災害で被災後の再建や復興の過程で新たな金銭的困難が生じることも珍しくない。災害後の都市やくらしの再生がスムーズになされるよう事前の仕組みづくりが重要なことは明らかである。

図5に示すように、このような状況下では、災害による経済の落込みを軽減・回避する被害軽減・回避方策と復旧の速度を支配するリスクファイナンス施策とが相互補

図4　災害リスクマネジメントの手段

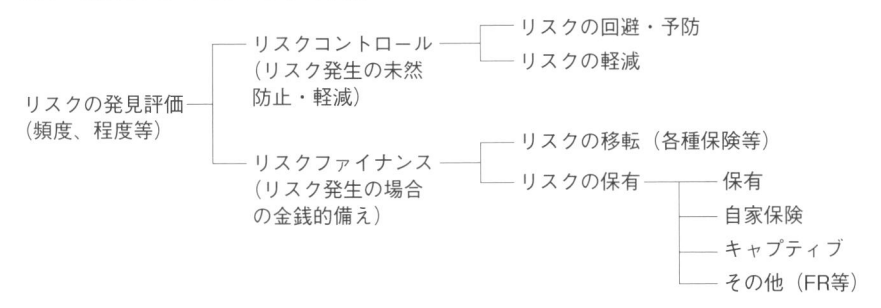

```
リスクの発見評価 ─┬─ リスクコントロール ─┬─ リスクの回避・予防
（頻度、程度等）　 │　（リスク発生の未然　 └─ リスクの軽減
　　　　　　　　　│　　防止・軽減）
　　　　　　　　　└─ リスクファイナンス ─┬─ リスクの移転（各種保険等）
　　　　　　　　　　　（リスク発生の場合　 └─ リスクの保有 ─┬─ 保有
　　　　　　　　　　　　の金銭的備え）　　　　　　　　　　　　├─ 自家保険
　　　　　　　　　　　　　　　　　　　　　　　　　　　　　　├─ キャプティブ
　　　　　　　　　　　　　　　　　　　　　　　　　　　　　　└─ その他（FR等）
```

図5　災害からの復興とリスクマネジメント施策

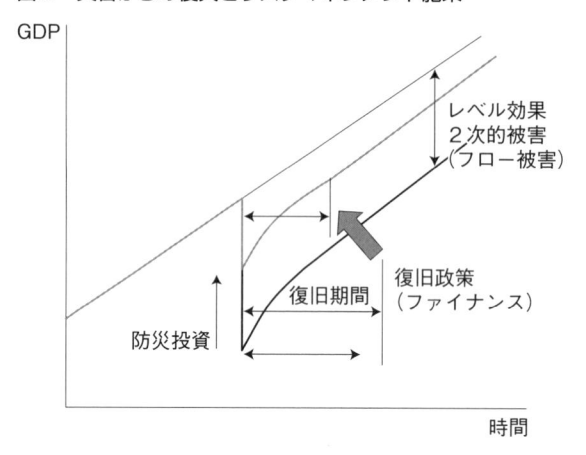

図6　災害リスクマネジメントにおけるリスクコントロールとリスクファイナンスの相互補完性

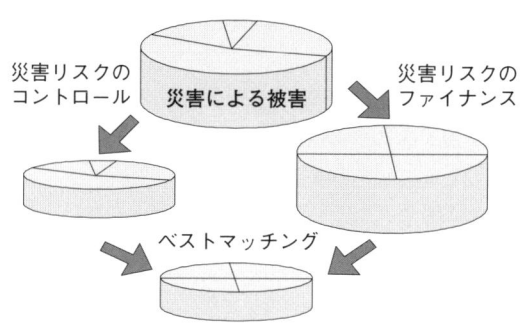

完的な役割を果たす。さらに、図6に示すように、災害のリスクを制御すると全体の被害は小さくなるが、被害は一部の人に偏って生じてしまう。災害リスクのファイナンスを講じると、一部の人に生じた被害を多くの人で助け合う仕組みが生まれる。しかし、ファイナンスだけでは被害を小さくすることはできない。このため、災害のリスクマネジメントではこれらの方策のベストマッチングを探し、安全で安心でかつ快適な都市や地域をかたちづくることを目指すことが重要となる。

5　適応的リスクマネジメントに向けて

災害をめぐる問題のもう1つ重要な側面として、知識の不完全性をあげる必要がある。気象変動に伴う自然災害リスクに対する適応策を考える場合、その発生メカニズ

図7 災害リスクマネジメントの適応的プロセス

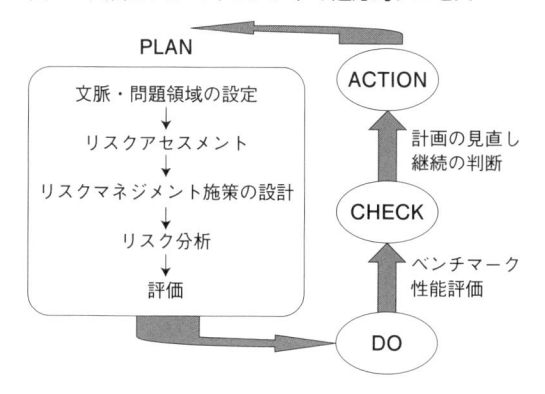

```
        PLAN
   ┌─────────────────┐          ACTION
   │ 文脈・問題領域の設定 │           ↑
   │      ↓          │       計画の見直し
   │ リスクアセスメント    │       継続の判断
   │      ↓          │
   │ リスクマネジメント施策の設計 │   CHECK
   │      ↓          │           ↑
   │   リスク分析      │       ベンチマーク
   │      ↓          │       性能評価
   │    評価         │
   └─────────────────┘          DO
```

ムやその発生確率等に関してわれわれは完全な知識を有しているわけではない。これには、災害が稀有な事象であるという性質が深くかかわっている。

また、これに情報の非対称がかかわり、自助的な減災行動やリスク移転に関する意思決定を行う家計や企業が、彼らの行動とその結果に関する対応関係を把握していると想定することは困難である。このような状況のもとでは、完全な知識を前提とした議論は限定的な有効性しかもちえない。

むしろ、意思決定にかかわる個々の主体がより望ましい決定であると納得できるような意思決定を支援し、かつ、将来に向かってより望ましい決定が可能となるような意思決定プロセスの設計が重要であろう。

このためには、リスクコミュニケーションを介した認知バイアスの軽減と、モデルをベースにした共通理解の形成を進め、主体間・地域間の協調を達成することが重要である。その前提として、信頼の問題も大きく横たわっている。

その1つの方策として、モデルを介した相互学習過程としてマネジメントプロセスをとらえ、適応的にそれをマネジメントしていこうとする適応的マネジメント（たとえば、Sendzimir *et al*.、1999）がある。生態学的な文脈のなかで発展してきた方法であるが、知識の不完全性を前提として考えるとき、多くの共通点が見出される。これも、この種の課題克服のための1つの可能性ではないかと考えられる。

また、近年、参加型の計画の必要性が叫ばれ、多くの公共計画のなかに取り入れられつつある。構造物の設計の分野でも、性能設計というかたちで、ユーザーの意向が設計に反映される仕組みが整いつつある。1つの代替案を設計する際に、ユーザーの意向をくみとる方法として、性能の規定、言い換えれば、評価指標の選定とその許容水準の設定は少なくとも、災害リスクマネジメント施策の設計に際して取り入れられるべきであろう。このためには、評価指標やその許容水準を柔軟に変化させて、代替

図8　リスクマネジメントのプロセス[2]

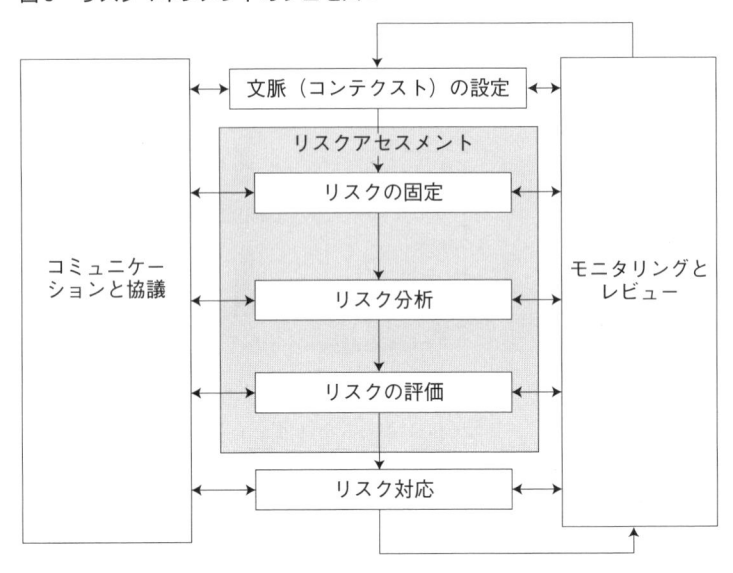

```
                    ┌─────────────────────┐
                    │ 文脈（コンテクスト）の設定 │
                    └─────────────────────┘
          ┌─────────────────────────────────┐
          │        リスクアセスメント         │
          │    ┌───────────────┐            │
コミュニケー │    │   リスクの固定   │            │ モニタリングと
ションと協議 │    └───────────────┘            │ レビュー
          │    ┌───────────────┐            │
          │    │   リスク分析     │            │
          │    └───────────────┘            │
          │    ┌───────────────┐            │
          │    │   リスクの評価   │            │
          │    └───────────────┘            │
          └─────────────────────────────────┘
                    ┌─────────────────────┐
                    │     リスク対応       │
                    └─────────────────────┘
```

案を設計しうるモデルの構築が必要であろう。

　図8にJIS Q 31000リスクマネジメントに採用されている標準的なリスク管理のプロセスを示す。

　この規格では、主として企業等、単一の組織のリスク管理を念頭に置いており、そのプロセスは、リスクを同定（特定）し、現状を分析し、評価基準を満たしうる状態が達成できているかどうか評価する「リスクアセスメント」と、評価基準を満たしうる状態を達成するための対応策を設計・実施する「リスク対応」により、自らの組織のリスク管理を行うものと考えられている。同一の組織におけるリスクというように対象を絞り込んだとしても、組織の活動が他のステークホルダーに影響を及ぼし、影響を被ったステークホルダーが組織を訴える等の状況は、十分に考えられる。この意味では、ステークホルダーの関与はリスク管理上考慮すべき内容であると考えられる。ISO31000は、もとになったAU／NZ4360に盛り込まれたステークホルダーとの「コミュニケーション及び協議」や「モニタリング・レビュー」等が明示的に盛り込まれているところに特色がある。

　「組織のあらゆる活動には、リスクが含まれる。組織は、リスクを特定し、分析し、自らのリスク基準を満たすために、リスク対応でそのリスクを修正することが望

---

[2] ISO31000（2009）より筆者が修正して作成。

ましいかを評価することによって、リスクを運用管理する。このプロセス全体を通して、組織は、ステークホルダーとのコミュニケーション及び協議を行い、更なるリスク対応が必要とならないことを確実にするために、リスク及びリスクを軽減するための管理策をモニタリングし、レビューする。この規格は、この体系的かつ論理的なプロセスを詳細に記述するものである」(JIS Q 31000)

もう1つ、特色を示すと、それは「文脈の設定（establish the context）」である。これは、JIS Q 31000の用語では、「組織の状況の確定」となる。これは、もちろん、リスク管理の対象となる組織に焦点を当てた記述である。しかしながら、同時に、同一の組織であるとはいっても、組織内部のサブ組織等では、必ずしも、リスク管理の目的や内容が共有されているとは限らない。このために、管理対象とするリスクやその目的等、リスク管理の内容を確定したうえで、リスクアセスメントを実施することになっている。

6　リスクマネジメントからリスクガバナンスへ

災害リスクの管理、特に、総合的な災害リスク管理を指向する場合には、さまざまな主体が、それぞれ異なったかたちでリスク軽減に関与することを積極的に意思決定のプロセスに反映しておくリスクガバナンスが重要である。

リスクガバナンスの問題の場合、あらかじめ、参加主体を明確に定義することも容易ではない。そのリスク事象がどれにどれくらいどのような影響を与えるのか、「回避・抑止」「軽減」「移転」「保有」といった管理の手段をだれがどのように行使しえるのか、その影響はだれにどのように及ぶのかも問題となる。

図9は、筆者らがIRGCのリスクガバナンスプロセス（IRGC、2005）を水害リスク軽減という、われわれの関心のある問題に適用するために、若干の修正を加えたものである。

このプロセスでは、「仮に」参加主体を特定し、そのリスク事象がどれにどれくらいどのような影響を与えるのか、「回避・抑止」「軽減」「移転」「保有」といった管理の手段をだれがどのように行使しえるのか、その影響はだれにどのように及ぶのかといった問題のフレームをまず仮に設定する。この段階を事前分析と呼んでいる。

その後に、これらの主体を交えてリスクの査定をする必要がある。この際には、リスクアセスメントのみならず、関係主体が憂慮するリスク事象そのものや、それが及ぼす影響の範囲、または、それに関連する制度・組織等が抱える脆弱性等に関して、コンサーンアセスメントを実施しておくことが重要である。コンサーンアセスメントは、フォーマルな意見聴取というかたちで行われることもあるが、一般にはワークショップ等の場において表明される意見から、推測することによっても実施可能であ

図9 水害リスクガバナンスの各段階におけるリスクコミュニケーションの目的[3]

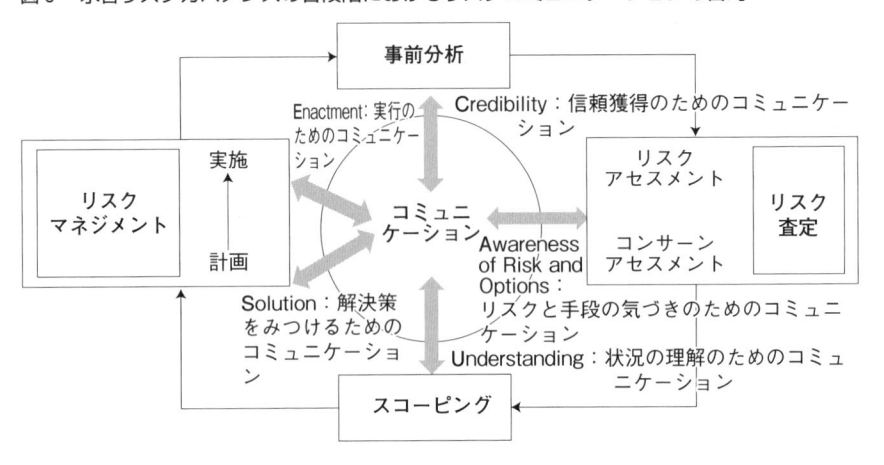

[図: 事前分析、リスクマネジメント（実施・計画）、リスクアセスメント・コンサーンアセスメント、リスク査定、スコーピングを中心のコミュニケーションで結ぶ循環図。各矢印に以下のラベル：
- Enactment：実行のためのコミュニケーション
- Credibility：信頼獲得のためのコミュニケーション
- Awareness of Risk and Options：リスクと手段の気づきのためのコミュニケーション
- Understanding：状況の理解のためのコミュニケーション
- Solution：解決策をみつけるためのコミュニケーション]

る。この段階を通じて、主体ごとのリスクや憂慮が明らかになり、形成されるべき意思決定の場の情報が徐々に明確となる。

　たとえば、水害時における避難の問題を考える場合に、昼間には老人や子どものみが地域におり、水防団の参集がむずかしく、避難等の誘導等が円滑に行えないとか、要援護者の避難をだれが担うのか、というような問題もある。このような場合、単に河川や防災の担当者、地域の代表等を参加主体としていても十分でない。少なくとも、福祉を担う部局の担当者や、老人の代表、できれば、雇用者である企業の参加も必要となろう。

　スコーピングの段階では、リスク査定の段階で明らかになった問題群を整理し、グループとして取り組む問題を絞り込む。この際、参加すべき主体はだれか、利用可能な手段は何か、等、取り組もうとする問題の構造を明らかにしておくことが重要となる。

　このような準備を経て、問題解決のためのリスク管理の手段を計画し、実施する過程が、リスク管理の段階である。

　このプロセスを循環的に実施していくことによって、参加主体や取り扱われる問題の範囲等が徐々に変化しながら、改善されていくこととなる。

　図9には同時に各段階におけるコミュニケーションの目的も整理している。Rowan（1995）はリスクコミュニケーションの目的を各目的の頭文字をとって

---

[3] Rowan（1995）のCAUSEモデルとIRGC（2005）のリスクガバナンスプロセスをもとに筆者が修正して作成。

CAUSEという覚えやすいフレーズにまとめている。
- 信頼の確立（Establish Credibility）
- リスクと対応策に関する気づきの形成（Create Awareness of the risk and its management alternatives）
- リスクの複雑性に対する理解の促進（Enhance Understanding of the risk complexities）
- 課題解決のための満足化や合意形成（Strive for satisfaction/agreement on resolving the issue）
- 行動に移るための戦略の提示（Provide strategies for Enactment or moving to action）

　リスクコミュニケーションにおける障害を分類し、それを軽減していくためのコミュニケーション上のステップととらえることができる。すなわち、コミュニケーションの最初のステップでは、「信頼」の形成に重きが置かれる。信頼の定義にはさまざまなものがあるが、中谷内ら（2008）に従い、「相手の行為が自分にとって否定的な帰結をもたらしうる不確実性がある状況で、それでも、そのようなことは起こらないだろうと期待し、相手の判断や意思決定に任せておこうとする心理的な状態」として定義しよう。伝統的には信頼の形成要素は「能力への信頼」と「意図への信頼」である。

　また、近年の研究では価値観の類似性も信頼を規定する要素であることがわかっている。事前分析の段階では、ステークホルダーからの信頼を得るためのコミュニケーション、すなわち、ガバナンスプロセスへの関与者（主導者、外部者）の能力や意図を伝わるようなコミュニケーションを実施し、ステークホルダーの理解を得ることが重要である。その地域の成立ちや歴史、同地域が抱えている問題点等を整理し、「われわれはあなたたちの問題を解決するお手伝いをするために来たのであり、あなたたちから何かを奪うために来たのではない」ということを伝える必要がある。信頼は築くのがむずかしく、失うのは簡単な財であるからむしろ継続的な関係が重要だ。そうはいっても、昨日今日地域に現れたよそ者を安易に地域の人々が信頼するはずもない。地元で長期にわたって信頼をかち得てきた組織や人のネットワークを鍵として、参加型意思決定の場づくりを進めていくことが望ましい。

　第二の段階では、リスクの査定がなされるが、これには2つの目的があった。1つは、リスクアセスメント（リスクの同定、分析、評価を含む）であり、現状のリスクの状況を把握し、施策の検討に用いて、住民に伝達してリスクの認知を高める施策、すなわち、水害リスクへの気づきを誘発する活動を含む。この段階のコミュニケーションの目標はリスクとその改善策に対する気づきの促進である。

もう1つは、コンサーンアセスメントであり、仮定した問題構造がほぼ妥当なのかどうか、もとのフレームで実施した場合に問題となる事柄はないかがはっきりとしてくる。

　たとえば、住民参加型でハザードマップを作成しようとするような場合、行政は管理対象の河川の浸水予想区域図に、避難経路や避難場所等の情報を付加したものをハザードマップとしようとすることが多い。このような場合、流域内に存在する管理対象の異なる河川（多くの場合は支川）や下水道等からの浸水の危険はないのかと尋ねられることになる。

　行政からしてみれば、管理対象が異なるのだからデータがないし、その川の氾濫危険度をどうこういうことは越権行為である。このような理由によって、勢いあたかもこれらの河川や下水道からの浸水がないかのように扱われたハザードマップの作成が目指されることになる。

　住民の側からは、大きな川よりも小さな川の浸水が起きやすいことを経験上知っていることが多い。たとえば、大きな川からの氾濫によって浸水が始まるよりもずっと早い時点で、内水によって道路等が水没し、孤立してしまって避難がむずかしくなる可能性を懸念しているような場合が少なくないのだ。このような場合には、氾濫を引き起こす河川の範囲を広げて内水を含むようにすることが必要になる。もちろん、懸念のなかには、もっと多様なものが含まれうる。

　Choi and Tatano（2012）は、懸念を結果の広がりとリスクの構成要因に分けて整理するコンサーンテーブルを用いてこの種の問題を整理する方法を示している。この段階で必要なコミュニケーションは、複雑なリスクの構造を参加者が理解できるようにすることである。

　リスクの構造の理解が進めば、問題を再構成する。その際に、ステークホルダーが納得しうる解決策を見出しうるように、意思決定に必要なステークホルダーを巻き込むことが必要となる。ここでのコミュニケーションの要諦はやはり災害リスクをめぐる関係者間の複雑な関係の理解の促進にあるといえるだろう。

　参加者の構成とその役割が明確になり、取り組むべき目標が明らかになれば、そのための手段を構成することは比較的容易となるであろう。リスク軽減のための手段を構成するための計画を立案し、実施する段階が「リスク管理」の段階である。ここでのコミュニケーションのポイントは、計画立案に際しては、解決策を見出すためのコミュニケーション（solution）となるし、実施に際しては、行動に移るための戦略の提示（enactment）となる。

〈参考文献〉

小林潔司・横松宗太（2000）「カタストロフ・リスクと防災投資の経済評価」『土木学会論文集』639/IV-46, pp. 39-52

庄司靖章・多々納裕一・岡田憲夫（2001）「2地域一般均衡モデルを用いた防災投資の地域的波及構造に関する分析」『土木計画学研究・論文集』No.18, pp. 287-296

中谷内一也（2008）『安全。でも、安心できない…信頼をめぐる心理学』筑摩書房

山鹿久木・中川雅之・齊藤誠（2002a）「地震危険度と地価形成：東京都の事例」『応用地域学研究』No.7, pp. 51-62

山鹿久木・中川雅之・齊藤誠（2002b）「地震危険度と家賃―耐震対策のための政策的インプリケーション」『日本経済研究』No.46, pp. 1-21

山口健太郎・多々納裕一・岡田憲夫（2000）「リスク認知のバイアスが災害危険度情報の提供効果に与える影響に関する分析」『土木計画学研究・論文集』No.17, pp. 327-336

山口光恒（1998）『現代のリスクと保険』岩波書店

Berknoph, R.L., Brookshire, S., McKeeand, M. and D.L. Soller, (1997), Estimating the Social Value of Geologic Map Information: A Regulatory Application, *Journal of Environmental Economics and Management*, 32, pp. 204-218.

Choi, J. and H. Tatano (2012), A study of workshops that develop viable solutions for flood risk reduction through the sharing of concerns: A case study of the Muraida community, Maibara city, Shiga prefecture, *Disaster Prevention Research Institute Annuals*, No.55-B, pp. 67-74.

Fischoff, B., S. Lichtenstein, P. Slovic, S.L., Derby and R. Kneeny (1981), *Acceptable Risk*, Cambridge; Cambridge University Press, 1981.

IRGC (2005), *Risk Governance - Towards an Integrative Approach (White Paper)*, International Risk Governance Council.

Rowan, K. E. (1995), What risk communicators need to know: An agenda for research, pp. 300-319, In: B. R. Burelson (Ed.), *Communication yearbook/18*, Thousand Oaks, CA: Sage.

Sendzimir, J., Light, S. and K. Szymanowska (1999), Adaptively understanding and managing for floods, Environments, Vol. 27, No.1, pp. 115-136.

Tatano, H., Honma T., Okada, N., and S. Tsuchiya (2004), Economic Restoration after a Catastrophic Event: Heterogeneous Damage to Infrastructure and Capital and Its Effects on Economic Growth, *Journal of Natural Disaster Science*, 26 (2), pp.81-85

Viscussi, K.W. (1990), Sources of Inconsistency in Social Responses to Health Risks, *American Economic Review* 80 (2), pp. 527-554.

Viscussi, K.W. (1992), *Fatal Tradeoffs*, Oxford University Press.

2-3 リスクファイナンスとは

損害保険ジャパン

　火災、地震、台風をはじめとする事故や災害等のリスクが発生すると、個人や企業は直接的・間接的に被害を受け、最悪の場合、破産や倒産に陥ってしまうケースがありうる。

　このような事態を避けるため、万が一の際に必要な資金を調達する手段を、平常時からあらかじめ準備しておくことが、リスクファイナンスである。こうした準備を実施しておくことで、緊急時に必要な資金の調達が可能となり、破産や倒産の危機から免れることができる。

　リスクファイナンスでは、事故や災害等のリスクに対して、「リスクの保有」「リスクの移転」という2つの対処方法を用いる。

　リスクの保有とは、事故や災害等の発生時に被った損失に対して、あらかじめ留保している資金を取り崩して対応することをいう。リスクの保有の手法としては、資金の積立以外に、事前に融資枠を確保しておくコミットメント・ラインがある。

　リスクの移転とは、保険会社等の外部の経済主体に金銭を支払い、事故や災害等の発生時に、被った損失をてん補してもらうことをいう。代表的なリスクの移転の手段として、伝統的な保険がまずあげられるが、これ以外にも、金融・資本市場へリスクを移転する保険デリバティブやCATボンド等、さまざまな手法が考案されている。

　気候変動による自然災害の増大が懸念されているなか、適応策として、リスクファイナンスの手法が注目され始めている。そのため本稿では、こうしたリスクファイナンスの手法について、詳細にみていく。

1　リスクファイナンスの手法

(1)　コミットメント・ライン

　融資とは、銀行等の金融機関に、利息を支払い、企業や個人が資金を調達する手段のことをいう。融資を、リスクへの対応という観点からみると、事故や災害が起こる前に損失自体を軽減するための資金を調達できる融資（建物の耐震補強等）と、事故や災害が起きた後の資金を調達できる融資（復旧・運転資金の緊急融資枠等）に大別することができる。後者の事故や災害後の復旧資金、運転資金を調達する融資の一部には、リスクファイナンスとして活用できるものがあり、コミットメント・ラインがその代表といえる。

図1　コミットメント・ラインの仕組み

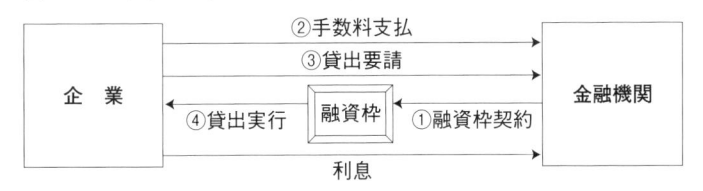

　コミットメント・ラインとは、あらかじめ契約した期間と融資枠の範囲内で、企業の要望に応じて金融機関が融資することを約定しておく融資契約である。コミットメント・ラインを締結した企業は、平常時には、金融機関に対して、コミットメント・ラインに係る手数料（オプション料）を支払う。事故や火災等の発生時には、契約した融資枠内で、あらかじめ定めてある資金使途に基づき、資金を調達できる。

(2)　保　　険

　保険は、個人や企業にとって身近なリスクファイナンス手法の1つといえる。

　保険は、少数では不確定なことも、大数でみると一定の確率があるという「大数の法則」に基づいて設計されている。火災や自動車事故といった、災害や事故等の発生確率をもとに保険料を算出し、多数の人々に保険料を拠出してもらう。そのうえで、拠出してもらった保険料から、災害や事故等で損害を受けた人に、損害を補てんするための保険金を支払う、相互扶助の仕組みである。

　保険には、人の生死を主な補償とする生命保険と、偶然の事故や災害によって生じた損害を対象とする損害保険等がある。損害保険は、補償の対象という観点から、財物に係る補償を行う保険、費用・利益に係る補償を行う保険、第三者に対する賠償に係る補償を行う保険、人のケガや生命に係る補償を行う保険の、4種類に大きく分類することができる。

　広く普及している損害保険の1つとして、火災保険があげられる。火災保険とは、建物や家財等の動産の火災や風水害の自然災害等による損害を補償する保険である。

　火災保険が補償する事故は「火災」だけではなく、雷が落ちて電化製品が壊れた場合等の「落雷」、台風で瓦が飛んでしまった場合等の「風災」や、洪水で床上浸水した場合等の「水害」等の自然災害による損害も対象となっている。また、排水管が詰まり床が水浸しになった場合等の「水濡れ」や、窓を割られ空き巣に入られたときの「盗難」等、日常生活における事故も、補償対象となっているのが一般的である。ただし、地震・噴火またはこれらによる津波による倒壊等の損害や、地震による火災損害は補償されない。

　火災保険の保険料率は、保険会社ごとに異なるが、木造の戸建等、火災に弱くリスクが高い建物では保険料率が高く、鉄筋コンクリート造のマンション等、火災に強く

表1　損害保険の種類

補償対象	保険の例	概　要
財　物	火災保険	火災のみに限らず風災等の偶発の事故による財物の損害を補償
費用・利益	費用・利益保険	火災等、偶然の事故発生に伴う、休業中の利益や費用を補償
第三者に対する賠償	賠償責任保険	さまざまな賠償リスクを保険契約で補償
人（ヒト）	傷害保険	偶発的な事故による傷害を補償

リスクが低い建物では保険料率が低くなる。また、建物が密集しており類焼の被害が発生しやすい地区や、台風等の被害を受けやすい地区では、保険料率が高く設定されるのが一般的である。

　ちなみに日本は地震多発地域であり、地震リスクのカバーに対する関心が高いが、地震災害は、その発生がきわめて不規則であること、大地震の場合には甚大な被害をもたらすことから、「大数の法則」が適用しづらく、保険制度として成立しにくいと考えられていた。そのため長年にわたり、議論されつつも実現に至らない状況が続いたが、1964年6月の新潟地震を契機に、地震保険制度の実現に対する気運が高まり、1966年5月に「地震保険に関する法律」が制定され、同年6月に家計地震保険制度が発足した。

　「地震保険に関する法律」では、「被災者の生活の安定に寄与すること」が地震保険の目的として掲げられており、政府と民間の損害保険会社により共同で運営されている。火災保険と異なり、保険会社ごとの補償内容や保険料の違いは存在しない。また、損害保険会社は利潤をいっさいとらず、集められた地震保険料は準備金として積み立てられている。

　損害保険のメリットとして、実際に被った損失分が支払われる実損てん補性があげられる。その一方で、実際の損害額を評価・算出する損害査定事務が必要となるため、保険契約者が保険金を受け取るまでにある程度の時間を要するというデメリットが存在する。

　また、こうした保険金支払の迅速性といったデメリット以外にも、再保険市場の引受けキャパシティの制約が存在する。巨大災害の発生等により、保険会社が多額の保険金を支払うことができなくなった場合、最悪その保険会社が倒産してしまうおそれがある。そうした事態を防ぐため、保険会社は、保険契約によって引き受けたリスクの一部または全部を、他の保険会社に引き受けてもらう再保険契約を結ぶのが一般的である。場合によっては、再保険会社が引き受けたリスクを、さらに再保険に出す、

> ## コラム
>
> ### 東日本大震災への対応
>
> 　2011年3月11日に発生した東日本大震災により、東日本を中心に甚大な被害が発生した。
>
> 　地震保険の目的は「被災者の生活の安定に寄与すること」であり、東日本大震災によって被災された方々に対して、保険金をいち早く支払うことが求められていた。そのため、損害保険業界では、約2万3,000枚に及ぶ航空写真と衛星写真を活用し、津波により甚大な被害が生じた地域に対し、地域全体を全損として一括認定（全損地域一括認定）を行った。さらに、従来の現場立会調査だけでなく、一定の条件に合致するものについて、お客さまの自己申告に基づく損害調査を導入し、前例にとらわれず、迅速に保険金を支払えるよう尽力した。
>
> 　各損害保険会社は、地震発生直後に対策本部を立ち上げ、被災地に多くの応援社員を送り込んだ。損保ジャパンの場合、全国12カ所に地区災害対策本部（室）を設置し、全国から3,000人を超える社員を被災地に派遣し、「1日も早く保険金をお支払する」という保険会社としての最大の使命を果たすことに全力を注いだ。
>
> 　こうした取組みが功を奏し、損害保険業界全体で、地震発生から約1カ月後の2011年4月14日には8万4,033件、約1,104億円の地震保険の支払を、1年後の2012年3月12日には、76万4,938件、約1兆2,185億円の支払を完了することができた。
>
> 　また、義援金の募集や物資提供、がれき撤去や海岸の清掃活動へのボランティア派遣等、被災地の復興に向けた支援活動に、継続的に取り組んでいる。
>
> 　地震保険は政府と民間損害保険会社により共同で運営しているが、こうした地震リスクに対する政府と民間の連携は、パブリック・プライベート・パートナーシップの好事例として、気候変動への適応を進めていくうえで、参考になるといえる。

再々保険を行うケースもある。

　再保険取引を行う再保険市場では、英国のロイズ、ドイツのミュンヘン再保険、スイスのスイス再保険といった再保険会社が、大きな地位を占めている。しかしながら、再保険市場の規模は、株式・債券を取引する金融・資本市場の規模と比較すると小さい。そのため、巨大災害により、巨額の支払が発生し、再保険市場のキャパシティが縮小すると、再保険料が高騰し、安定的に保険のカバーを得ることがむずかしい事態が生じる。

　このように、伝統的な保険には、前述した保険金支払の迅速性や、再保険市場の引受けキャパシティ不足といった課題が存在する。そのため、こうした課題を解決するために、ART（代替的リスク移転）と呼ばれる、保険デリバティブやCATボンドと

図2　再保険の仕組み

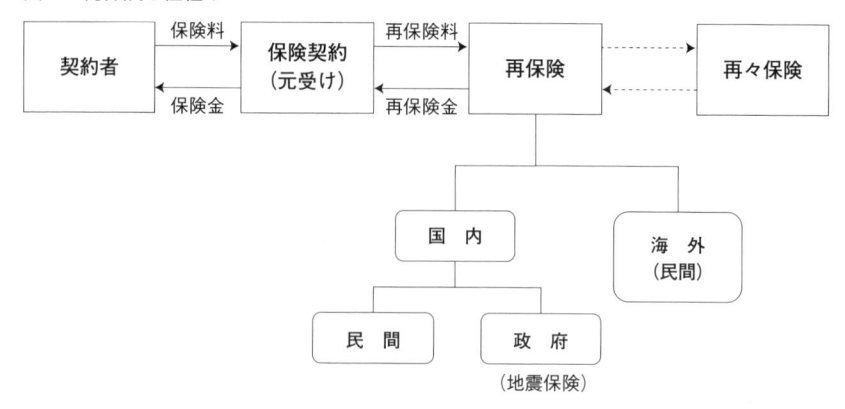

```
[契約者] ──保険料→ [保険契約  ──再保険料→ [再保険] ----→ [再々保険]
        ←保険金──   (元受け)] ←再保険金──      │          [海外
                                              │           (民間)]
                                              ↓
                                          ┌──┴──┐
                                        [国内]  [海外
                                                (民間)]
                                       ┌──┴──┐
                                    [民間]  [政府]
                                           (地震保険)
```

いったリスクファイナンス手法が考案されている。

(3) 保険デリバティブ

　デリバティブ取引とは、先物・先渡取引、オプション取引等により、商品を売買する権利等を取引することをいう。こうしたデリバティブ取引を活用したリスクファイナンスの手段として、保険デリバティブがある。

　保険デリバティブとは、天候や地震等のリスクに関連するインデックス（気温、降水量、震度等の指標）の変動に伴い被る損失をカバーするために、金融・資本市場等と結ぶデリバティブ取引のことであり、台風や気温、降水量等を対象としている天候デリバティブや、震度等を対象とした地震デリバティブがある。保険デリバティブを活用することで、リスクが顕在化したときの復旧資金、運転資金の調達や、リスク顕在化に伴う収益の変動を低減することができる。

　保険デリバティブでは、契約時に、資金の支払が発生するトリガー（引き金）となる事象（たとえば、対象地域に来襲した台風の個数が一定数を超えた場合等）と、支払われる金額を取り決める。契約を交わし、手数料を支払ったうえで、トリガーとなる事象が発生した場合、保険デリバティブの契約者は、契約時に取り決めた金額を受け取る権利を得ることができる。

　このように、保険デリバティブでは、あらかじめ支払が発生する条件を、契約時に設定している。そのため、保険のように損害の査定を行う時間を必要とせず、トリガーである一定事象が起これば、即座に資金を調達できるメリットがある。

　一方で、保険デリバティブでは、支払が発生する条件に加え、支払われる金額もあらかじめ定めているため、実際に企業が被った損失と支払われる金額との間に差が出てしまう可能性がある。このように、実際の損失と支払われる金額との間に差が出て

図3　保険デリバティブの仕組み

[台風デリバティブのケース]

・平常時

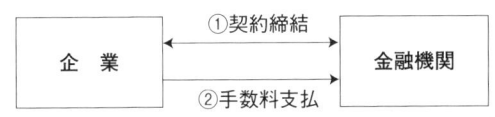

```
企　業  ←①契約締結→  金融機関
        ←②手数料支払→
```

① 台風が発生し、取り決めた範囲内で客観的な指標が変動した場合（たとえば、観測期間中に対象地域に来襲した台風の個数が契約時に定めた一定数を超えた場合）、金銭を受け取ることができるというデリバティブ契約を締結。
② 金融機関に対し、台風デリバティブの購入に要する費用を支払う。

・リスク顕在時

```
企　業  ←③金銭の授受  金融機関
```

③ 契約締結時に取り決めた条件が満たされた場合、金融機関から契約締結時に取り決めた金銭を受け取る。

しまう可能性をベーシスリスクと呼び、従来の損害保険の特徴である実損てん補性を満たすことができないことが、保険デリバティブのデメリットである。加えて、保険デリバティブの場合、台風や地震等の発生に伴い、建物や機械設備等に被害が出ても、あらかじめ定めたトリガーに満たなかった場合、金銭の支払が行われない点も留意する必要がある。

(4) CATボンド

CATボンドとは、リスクが顕在化する確率は低いものの、発生した場合の損害規模が大きい巨大災害リスクを証券化し、リスクを金融・資本市場に移転するスキームである。巨大災害（Catastrophe）を対象とする債券（bond）であることから「CATボンド」と呼称される。

リスクを移転する企業は、SPV（特別目的会社）とデリバティブ取引を交わし、平常時には企業はSPVに対して手数料を支払う。また、SPVは投資家に対して債券を発行し、資本市場から資金を調達する。そのうえで、調達した資金を安全資産で管理・運用し、資金運用から出た利益を投資家に還元する。

CATボンドでは、保険デリバティブと同様に、支払の発生条件としてトリガーとなる事象（たとえば、ある特定の地域で震度6以上の地震等）を設定する。このトリガーとなる事象が発生した場合、企業はSVPが管理・運用していた資金を受け取り、投資家は元本または利息の全部または一部を失うことになる。

CATボンドは、伝統的保険市場では引受けが困難とされている巨大災害リスク

図4　CATボンドの仕組み

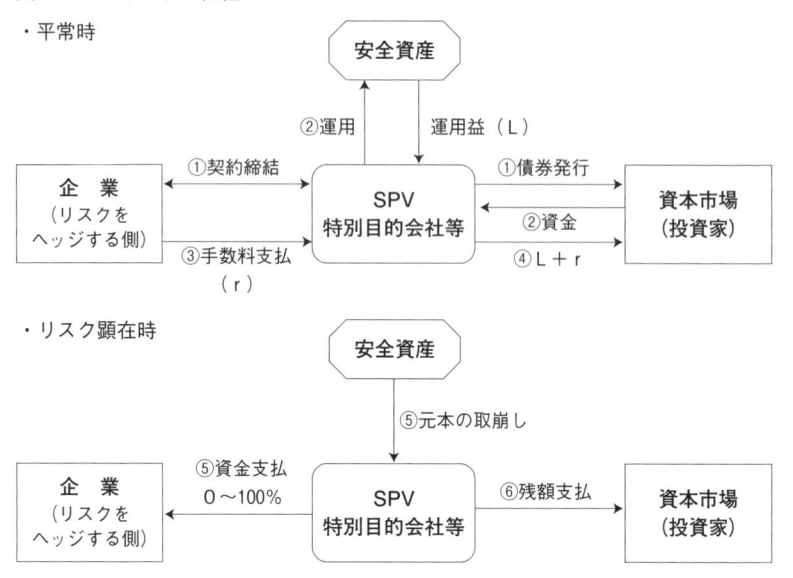

・平常時

・リスク顕在時

を、証券化という手法を活用し、金融・資本市場の投資家へ移転できるという大きなメリットがある。

一方で、CATボンドは、SPVに支払う手数料に加えて、発行の前提となるリスク評価に係る費用やSPVの設立にかかる費用等、スキームの組成に多額の費用を要することや、トリガーの設定によってはベーシスリスクが存在してしまうことが課題としてある。こうした課題もあり、現段階では、CATボンドを活用している日本の企業は少ない状況である。

2　国際的な災害補償制度

(1)　カリブ海諸国災害リスク保険機構（CCRIF）

ここまでリスクファイナンスの各手法についてみてきたが、こうしたリスクファイナンス手法を用いた国際的な災害補償制度が、気候変動への適応の手段として、注目を集めている。

カリブ海地域では、地震やハリケーンによる被害が大きく、特に2004年にハリケーンIvan（アイバン）が来襲した際には、甚大な被害が発生した。そのため、カリブ海の国々より構成されるカリブ共同体（CARICOM）は、世界銀行に対し、災害保険開発の支援を要請し、それを受け、2007年6月に、カリブ海諸国災害リスク保険機構（CCRIF）が発足した。

CCRIFには、ジャマイカやハイチ、ドミニカ等、カリブ海にある16カ国が参加している が、どの国も農業や観光が産業の中心で、経済規模は小さく、財政的に厳しい状況にある。そのため、世界銀行等のドナー機関が、機構組織の立上げ費用や、リスクの保有や移転に関するコストに対して、援助を行っている。そのうえで、参加国は、各国のリスク状況に見合った保険料を毎年CCRIFに対して支払っている。CCRIFは、ドナー機関による援助や参加国からの保険料をもとに、リスクの保有や、再保険契約・CATボンドを通じた再保険・資本市場へのリスク移転を行っている。また、災害発生時には、後述するインデックスに基づき、参加国へ対して保険金を支払っている。

　従来型の先進国や国際機関による災害援助の場合、援助資金が迅速に被災国に支払われず、災害復旧するための資金を確保できない問題がある。そのため、CCRIFでは、実損害ではなく、ハリケーンによる風速や、地震による地表面加速度をパラメータとする、インデックスの値を支払条件としている。こうした支払条件により、迅速な保険金支払が可能となり、災害発生時の資金の流動性を確保することができる。

　CCRIFの最大のメリットは、風速や地表面加速度をパラメータとするインデックスの値を支払条件とすることにより、迅速な保険金の支払が可能となり、災害発生時の資金の流動性を確保できる点である。いずれの支払事例においても、災害発生から2週間程度で保険金が支払われており、災害直後の復旧対応の資金確保に役立っている。

　また、保険機構設立による規模の拡大や、ハリケーンと地震という異なる種類のリ

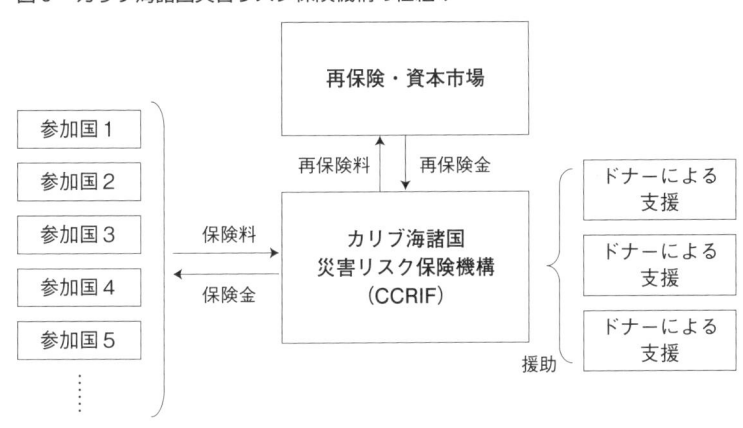

図5　カリブ海諸国災害リスク保険機構の仕組み[1]

1　"Caribbean Catastrophe Risk Insurance Initiative" World Bank.

スクを扱うことにより、保険料率が安定化するというメリットがある。さらに、CCRIFを通じた再保険市場や資本市場へのアクセスにより、民間資金を有効活用することが可能となる。

さらに、リスクの定量化を通じて、各国が抱える自然災害リスクを定量的に把握可能となり、災害予防や災害復旧活動していくうえでの政策判断に役立てることができる。2011年8月にハリケーンアイリーンが来襲した際には、アイリーンが上陸する前に、モデルによる被害計算が完了し、各国にその結果が伝えられ、災害対策の立案に役立てられた。

(2) 太平洋自然災害リスク保険

保険機能を活用した国際的な災害補償制度として、カリブ海諸国災害リスク保険機構（CCRIF）をみてきたが、世界銀行やアジア開発銀行は、アジア・太平洋地域において、こうした災害補償制度の実現に取り組んでいる。

アジア開発銀行では、アジア・太平洋地域の国々の自然災害への対応力強化を目指し、災害リスク管理の強化に取り組んでいる。2008年には、日本の財務省とともに、専門家による会議を開催し、自然災害に対する各国の経済的負担の軽減、アジアのメガシティにおける災害リスクファイナンスに対するニーズ、太平洋地域での災害保険制度構築の実現性等について議論を行った。

並行して、気候変動適応および災害対応のための地域パートナーシッププロジェクトを開始し、クック諸島、フィジー、パプアニューギニア、サモア、ソロモン諸島、トンガ、ツバル、バヌアツの8カ国を対象に、災害リスク、ハザード、脆弱性等のデータベースの開発に着手した。その後、対象国を15カ国まで拡大し、リスク評価を含む各国のリスクプロファイルを作成した。

こうしてアジア開発銀行により構築された太平洋地域の各国のデータをもとに、世界銀行は、損害評価モデルを構築し、カリブ海諸国災害リスク保険機構（CCRIF）をモデルとした災害補償制度の実現に着手した。

2012年5月に沖縄県で開かれた「太平洋・島サミット」では、太平洋島嶼国における自然災害支援のための保険制度の創設が正式に表明され、2013年1月より「太平洋自然災害リスク保険パイロット・プログラム」がスタートした。

本パイロット・プログラムには、太平洋島嶼国のうち、現在、サモア、ソロモン諸島、トンガ、バヌアツ、マーシャル諸島、クック諸島が参加している。世界銀行は、参加している国々とデリバティブ契約を締結し、一定規模以上の地震・津波、熱帯低気圧といった自然災害が発生した場合、加入国に対して補償金を支払う。また、世界銀行は保険会社とデリバティブ契約を締結し、太平洋島嶼国から引き受けたリスクを民間保険会社に移転させる仕組みとなっている。本パイロット・プログラムの初年度

図6　太平洋自然災害リスク保険パイロット・プログラムの仕組み

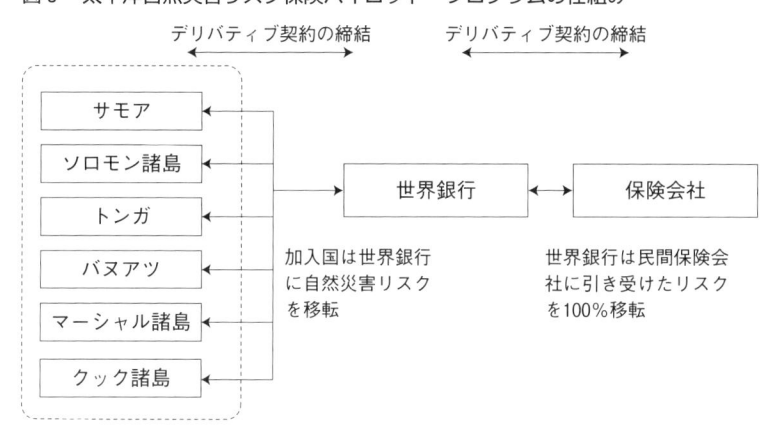

```
          デリバティブ契約の締結    デリバティブ契約の締結
         ←――――――――――→   ←――――――――――→
  ┌─────────────┐
  │   サモア    │←┐
  ├─────────────┤ │
  │ ソロモン諸島 │←┤
  ├─────────────┤ │    ┌──────┐     ┌──────┐
  │   トンガ    │←┼───→│世界銀行│←――→│保険会社│
  ├─────────────┤ │    └──────┘     └──────┘
  │  バヌアツ   │←┤
  ├─────────────┤ │   加入国は世界銀行   世界銀行は民間保険会
  │ マーシャル諸島│←┤   に自然災害リスク   社に引き受けたリスク
  ├─────────────┤ │   を移転          を100％移転
  │ クック諸島   │←┘
  └─────────────┘
```

のデリバティブ契約の補償期間は、2013年1月17日～10月31日となっており、パイロット・プログラム全体の補償額は、4,487万5,000米ドルとなっている。日本政府は本プログラムのドナー国として、保険料の補助等の支援を行っている。

　太平洋島嶼国の防災戦略のなかで、本プログラムが適切に機能し、災害に強い国づくりの一助となることが期待されている。

2-4 災害費用をどう見積もるべきか
──成長論を適用した新しい定義と計測の提案

日本大学　森杉　壽芳

　地球温暖化によって水害の増大が懸念され、その適応策のあり方が話題になっている。このような適応策という政策を評価する必要がある。わが国では、約15年前に成立した政策評価法が、費用便益分析等を行うことによって、政策実行者が説明責任を果たすことを義務づけている。

　適応策として、堤防の建設、下水道の整備、被災地の移転、宅地かさ上げ、避難計画等の超過洪水対策等が考えられる。一方、水害は、河川氾濫、内水氾濫、土砂災害、高潮、海岸決壊等である。このような対策の費用の計算と、その結果実現する水害の減少という便益を計算する必要がある。ここでは、対策費用の推定問題は別の機会に譲り、災害費用あるいは災害費用の削減という便益を計算することについて述べる。

　よく、災害費用の経済的評価として、「崩壊建物XX棟分の資産YY億円が失われた」と報道されることがある。国民経済からみてこれだけが被害ではない。これは、家屋という資本ストックが失われたことは示しているが、それだけだと、本来そこで営まれたはずの、生産、販売そして消費といった経済活動が、数カ月間止まったことは、計算されていない。また、災害復興のために、政府が税金を投じて建物やインフラの復旧をすると、その分、国全体の経済活動が増えるが、一方でそのしわ寄せで削られた予算使用からくる経済活動が減少する。まったく同様に、民間部門も復興のために投資を行うと経済活動が増えるが、こうした投資は、投資の同時点の消費を減少させる。

　こうした国民経済全体を考えての被害費用は、どのように定義したらよく、どのように計算されるべきであろうか。本稿では、このような問いに答えるべく、資産の損失というストック勘定と国民経済というフローを、経済成長理論で結びつけて評価する方法を提案する。このような被害費用算定には、投資判断をするときの費用便益分析で採用されている便益（被害費用）の定義と同等なものであることが求められる。

　さて、被害というとき、災害の発生形態が2つに分類できることに気づく。第一は、特定の災害である。たとえば、東日本大震災という特定の年に発生した特定の災害である。第二は、恒常的な災害被害の年平均水準である。これは、毎年一定規模の災害が永遠に続くという想定をしている場合である。年平均水害や温暖化により変化する年平均水害等が典型例であり、東日本大震災時の津波被害を除いて、わが国の最近10年間の年平均水害は、5,000億円／年といわれている。なお、温暖化によって増

加するわが国の年平均水害額は、4,000億円／年ともいわれている。この年被害額は、その年の水害によって失う年平均資産額を示している。本稿では、後者の恒常的な年平均水害が続くという災害の形態を取り上げる。

毎年の水害の被害の時系列の統計である水害統計や治水経済調査の「経済被害」は、民間資産損害、公共資産損害、営業損失に区分されている。本稿では、民間資産損害、公共資産損害、営業損失がすべて資本ストックの減少として表現できると仮定する。この仮定は、必ずしも妥当とはいえないが当面の近似として成立しているものとする。したがって、水害統計では、年当りの資本ストック（資産額）の減少分をもって年被害費用と定義し、これを計測しているとみなすことができる。

一方、費用便益分析等の経済分析では、被害費用や便益は、等価偏差、あるいは、消費水準の変化で定義され計測される。この便益の定義は、すべての政策（税制、交通、環境、医療、インフラ）の効果や被害に関して共通して適用されている。本稿は、上記の、恒常的な資本ストック（資産額）の減少分が消費水準の変化に等しい定義であるか否かを問うものである。もし両者が等しくないとすれば、本来の便益や不便益や被害費用の定義である消費水準の変化は、資本ストック（資産額）の減少分といかなる関係にあるかを示す。

1 従来の水害の定義

恒常的な災害被害の平均水準が変化することを考える。たとえば、わが国の水害水準は、過去10年間の平均では、毎年5,000億円の資産損壊額がある。温暖化は、4,000億円の被害の増加をもたらすといわれており、毎年9,000億円の資産損壊額がある状態になると、推定されている。

この場合には、わが国に存在している資産額、すなわち、経済用語では資本ストック水準が、温暖化しても変わらないとの想定がなされている。そこで、資産損壊額は、資本ストック１円に対する損壊額（＝水害損壊率）に存在している資本ストック額（1,800兆円）を乗じたものと考える。すなわち、

　　t 年の水害による資産損壊額（5,000億円／年）
　　　＝ t 年の水害損壊率× t 年に存在する資産額
　　　＝0.0278％×1,800兆円

と、水害損壊率0.0278％とその時点の資本ストックの水準1,800兆円の積で表現する。そして、恒常的な災害被害を対象としているので、上記の水害損壊率も資本ストックの水準も、時間の流れに依存しないものとする。ただし、資本ストック水準は、時間には依存しないが、水害損壊率には依存することは考えられる。この点は、次の温暖化の水害被害増加額を取り扱う時に述べる。

次に、温暖化があるときの水害状況に当てはめると、

　温暖化があるときの t 年の水害による資産損壊額（9,000億円／年）
　　＝温暖化があるときの t 年の水害損壊率× t 年に存在する資産額
　　＝0.0500％×1,800兆円

となる。したがって、温暖化による水害被害は、水害損壊率の変化分× t 年の資本ストック水準（1,800兆円）となり、以下のように示される。

　温暖化による被害増分＝4,000億円／年＝0.0222％×1,800兆円

　ここで、t 年に存在する資産額すなわち資本ストックが、温暖化のありなしにかかわらず一定であるとの想定に注目したい。この資本ストックが、水害損壊率が変化しても変わらないという想定は、河川整備事業の便益計算においても行われている。すなわち、期待被害軽減額の計算にあたり、被害率は整備によって変化するが、背後に存在する資産は変化しないという想定をしている。しかし、経済成長理論によると、水害損壊率が大きく（小さく）なったときには、資本減耗率が大きく（小さく）なるので、定常均衡（＝持続状態ともいい、資本ストックの成長がない状態をいう）の資本ストック水準は減少（増大）するものと考えられている。

　このように、定常均衡時の資本ストック水準は、資本減耗水準の減少関数であるものとすると、上記の水害被害の定義は、どのように定義すればよいかという問題が浮かんでくる。これは、資本ストック水準を資本減耗率で積分したときの近似解である台形の公式を使えばよさそうである。すなわち、

　温暖化による被害増分
　　＝温暖化による水害損壊率の変化
　　　×（温暖化なしのときの資本ストック水準と温暖化ありのときの資本ストック水準の平均）　　　　　　　　　　　　　　　　　　　　　　　　　　　　（1）

この公式は、治水事業の便益公式に対しても適用可能である。治水事業が効果をもたらす地域の開発が進み、住宅や企業が立地して資本ストックが増進することが考えられる。このような状況下では、上記の台形の公式を適用することは、少なくとも、合理的な応用と考えられる。

　実は、資本ストック水準が変化しているとの想定での被害の公式（1）は、6で示すように、直接被害額を示している。消費の減少分で定義したときの被害費用は、資本ストックの減少に伴い総生産を減少させるという乗数効果を追加せねばならない。したがって、（1）式が過小評価であり、過小分は、乗数分の1であることも示す。

2　従来の水害の定義と資本減耗との関係

　原因のいかんによらず恒常的な（毎年発生する）資本ストック（資産額）の減少分

は、経済計算では、(固定) 資本減耗と呼ばれている。

　国民経済計算用語集に従うと、
「(固定) 資本減耗とは、固定資産について、通常の破損及び損傷、予見される減失、通常生じる程度の事故による損害等から生じる減耗分を評価した額であり、固定資産を代替するための費用として総生産の一部を構成する。国民経済計算では、政府と対家計民間非営利団体を生産者として格付けしているため、これらの固定資産についても固定資本減耗が計上されている。なお、生産や固定資本形成等で、固定資本減耗を含む計数は"総"(Gross)、含まない計数は"純"(Net) を付して呼ばれる」
と記述されている。

　上記、前半の文章より、水害による恒常的な資本ストック（資産額）の減少というストック変数は、(固定) 資本減耗というフロー変数に等しいことがわかる。すなわち、

　　水害による恒常的な資本ストック（資産額）の減少というストック変数の値
　　　＝(固定) 資本減耗の増加というフロー変数の値

　この式の意味するところは、言葉の定義としては、当たり前であるが、ストック変数をフロー変数に変換する概念が資本減耗であることがわかる。以下の定式化のために、ここで、資本減耗を資本減耗率×資本ストック水準という形式で表現する。すなわち、

　　資本減耗＝資本減耗率×資本ストック水準

　通常、わが国では資本減耗率５％の値を使っている。本稿では、現状の水害（5,000億円）のときの資本減耗率は、5.0278％とする。温暖化によって、資本減耗率は、5.0500％に大きくなるものと想定する。資本減耗率の変化分は、0.0222％であり、水害損壊率の変化に等しい。本研究では、水害の程度を資本減耗率の変化で表現する。

　それでは、資本減耗と消費の関係はいかなることになっているか、これが問題になる。このため、上記の文章が「資本減耗は、固定資産を代替するための費用として総生産の一部を構成する」といっていることに注目する。このことは、

　　総生産＝消費＋純投資＋資本減耗
　　なお、粗投資＝純投資＋資本減耗

との計算式が成立していることを示している。すなわち、成長がない定常均衡の経済が続いているとすると純投資はゼロであり、粗投資は資本減耗分に等しい。このように減耗した資本を期初の水準に維持するための投資のみが行われて、資本ストックと生産水準を一定とするように経済活動が行われていると、国民経済計算はみなしていることがわかる。なお、定常均衡とは、純投資がゼロである状態をいう。したがって、成長がない定常均衡の経済が続いているとすると、

　　消費＝総生産－資本減耗率×資本ストック水準

および、資本ストックの需要＝資本ストックの供給

ただし、資本ストックの水準は総生産を生産することができる水準にあるものとする

となる。

3 消費変化による水害の定義と算定

　以上のように定常均衡の状態にある経済に、ある年以降、毎年水害の増大が永遠に発生したとする。定義に従い、水害の増大は資本減耗の増大である。この点は明確であるが、その資本減耗の増大というショックが経済諸変数（資本ストック、投資、消費、総生産）に与える影響を知るには、動学モデルを必要とする。

　動学モデルとは、ある時点の資本減耗率の増大というショックを受けた経済がどのような時間的経路をたどるのかをモデル化したものである。動学モデルに対応する言葉は静学モデルである。静学モデルは、短期静学モデルと長期静学モデルに分かれる。短期静学モデルとは、資本ストックの水準が外生的に与えられたという仮定のもとで均衡する経済モデルである。また、長期静学モデルとは、資本ストックが内生変数となっている静学モデルである。したがって、動学モデルにおける定常均衡を示すモデルが長期静学モデルである。

　まず、水害のない状況下での定常状態にある経済は、

　　消費＝総生産－資本減耗率×資本ストック水準（水害なし）　　　　　（1a）

　　および、資本ストックの需要＝資本ストックの供給（水害なし）　　　（1b）

　　ただし、資本ストックの水準は総生産を生産することができる水準にあるものとする

となっている。この水害のない状況下での定常均衡点は、図1の上の図（位相図）の点SS_0で示すことができる。横軸は資本ストック水準であり、縦軸は消費水準である。水害のない状況下での定常均衡点SS_0を通る曲線は上記（1a）式であり、縦軸に平行な縦線は、持続状態での資本ストック水準は、上記（1b）式を満足する水準にあることを示している。水害がないときの経済は、過去も現在も未来も永遠にこの点の状態にあるものとする。したがって、横軸に時間軸をとり縦軸に消費水準をとった図1の下の図では、水害がないときの定常均衡にある消費は、C_0の水準に永遠に維持されていることになる。

　以上のように、定常均衡の状態にある経済にある年以降、永遠に一定の水害の増大が発生したとする。定義に従い水害の増大は資本減耗率の増大である。そこで、経済は、そのある年の投資を調整して、図1の位相図の矢印$SS_0 \Rightarrow SA$なる変化を行い、新しい定常均衡点に至る動学経路上の点SAに移行して、以後、図1の位相図の矢印

図1 （移行）動学年被害

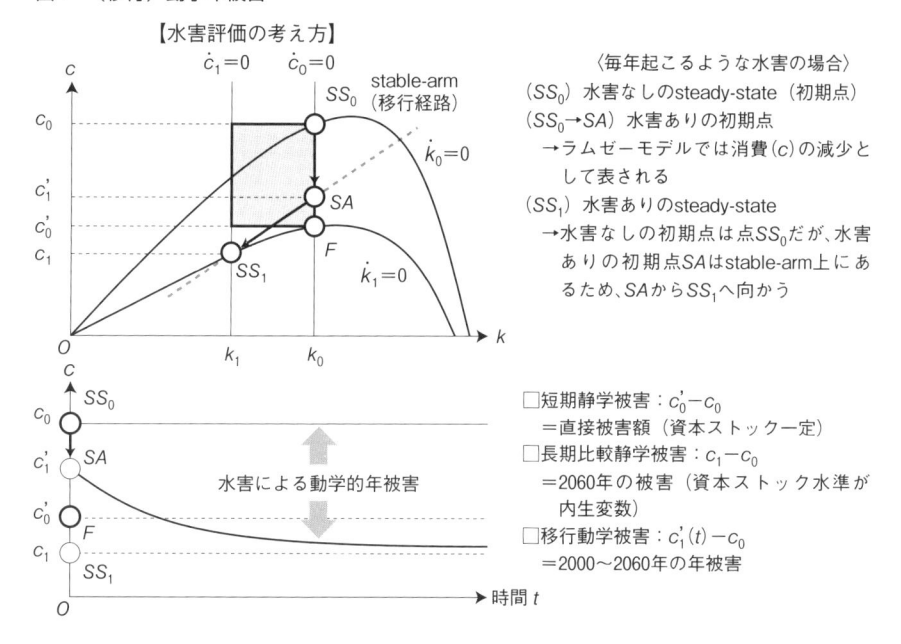

【水害評価の考え方】

〈毎年起こるような水害の場合〉
(SS_0) 水害なしのsteady-state（初期点）
($SS_0 \rightarrow SA$) 水害ありの初期点
　→ラムゼーモデルでは消費(c)の減少として表される
(SS_1) 水害ありのsteady-state
　→水害なしの初期点は点SS_0だが、水害ありの初期点SAはstable-arm上にあるため、SAからSS_1へ向かう

□短期静学被害：$c_0' - c_0$
　＝直接被害額（資本ストック一定）
□長期比較静学被害：$c_1 - c_0$
　＝2060年の被害（資本ストック水準が内生変数）
□移行動学被害：$c_1'(t) - c_0$
　＝2000〜2060年の年被害

$SA \Rightarrow SS_1$で示した動学経路上を新しい定常均衡点SS_1へ向けて時間の経過とともに資本ストック水準と消費水準が低下していく。その新しい定常均衡点SS_1では、

　　消費＝総生産−資本減耗率×資本ストック水準（水害あり）　　　　　(2a)

　　および、資本ストックの需要＝資本ストックの供給（水害あり）　　　(2b)

　　ただし、資本ストックの水準は総生産を生産することができる水準にあるものとする

となる。水害あり状況下での定常均衡点SS_1を通る曲線は上記（2a）式であり、縦軸に平行な縦線は、持続状態での資本ストック水準は、上記（2b）式を満足する水準にあることを示している。

資本減耗率の増大というかたちで表現した水害（の増大）が消費水準の時系列に与える影響、すなわち、（移行）動学被害は、時間を横軸にとった図1の下の図の曲線のように被害は時間とともに増大する。すなわち、動学便益（被害）は、時間とともに増大して、新しい定常均衡に収束する。

そして、定常均衡点の消費の差$C_1 - C_0$が長期静学便益（被害）である。また、短期静学便益（被害）は、位相図の点SS_0と点Fの長さ、すなわち、$C_0 - C_0'$で与えられる。この値は、資本ストックが変化していないとの想定で算定した消費の減少分である。それは、上記、（2a）式より、資本ストックの水準が変化していないので総生産

第2章　理論面からのアプローチ　75

も変化しない。したがって、消費の減少分は、資本減耗の変化分、すなわち、直接被害額に等しい。このことを式で書くと、

　　　短期静学便益（被害）＝直接被害額

となる。このような短期静学被害は、経済は実現していない点に注意が必要である。正確な水害被害は、移行動学上の消費（図1の位相図の矢印の消費の高さ＝図1の下の図の曲線）で計測する必要があることがわかる。

　なお、東日本大震災のような個別の災害に対しても、水害統計と同じく、その災害による資産の減少額で被害を定義・計算している。その本来の被害（不便益）を計算するには、上記のように、この一時点の直接被害が、年々の消費水準に与える変化を計算する必要がある。したがって、この被害を受けた後に経済がたどる復興の道は、どのような時間的経路でどのような定常均衡への経路をたどるかを計算して、その結果、消費水準が時間の経過とともにどのように変化するかを分析する必要がある。これは、定常均衡分析ではなく、定常均衡に至る復興の経路を示す動学分析である。

　これらの比較動学は、今回の研究の範囲を超えるものであるので、別の機会に譲りたい。そして、以下では、恒常的な災害被害の平均水準が変化する場合の長期比較静学便益の計算を行う。このためには、動学モデルを必要とする。

4　ラムゼー動学モデルと定常均衡（持続状態）

　定常均衡あるいは持続状態とは、粗投資水準が資本減耗水準（＝資本減耗率×資本ストック水準）に等しく、資本ストックの増大をもたらす純投資がない状態をいう。純投資がないときの粗投資水準を平衡投資水準と呼ぶ。持続状態と定常均衡は同義語である。均衡とは、市場均衡を意味し、ここで採用するラムゼー動学モデルでは、1種類の生産物、2種類の生産要素、資本および労働の需要と供給が均衡している状態をいい、純投資がある場合にもこの均衡は成立している。純投資がないときが、持続状態あるいは定常均衡であるので、持続している均衡状態あるいは定常性が成立している均衡状態と定義されている。なお、生産物の産出水準は、投入資本ストックと一定と仮定している労働人口の関数（生産関数という）であると仮定している。

　持続状態での資本ストック水準は一定の水準に維持されるので、総生産が一定になり、総生産（＝GDP）マイナス（平衡投資＝資本減耗水準）が一定の消費水準となる。すなわち、ある資本減耗率のもとでの持続状態では、次式が成立する。

　　　消費水準＝総生産－資本減耗率×資本ストック水準　　　　　　　　　　　　（1）

　（1）式の右辺第2項は、資本ストック水準を一定に保つために必要な投資水準を示している。したがって、（1）式は、産出された生産物が消費と投資に使われると

いう生産物市場の均衡条件を示していることがわかる。また、総生産 Y は、労働人口を1に基準化した生産関数そのものであるので、$Y = F(K)$ というかたちで資本ストック水準 K の関数である。

次に、持続状態での資本ストック水準は、資本報酬率（＝資本の限界生産性）が、時間選好率＋資本減耗率に等しくなるような水準であることが証明されている。すなわち、

　　　資本報酬率＝資本の限界生産性＝時間選好率＋資本減耗率　　　　　　　　　（2）

が成立するような資本ストックの水準が、持続状態の水準である。資本報酬率から資本減耗率を差し引いたものは純収益を表し、これは、利子率と呼んでいる。（2）式は、利子率が時間選好に等しい状態が、定常均衡であることを示している。あるいは、（2）式の第二の等号の意味するところは、（2）式が資本ストックに対する逆需要関数を示しているともみなすことができる。したがって、資本ストックの需要と供給が等しい式と同等である。モデルでは、この1本の式で持続状態における資本ストックの値が決定される。このため、ここでは、生産関数がコブ・ダグラス型 AK^α で、人口規模を1に基準化したときを想定する。ただし、A と α は定数、K は資本ストック水準を示す。具体的に上記（2）式の限界生産性を計算し、（2）式が成立する資本ストック水準を求める。結果は次式のとおりの資本ストック需要関数が得られる。

持続状態の資本ストック水準

　　　＝［定数÷（時間選好率＋資本減耗率）］の［1／（1－α）］乗　　　　　　（3）

資本減耗率が与えられると、そのときの持続状態における資本ストック水準が資本ストックの需要関数である（3）式より求めることができる。そして、その値を

図2　持続（定常均衡）状態

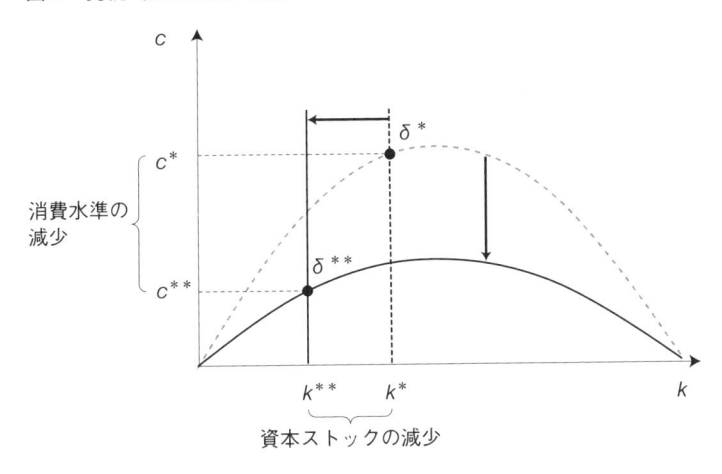

第2章　理論面からのアプローチ　77

(1) 式に代入すると総生産の水準と消費水準が求まる。上の (1) 式と (2) 式が成立する定常均衡は、図2の2つの点線の直線と曲線の交点 δ^* 点で示すことができる。図2は図1と同じであるが、図2では動学経路は省略して定常均衡点のみを示している。図2の横軸は資本ストック水準、縦軸は消費水準である。点線の曲線は、(1) 式を示し、点線の縦の直線は、(2) 式を示している。また、実線の曲線と縦の直線は、資本減耗率が δ^{**} であるときの (1) 式と (2) 式を示し、その交点 δ^{**} が定常均衡点であることを示している。図では、資本減耗率が大きくなったときの状況を例示している。

5 長期比較静学による災害被害の定義と計測

資本報酬率は、資本の限界生産性に等しいので、資本ストックの減少関数である。すなわち、資本報酬率が大きく（小さく）なると資本ストックの需要が減少（増大）して均衡資本ストック水準は減少（増加）する。したがって、持続状態での資本ストック水準は、資本減耗率の値によって変化する。その変化の仕方は、資本減耗率が水害等により大きくなると、資本報酬率が高くなり、その結果、資本需要が減少し、その結果、持続状態での資本ストック水準が低くなる。そこで、持続状態での水害損壊率が変化し、その結果、資本減耗率が δ_0 から δ_1 に変化したとする。この時、不便益の定義である消費水準の変化は次式のようになる。

 長期静学（不）便益
 ＝消費水準の変化＝δ_1 時の消費水準－δ_0 時の消費水準
 ＝（δ_1 時の総生産水準－δ_0 時の総生産水準）
  －（δ_1×（δ_1 時の資本ストック水準）－δ_0×（δ_0 時の資本ストック水準））
 ≒（δ_0 時の資本報酬率と δ_1 時の資本報酬率の平均）
  ×（δ_1 時の資本ストック水準－δ_0 時の資本ストック水準）
  －（δ_0 と δ_1 平均）×（δ_1 時の資本ストック水準－δ_0 時の資本ストック水準）
  －（$\delta_1-\delta_0$）×（δ_0 時の資本ストック水準と δ_1 時の資本ストック水準の平均）
 ＝時間選好率×資本ストック水準の変化分－（$\delta_1-\delta_0$）
  ×（δ_0 時の資本ストック水準と δ_1 時の資本ストック水準の平均） （1）

ここで、(1) 式の第三の等号は、

 消費水準＝総生産－資本減耗率×資本ストック水準

なる定常均衡の定義式を代入している。また、第三の等号の次の近似等号は、総生産水準と平衡投資の変化を資本減耗率と資本ストックに関する積分で表現し、その積分に台形の公式を当てはめると得られる。最後の式の第2項は、資産額が変化した場合

の直接被害額の公式、
　　温暖化による直接被害増分
　　　　＝温暖化による水害損壊率の変化
　　　　　　×（温暖化なしのときの資本ストック水準と温暖化有のときの資本ストック水準の平均）

を示し、通常の水害の定義である資産額の減少分である。（１）式最後の等号の右辺第２項が意味しているのは、変化前後の持続状態における変化前後の平均の資本ストック水準を維持するには、その直接被害額に等しい平衡投資水準の変化が必要であることを示している。すなわち、直接被害額は平衡投資額の変化分に等しいフローであるということが判明した。そしてその投資に生産物が回る分だけ消費が減少する。これが、いわゆる従来の行政や水害統計で定義している水害被害額と被害の正しい定義である消費水準との関係である。第１項は、水害損壊率が大きくなると、持続状態の資本ストック水準は、変化前の状態に戻るのではなく、より低い資本ストック水準となることを示している。そして、資本ストック水準の低下に応じて、純資本報酬（利子率）の減少分という所得減少すなわち総生産水準の減少となることを示している。これは、資本ストック水準が変化したことによる所得の変化分であるから、乗数効果と呼ぶことができる。この乗数効果を直接被害額（第２項）の何倍になるかを示す乗数は、次式で表現できる。

　　長期静学便益乗数
　　　　＝１＋［時間選好率×資本ストック水準の変化分］
　　　　　　÷［$(\delta_1 - \delta_0)$ ×（δ_0時とδ_1時の資本ストック水準の平均）］　　　　（２）

（２）式が示すように資本ストックの変化がない場合には、乗数は１となり、消費水準の変化は、直接被害額すなわち平衡投資額の変化分に等しい。資本ストックの変化に応じて乗数は１以上の値となることを示している。さらに、防災便益あるいは被害費用の従来の定義は直接被害額であるので、乗数が１であることを仮定していることになる。したがって、過小評価であることもわかる。しかも、その過小評価の程度は乗数の逆数であることもわかる。

6　長期静学便益乗数の算定

次式で示された長期静学便益乗数の算定公式、
　　長期静学便益乗数
　　　　＝１＋［時間選好率×資本ストック水準の変化分］
　　　　　　÷［$(\delta_1 - \delta_0)$ ×（δ_0時とδ_1時の資本ストック水準の平均）］

の右辺第２項を計算する公式を導く。このため、積分形に戻す。そのときの乗数の第

2項は（時間選好率÷資本ストック水準）×資本ストックの資本減耗率に関する微係数と表現される。資本ストックの資本減耗率に関する微係数を求めるには、上記4の（3）式の資本ストックの需要関数を示す次式を、

持続状態の資本ストック水準
　＝［定数÷（時間選好率＋資本減耗率）］の［1／（1－α）］乗

を資本減耗率で微分すると、

資本ストックの資本減耗率に関する微係数
　＝資本の限界生産性の資本に関する微係数の逆数

が得られる。次に、資本の限界生産性の資本に関する微係数（すなわち生産関数の2回微分係数）を求めるために、生産関数がコブ・ダクラス型AK^{α}で、人口規模を1に基準化したときを想定する。ただし、Aとαは定数、Kは資本ストック水準を示す。生産関数を2回微分し、さらに、資本の限界生産性＝時間選好率＋資本減耗率という関係式を利用すると、

資本の限界生産性の資本に関する微係数
　＝（α－1）×（時間選好率＋資本減耗率）÷資本ストック水準

との式を得る。これを上記に乗数の第2項に代入すると、

乗数＝1＋時間選好率÷［（1－α）×（時間選好率＋資本減耗率）］　　　（1）

と、パラメータの値のみで表現することができる。資本減耗率は、災害のありなしで変化する。資本減耗率がδ_0（δ_1）のときの資本ストック水準にかかる乗数がδ_0（δ_1）を代入した（1）式となる。

（1）式を用いて乗数の試算を行う。αは通常の値である0.3とする。時間選好率は、0.02、0.03の二通り、資本減耗率は、0.0502、0.0503、0.0505の三通りの計算を行う。資本減耗率の値の2番目の値は、現況の水害水準、3番目の値は、温暖化があるときの水害水準、1番目の値は、防災投資によって水害が緩和した状態を想定している。乗数の値は、表1に示すとおりである。

時間選好率が大きな影響を与える。時間選好率が2および3％であるときの乗数は、それぞれ、1.41および1.53である。平均は時間選好率が2.5％であるものと考え

表1　乗数の推定値

資本減耗率	時間選好率＝0.02	時間選好率＝0.03
0.0502	1.407	1.534
0.0503	1.406	1.533
0.0505	1.405	1.532

ると乗数の平均は約1.45である。すなわち、直接被害額あるいは直接被害軽減額の1.45倍が、便益一般の定義に整合的な長期静学被害あるいは長期静学便益であるということができる。

　以上の乗数を、最近10年の直接被害額年5,000億円、温暖化があるときの直接被害額年9,000億円、温暖化による直接被害額の増分年4,000億円に乗ずると、消費の減少分で定義された長期静学不便益（被害費用）を計算することができ、それぞれ、7,200億円、1兆3,000億円、5,800億円となる。なお、直接被害額との差分は、資本ストック水準が低くなったために生じた消費の減少分である。また、このような長期被害が生じるまでの期間は、理論的には無限大である。試算例では60年となっている。60年に至る動学被害の算定は7で行う。

7　動学便益乗数の推定

　図1の下の図の動学便益時系列の性質と試算例の結果を援用して、動学便益乗数を推定する。まず、定常均衡に至る期間である。過去の計算では、60年となっている。次に、初期値の便益の短期静学便益すなわち直接被害額に対する比率は、同じく過去の計算では、0.9となっている。以上のことから、動学便益乗数は、初期値ゼロ年目が0.9、最終期60年目が1.45ということがわかる。そこで、10年ごとの内挿を行う。内挿にあたっての関数形は、緩やかに増加する関数形を当てはめて試算をしてみると、表2に示すとおりとなる。

　費用便益分析を実行するにあたっては、従来の直接被害節約額に対して、上記の乗数の時系列を乗じて、動学便益時系列を計算してそれを用いることが望ましいということができる。

表2　動学便益乗数の試算値

年目	0	10	20	30	40	50	60以降
動学便益乗数	0.9	1.06	1.2	1.3	1.38	1.43	1.45

8　地球温暖化の動学被害額の試算

　地球温暖化によって、年平均水害直接被害額が、以下に示す表3の第2欄のような時系列で発生するものと仮定する。すなわち、2030年の直接被害額が1,000億円、2060年の直接被害額が2,000億円、2090年の直接被害額が3,000億円、2120年以降の直接被害額が4,000億円とする。この時、上記の動学乗数を用いて動学年平均被害額を計算すると、表3の第3欄に示すような時系列となる。2030年直接被害額が1,000億

表3　想定する直接被害と動学被害の試算値

年	年平均直接被害額	動学年平均被害額
2010	0	
2030	1,000億円（追加被害1,000億円）	900億円
2060	2,000億円（追加被害1,000億円）	2,200億円
2090	3,000億円（追加被害1,000億円）	3,650億円
2120	4,000億円（追加被害1,000億円）	5,100億円
2150	4,000億円（追加被害 0 億円）	5,650億円
2180年以降	4,000億円（追加被害 0 億円）	5,800億円

表4　追加直接被害額の追加動学被害額（千億円）と動学被害額合計

追加直接被害発生年度	2030	2060	2090	2120	動学年被害額合計	
2010	0					
2030	1×0.9					0.9
2060	1×1.3	1×0.9			1.3+0.9	=2.2
2090	1×1.45	1×1.3	1×0.9		1.45+1.3+0.9	=3.65
2120	1×1.45	1×1.45	1×1.3	1×0.9	2×1.45+1.3+0.9	=5.10
2150	1×1.45	1×1.45	1×1.45	1×1.3	3×1.45+1.3	=5.65
2180年以降	1×1.45	1×1.45	1×1.45	1×1.45	4×1.45	=5.8

円であるときの動学被害額は900億円、2060年直接被害額が2,000億円あるときの動学被害額は2,200億円、2090年直接被害額が3,000億円であるときの動学被害額は3,650億円、2120年以降直接被害額が4,000億円であり、2120、2050、2180年以降における動学被害額は、それぞれ、5,100億、5,650億、5,800億円となる。2180年以降における動学被害は長期静学被害に等しい。

　動学被害費用を計算するためには、2030、2060、2090、2120年の追加直接被害額に対して60年にわたる動学便益乗数を乗じて追加動学被害を計算し、それを合計すればよい。その計算を行っているものが、表4である。

　表4の第2欄は、2030年に発生した1,000億円の（追加）直接被害に対する2030、2060、2090年の動学乗数（0.9、1.3、1.45）を乗じて追加動学被害を計算している。第3欄は、2060年に発生した1,000億円の（追加）直接被害に対する2060、2090、

2120年の動学乗数（0.9、1.3、1.45）を乗じて追加動学被害を計算している。第4欄は2090年に発生した1,000億円の（追加）直接被害に対する追加動学被害の計算であり、第5欄は2120年に発生した1,000億円の（追加）直接被害に対する追加動学被害の計算である。第6欄（最右欄）は、以上の各年の追加動学被害を合計した動学年被害額である。この値が表3の最右欄の値に等しい。

なお、仮に直接被害1,000億円が2030年に発生し、その後、永遠に直接被害が継続しているとする。この時の動学被害は、表4の第2欄の値で与えられる。すなわち、2030、2060、2090年以降の動学被害は、それぞれ、900億円、1,300億円、1,450億円である。

9 まとめ

本稿は、災害（防災）の被害費用（便益）の定義とその計測方法を提案した。このため、ラムゼー成長理論で経済を記述することとし、災害の変化は、資本減耗率の変化で記述することを提唱した。水害統計に記載されている直接的な資産被害額が現存の資本ストック水準×資本減耗率の変化分に等しくなるように資本減耗率を計算することを提唱した。資本減耗率変化による消費時系列の変化こそが、正確な年便益（年被害額）であることを示した。このような定義は、交通等のあらゆる費用便益分析においても採用されねばならないことを主張した。

本稿では、この動学便益を直接算定することは避けて、持続状態における消費水準の変化で定義している長期静学年被害額（年便益）を算定することとした。まず、持続状態における消費水準の変化は、直接的な資産被害額に加えて均衡資本ストック水準の変化による資本ストック報酬の変化の和として表現できることを示した。そして、直接被害額は、定常均衡における平衡投資水準の変化分を示していることが判明した。後者の均衡資本ストック水準の変化による資本ストック報酬の変化という効果を乗数効果と称した。長期静学便益乗数は、1.45であることを推定した。

さらに長期静学便益乗数を1.45とし、初期値における動学便益乗数を0.9とし、定常均衡に至る期間が60年としたときの10年ごとの動学便益乗数を試算した。そして、この動学便益時系列こそ費用便益分析において使用されることが妥当であり、望ましいと主張した。

最後に、地球温暖化による水害被害の動学被害を試算した。このため、2030年の直接被害額が1,000億円、2060年の直接被害額が2,000億円、2090年直接被害額が3,000億円、2120年以降直接被害額が4,000億円とした。その結果、2030年直接被害額が1,000億円である時の動学被害額は900億円、2060年直接被害額が2,000億円あるときの動学被害額は2,200億円、2090年直接被害額が3,000億円である時の動学被害額は

3,650億円、2120年以降直接被害額が4,000億円となる2120、2050、2180年以降における動学被害額は、それぞれ、5,100億、5,650億、5,800億円となった。当然のことであるが、2180年以降における動学被害5,800億円は長期静学被害に等しいことも示した。

課題も残されている。

水害統計では、民間資産損害、公共資産損害、営業損失、人的損害に区分している。本稿では、民間資産損害、公共資産損害、営業損失がすべて民間資本の資本減耗率の変化として表現できると仮定した。厳密には、本研究は民間資産損害のみに適用できる。公共資本ストックの導入、効率性パラメータによる営業損失の導入、寿命を明示的に示した連続世代重複モデルによる人的損害の評価が課題として残されている。

本稿で採用しているモデルは閉鎖経済である。世界の地域別あるいは47都道府県別の被害費用を計算するのは開放経済のモデル化が必要である。同様に本稿で採用しているモデルは1部門だが、交通や医療や農業等の部門における便益を計算するには多部門化が必要である。適応策の導入には、パラメータ（資本減耗率、効率性パラメータ、寿命）の内生化が必要である。

本稿は環境問題研究会（西岡秀三座長）での発表を加筆訂正したものである。西岡座長からは貴重なコメントをいただいた。また、本研究には環境省Ｓ－８温暖化影響評価・適応策に関する総合的研究資金に支えられている部分がある。ここに記して謝する。

〈参考文献〉

大野栄治・森杉雅史・坂本直樹・中島一憲・森杉壽芳（2013）「温暖化適応策による地域別部門別の受益と負担の構造に関する研究」Ｓ－８温暖化影響評価・適応策に関する総合的研究平成25年度拡大アドバイサリボード会合（平成25年11月6日）への提出メモ

国土交通省（2005）「治水経済調査マニュアル」

国土交通省（2013）「平成22年水害統計調査」独立行政法人統計センター

国民経済計算用語集ホームページ

R.J. バロー・X. サラーイ・マーティン著、大住圭介訳（2006）『内生的経済成長論Ｉ、II（第2版）』九州大学出版会、第2章、第3章

伴金美（2007）「日本経済の多地域動学的応用一般均衡モデルの開発　Forward Lookingの視点に基づく地域経済分析」『RIETI Discussion Paper Series』07-J-010

東山洋平・森杉壽芳・福田敦（2013）「多地域動学的CGEによる新幹線・高速道路の整備効果の計測」第46回土木計画学研究発表会、広島工業大学（CD-ROM）

細江宣弘・我澤賢之・橋本日出男（2004）『テキストブック応用一般均衡モデリング　プログラムからシミュレーションまで』東京大学出版会

森杉壽芳編（1997）『社会資本整備の便益評価』勁草書房

2−5 対策をいつ実施するべきか
——最適停止問題からの示唆

東京大学　前田　章

　環境にかかわる経営上あるいは政策上の意思決定問題は、その対応策を立案し実施するという点で、環境に限定されない普遍的な問題の形式をしているといえる。ただ、多くの場合、長期的な対策が必要であること、その対策は概して技術的要素が強いこと、さらには、関係者間での利害調整という点で朝令暮改のような対応ができないことなどから、問題として、ある特徴をもっている。本稿では、そうした特徴を吟味し、その意味合いについて考察を深めることにする。

　そもそも気候変動という現象は、通常の企業や政府の時間的視野に比べて、はるかに長い期間にかかわっている。最低でも100年というタイムスパンで発生する現象であり、それゆえ、対策もそれに見合った視野で行わなければならない。気候変動の結果として発生するであろう災害も不確実性が大きく、また、その到来確率も低い一方で、その影響は大変大きいという性質をもっている。それに対する対策としても、たとえば都市機能や国土の強靭化等のインフラ投資、産業構造の抜本的改造のような巨大設備投資が中心となる。そうした対策は、そうそう頻繁に行うことのできるものではなく、気候変動のタイムスパンにあわせた超長期の巨大投資計画となる。

　このように長期的視野のなかで頻度の少ない投資を行う場合、最も重要な論点は、いつその投資を行うかという点である。これは後述するように、「最適停止問題」と呼ばれる問題に分類される。以下で詳しくみてみよう。

1　不可逆的な決定

　一度実行してしまったら、その結果についてやり直しのできないような意思決定を、不可逆的な意思決定（Irreversible Decision）という。例として、企業が生産拡大のため設備投資を行うような場合を考えてみよう。設備投資とは、具体的には工場を新設あるいは拡張するようなことである。これには巨額の投資がかかり、いったんつくった設備は他の用途に転用しがたく、不要になったからといって直ちに転売できるものでもない。投資された資金は容易に回収されないものとなる。これはサンクコスト（埋没費用）と呼ばれる。要するに、企業は、いったん設備投資を決めたら、成功して利益をあげるか、さもなくば失敗してサンクコストをかぶるか、のどちらかしかありえない。途中で翻意して、何もなかったことにする、というわけにはいかない。

　このような不可逆的な意思決定の例は、必ずしも技術的な要素を伴わなくてもあり

うる。政策的措置として導入される制度等がそれである。新しい税制、規制、優遇制度等、新しい制度が導入されるには、法的根拠が必要である。それは政府と国会での立法過程を通して作成され、いったん導入されると、時限立法でない限り、よほど大きな政権交代でもなければ、当分の間は廃止されるものではない。法律改正は頻繁にできたとしても、制度自体容易にはなくならない。また、廃止にするにも、時限立法でなければ、廃止法案をつくる必要があり、そのこと自体、大変な労力となる。すなわち、政策的措置としての制度も、上記の「設備」と似たような側面をもっているのである。

　環境問題にかかわる経営上の意思決定、あるいは政策上の意思決定は、多くの場合、不可逆的な意思決定である。企業が特定の環境負荷物質の排出を減らす場合、除去装置を導入したり、従来の生産設備自体をつくり変えたりする必要があり、本質的に新たな設備投資になっている。政府が特定の環境負荷物質に対して、新たな環境規制を導入する場合、上記のように制度という点で不可逆な側面を多分にもっている。同時に、そうした規制制度は企業に技術的な対応を迫る点で、彼らに不可逆な意思決定を迫るものであり、それゆえ、政府としても後へは引けない状態にコミットすることになる。

　さらに、超長期の政策目標を掲げることも、不可逆的な側面をもっている。低炭素社会を目指す、という国家としての長期的目標は、それに伴う多くのロードマップの作成につながる。いったんそうした方向に動き出したら、180度異なる方向に舵を切ることは容易ではなくなる。なかでも、原子力発電を全廃するか否かといった国家としての方針は、不可逆的な側面はきわめて高いといえるだろう。原発の技術的ノウハウ、人材育成のプロセス、社会的受容度等をいったん捨ててしまったら、これらを回復するには多大な労力が必要となるであろう。

2　最適停止問題

　不可逆な意思決定を単純化して、その決定を行うか否か、あるいは、なんらかの措置を実行するか否か、といったYes or Noの選択しかないとしよう。そして、いったんYesとしたら、その結果はやり直しの利かない不可逆なものになっている。ただし、いまNoを選んでも、その先、またYes or Noを選ぶ機会があるとしよう。Yesを1、Noを0とするなら、0を1にすることはいつでもできるが、いったん1にしたものは二度と0には戻せない、という状況である。このような状況で問題となるのは、いつ0を1にするか、ということである。いつ決定するか、いつ実行するか、いつ先送りをやめるか、である。

　このように、決定の結果は不可逆である一方で、その決定自体を先送りすることが

できるという状況において、いつ決定を下して事態を固定するか、言い換えれば、その先送りをやめるかという問題は「最適停止問題」と呼ばれる。やめるということを「停止（Stop）」と呼び、その最適な瞬間を決めることを指す。

先送りというとあまりよくない印象を与えるが、先送りができる、ということはそれ自体、価値のあることでもある。YesかNoをいま決定しなくてはならないという事態に対して、いまNoとして今後も同じ選択肢があるとすれば、それは単純に選択の幅が広がっていることを意味する。選択肢がふえて困るということは、通常はなく、特に決定の結果が不可逆なものであるならなおさらであろう。こうした先送りができるということ、あるいは、決定を保留しその適切な時期を待つことができるということは「オプション（Option）」と呼ばれる。最適停止問題とは、見方を変えれば、先送りオプションあるいは待ちオプションをいつ行使するかという問題である。

3 投資問題の例

最適停止問題を簡単な例で考えてみよう。ある企業が毎期獲得している収益をX_t円とする。ここでtは各期を表す。これを年と考えてもよいし、四半期、あるいは毎月と考えてもよい。また、$t=0$によって現時点を表すとする。さらに問題を簡単にするため、この収益は毎期gの率で増加していくものとする。すなわち、$X_t = X_0(1+g)^t$である。さらに、毎期に適用される金利をrとする。

このとき、現時点から将来にわたる総収益の現在価値は、次のように表される。

$$NPV_1 = X_0 + \left(\frac{1+g}{1+r}\right)X_0 + \left(\frac{1+g}{1+r}\right)^2 X_0 + \left(\frac{1+g}{1+r}\right)^3 X_0 + \cdots$$

これは、各期の収益の現在価値換算をしたものの総和となっており、正味現在価値（Net Present Value：NPV）と呼ばれることは、周知のとおりである。

上の式は、数学的には、べき乗したものを無限に足していくもので、無限級数と呼ばれる。高校で習う公式を使えば、次のように変形されることが容易にわかるであろう。

$$NPV_1 = X_0 + \frac{(1+g)X_0}{r-g}$$

この式の右辺をみると、その最初の項X_0は、いまこの瞬間に得られている収益であり、第2項は次期以降の総収益である。要するに、将来収益のキャッシュフローは、図1のように機械的に計算されるのである。以下、議論の必要上数式を使わざるをえないが、この公式が最も高度な計算である。この公式だけ既知とすれば、あとは四則演算のみであるので、許容されたい。

次に、この企業に投資の機会があるとする。これは、ある時点でI円の投資をすると、その次の期からの収益は、従来のもののa倍となる、という投資機会である（た

図1　キャッシュフロー計算の公式

$$\text{総和}: \frac{(1+g)X_0}{r-g}$$

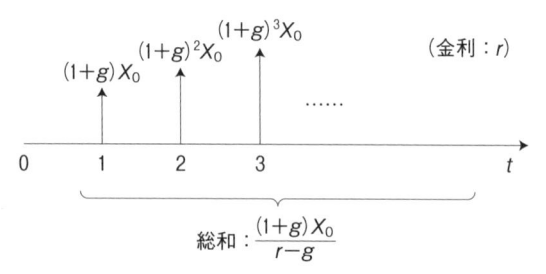

（金利：r）

図2　投資とそれによる収益の増加

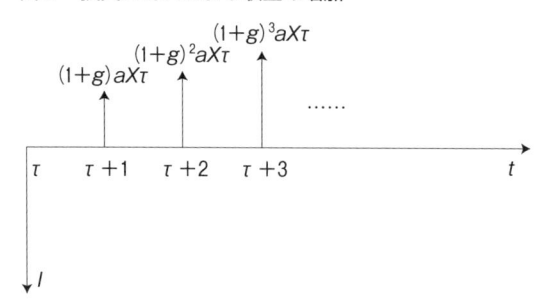

だし、$a > 1$ である）。設備投資により、生産能力が増し、その分収益もふえるというような状況である。この様子は、図2のように表される。

いったん投資がなされると、I はサンクコストとなり、回収できない。その点で、これは不可逆な投資意思決定である。このような投資が現時点（$t = 0$）で行われた場合、将来的に得られる総収益の正味現在価値は、上記とまったく同様にして算定され、次のようになる。

$$NPV_2 = X_0 + \frac{(1+g)aX_0}{r-g} - I$$

以上をまとめると、時点0で何もしなければ、NPV_1 の価値が保有できるが、投資をすれば、それが NPV_2 の価値に変わる。そこで、容易に考えつくことは、次のような投資判断をすればよい、ということであろう。

投資判断：もし $NPV_1 > NPV_2$ なら、投資はしない。
　　　　　もし $NPV_1 \leq NPV_2$ なら、投資をする。

$NPV_1 \leq NPV_2$ という条件は、

$$X_0 + \frac{(1+g)X_0}{r-g} \leq X_0 + \frac{(1+g)aX_0}{r-g} - I$$

ということであるが、これを書き直せば、次のようになる。

$$X_0 \geq \frac{(r-g)I}{(1+g)(a-1)} \tag{1}$$

つまり、現在の収益がある特定の値（$r-g$）I／$\{(1+g)(a-1)\}$ よりも大きいなら、今後も十分収益があげられるので、投資に見合う、ということである。このことは、次のようなルールとしてまとめられる。

投資判断のルール①：もし $X_0 \geq \dfrac{(r-g)I}{(1+g)(a-1)}$ なら、投資をするべきであり、

もし $X_0 < \dfrac{(r-g)I}{(1+g)(a-1)}$ なら、投資をするべきではない。

4　先送りの意思決定

3の例でみた投資判断は、一見合理的にみえる。実際のビジネスや政策の現場でも、似たような事例は多くみられるであろう。そうしたときに、経営者が上記のような判断に基づいて投資を決定したら、賞賛に値するであろうか。

実は、このような判断には大きな落とし穴がある。実際にこのような判断をする経営者がいたら、経営者失格といわざるをえない。その理由を以下で詳しくみてみよう。

上記の条件設定を見直してみると、次のように記してあったことに気づくであろう。「ある時点で I 円の投資をすると、その次の期からの収益は、従来のものの a 倍となる」である。つまり、投資はいましかできない、いましなければならない、というものではなく、いつしてもよいのである。そうであるならば、投資をする際、なぜいまでなければならないか、という問いに明確な答えが準備されていなければ、合理的な投資判断とはいえないであろう。

投資は不可逆的であるので、いまそれをしてしまったら、将来においてこれを覆すことはできない。やり直しもできない。であれば、いつか、ということ自体重要な判断なのである。

具体的にみてみよう。先の投資判断において、投資は現時点（$t=0$）でなされたが、これを $t=1$ 時点で行うものとしてみよう。この場合、$t=0$ においては、投資をしない場合と同じ収益 X_0 がある。$t=1$ 時点で投資を行うと、その時点での現在価値で、NPV_2 と同じような価値が手に入ることになる。ただし、この場合、X_0 のかわりに X_1 としなければならない。すなわち、$t=1$ 時点での、そこから先の収益の正味現在価値は次のようになっている。

$$X_1 + \frac{(1+g)aX_1}{r-g} - I$$

ここで、$X_1 = X_0(1+g)$ であるので、上記は次のように変形できる。

$$(1+g)X_0 + \frac{(1+g)^2 aX_0}{r-g} - I$$

この値が、$t=1$ 時点での正味現在価値であることに注意すれば、現時点（$t=0$）で期待される総収益の正味現在価値は次のようになる。

$$NPV_3 = X_0 + \left(\frac{1}{1+r}\right)\left\{(1+g)X_0 + \frac{(1+g)^2 aX_0}{r-g} - I\right\}$$

そこで、次のような条件を考えてみよう。

$$NPV_2 < NPV_3$$

これは、現時点（$t=0$）において直ちに投資を実行した場合に得られる正味現在価値が、次の時点まで投資を先送りした場合に得られる正味現在価値よりも低いことを表す。すなわち、このような場合は、現時点において投資をしてはいけないのである。この条件は、変形すると次のように書き直すことができる。

$$X_0 < \frac{rI}{(1+g)(a-1)} \tag{2}$$

この(2)を(1)と比べてみると、大変興味深いことがわかる。容易にわかるように、

$$\frac{(r-g)I}{(1+g)(a-1)} < \frac{rI}{(1+g)(a-1)}$$

である。したがって、(1)も(2)も満たすような X_0：

$$\frac{(r-g)I}{(1+g)(a-1)} \leq X_0 < \frac{rI}{(1+g)(a-1)}$$

が存在しえる。つまり、いましか投資機会が考えられないなら「投資判断のルール①」に従って正当化されるような投資も、判断を先送りすることも視野に入れるなら、いまは投資すべきではないということもありうるのである。言い換えると、「投資判断のルール①」のような判断は、「いつ」という時間の要素をまったく忘れてしまった大変愚かな判断なのである。

5 最適な時期の選択

4の議論をふまえて、投資すべき時期がいまなのかいまでないのかを、具体的にどのようにして見分けることができるのか、考察しよう。

現在（$t=0$）からしばらく現状を維持し、ある時間 τ になったら投資を行うものとする。その場合の現在時点における総収益の正味現在価値は次のようにして算定される。

まず、時点 τ における、そこから先の総収益の正味現在価値は、現状を維持する場合は、

$$X_\tau + \frac{(1+g)X_\tau}{r-g}$$

投資をする場合は、

$$X_\tau + \frac{(1+g)aX_\tau}{r-g} - I$$

である。したがって、その時点で投資をするということは、前者を捨てて、後者を得るということ

$$-X_\tau - \frac{(1+g)X_\tau}{r-g} + X_\tau + \frac{(1+g)aX_\tau}{r-g} - I$$

すなわち、

$$\frac{(1+g)(a-1)X_\tau}{r-g} - I$$

である。これは、時点 τ での正味現在価値であるので、それを現在（$t=0$）での正味現在価値に直すと、次のようになっている。

$$\left(\frac{1}{1+r}\right)^\tau \left\{ \frac{(1+g)(a-1)X_\tau}{r-g} - I \right\}$$

ここで、$X_\tau = (1+g)^\tau X_0$ であることを思い起こせば、これは、

$$\left(\frac{1+g}{1+r}\right)^\tau \frac{(1+g)(a-1)X_0}{r-g} - \left(\frac{1}{1+r}\right)^\tau I$$

と表される。もともと現在（$t=0$）では、NPV_1 の価値があったので、それに上記の新たな価値が追加されることになる。こうして、時間 τ に投資を行うというプランのもとで発生する総収益の、現在時点における正味現在価値 $NPV(\tau)$ は次のようになる。

$$NPV(\tau) = X_0 + \frac{(1+g)X_0}{r-g} + \left(\frac{1+g}{1+r}\right)^\tau \frac{(1+g)(a-1)X_0}{r-g} - \left(\frac{1}{1+r}\right)^\tau I \quad (3)$$

ここで、$NPV(\tau)$ という書き方は、時間 τ に投資を行うことを明示するものである。時間 $\tau+1$ に投資を行う場合は、τ を $\tau+1$ に置き換えればよい。すなわち、

$$NPV(\tau+1) = X_0 + \frac{(1+g)X_0}{r-g} + \left(\frac{1+g}{1+r}\right)^{\tau+1} \frac{(1+g)(a-1)X_0}{r-g} - \left(\frac{1}{1+r}\right)^{\tau+1} I \quad (4)$$

である。また、

$NPV(0) = NPV_2$

$NPV(1) = NPV_3$

となっていることも容易に確認される。

さて、(3)と(4)の差をとってみよう。

第 2 章　理論面からのアプローチ　91

$$NPV(\tau+1) - NPV(\tau)$$
$$= \left(\frac{1+g}{1+r}\right)^\tau \frac{(1+g)(a-1)X_0}{r-g}\left\{\left(\frac{1+g}{1+r}\right)-1\right\} - \left(\frac{1}{1+r}\right)^\tau I\left\{\left(\frac{1}{1+r}\right)-1\right\}$$
$$= -\left(\frac{1+g}{1+r}\right)^{\tau+1}(a-1)X_0 + \left(\frac{1}{1+r}\right)^{\tau+1} rI$$
$$= -\left(\frac{1+g}{1+r}\right)^{\tau+1}(a-1)\left\{X_0 - \frac{rI}{(1+g)^{\tau+1}(a-1)}\right\}$$

となる。これより、

$X_0 < \dfrac{rI}{(1+g)^{\tau+1}(a-1)}$ であることは、$NPV(\tau) < NPV(\tau+1)$ を意味し、

$X_0 \geq \dfrac{rI}{(1+g)^{\tau+1}(a-1)}$ であることは、$NPV(\tau) \geq NPV(\tau+1)$ を意味する

ことがわかる。$NPV(\tau) < NPV(\tau+1)$ は、投資を時点τでは行わないで、その次の時点$\tau+1$で行うとすると、NPVがふえるということである。逆に、$NPV(\tau) \geq NPV(\tau+1)$ は、投資を時点τで行ったほうが、その次の時点$\tau+1$で行うよりも、NPVが大きいということである。このことから、$NPV(0) \geq NPV(1)$ であれば、現時点で投資をする（$\tau=0$とする）のがベストであり、それ以外の場合は、少なくとも現時点では何もしないのがよい、といえることになる（詳しい数学的な議論は省略）。これは、言い換えると次のようになる。

投資判断のルール②：もし$X_0 \geq \dfrac{rI}{(1+g)(a-1)}$なら、直ちに投資するべきであり、

もし$X_0 < \dfrac{rI}{(1+g)(a-1)}$なら、先送りするべきである。

これは、(2)の示す判断とも一致することがわかる。

6　最適停止の原理

　5の結論は、最適停止問題の本質的な原理を示している。いつ停止する（上記の例では、投資する）べきかの判断は、本来、将来にわたる収益X_tを考えて決めなくてはならないはずである。その際、時点ごとの収益X_tは時間とともに変化する。上昇率が決まっているので、将来の値を予測することは可能であるが、それでも将来を「予測」しなければならない。ところが、5の結論は、「いま投資」か「先送り」の判断は、現時点の値X_0のみに基づいて行うことができることを示している。

　それは、投資時点自体を確定するという問題を、いまがその時期か否か、という二者択一の問題に書き直して、その判断を時点ごとに繰り返していくかたちに置き換え

ることができることをも意味している。

　現時点の値X_0のみに基づいた投資／先送り判断のルールは、実務上も大変便利である。5までで扱った問題は、上昇率が決まっているという点で、将来について不確実な要因がない。ところが現実は、将来は不確実性だらけである。最も簡単な例としては、上昇率gが確率的に変化するような場合が考えられる。株価が毎日変化して、ジグザグのグラフを描くようなイメージである。

　このような不確実性のある場合（X_tが確率変動する場合）であっても、実は上記と同じ考え方により、まったく同様な結論が導かれることが知られている。すなわち、「いま投資する」か「先送りする」かの判断は、現時点での変数の観測値のみで行うことができる。その変数がある特定の値を上回っていればいま投資、下回っていれば先送り、として最適な投資時期（停止時期）を確定できるのである。この判断に使われる特定の値は「閾値（Threshold）」と呼ばれる。要するに、最適停止問題は、閾値を求めることによって解決となる。

　閾値の求め方は、不確実性がある場合は、上記のような確定的な場合に比べてだいぶ高度な数学的な議論が必要である。上記のように四則演算のみですむわけではない。しかしながら、考え方と結果の意味するところはまったく同じである。

7　まとめ

　環境にかかわる経営上の問題、政策的な問題には、ある時期に、やり直しの利かない大きな意思決定を行わなくてはならない、という例が多くみられる。こうした問題は数学的には最適停止問題として定式化される。その解法は、現状を表す変数に対して閾値を定め、逐次、いま停止か否かの決定を繰り返す、というものになる。例をあげれば、環境負荷物質の毎年の排出量を観測し、それが事前に定めたある値を超えたら、政策的措置の発動を行う、というものである。これは、事前のルールづくりを行っておけば、それ以降は機械的な判断で事足りるということでもある。そうした点で、最適停止問題の考え方は、重要な洞察を与えてくれるのである。

　気候変動対策に適用した場合、年間の温室効果ガス排出量、年間平均気温、海面レベル、植生の地理的変化等、気候変動の現象と影響を表す指標は多数考えられる。最適停止問題の考え方に従えば、そうした指標に対して閾値を設定して、それを超えたら投資を実施する、といった計画を立てればよい、ということになる。具体的な指標の選択と閾値の設定は、数学的な問題としては当然きわめて複雑であり、容易に解ける問題とはいえない。しかしながら、こうした考え方自体が、政策形成のプロセスを根本的に変えることは確かである。政策担当者間で共有すべき考え方であるといえよう。

2-6 自然災害に対する賢い選択行動と政府の姿勢

関西学院大学 山鹿 久木

　経済学は財の価格を通じて、人々（企業）が自己の満足（利潤）の最大化のためにどのような行動をとるのかを分析する学問であり、その行動をとる人々（企業）は常に合理的であることが前提となっている。さらに、このような人々（企業）の活動に政府が介入することで、より望ましい社会の実現が達成されることもある。よりよい社会実現のためにはどのような政策が必要なのかということも経済学では議論する。

　たとえば地球温暖化対策税の導入により、人々が直面するエネルギー価格を上昇させることで、エネルギー消費量を減少させようとする政策等は、緩和策としての経済学的政策である。このような政策は、自己の満足の最大化に任せて人々が行動するとエネルギーが過剰に消費され、その結果地球環境に悪影響を及ぼす可能性も出てくるため、過剰な消費量を抑えるために、エネルギーの価格を政府が上昇させる。政府がこのような干渉を行うのは、そうすることで、社会（地球）全体を、現状よりもさらによい状態にすると考えられるからである。

　自らのエネルギー消費量が過剰かどうかは、なかなかわからない。そのような情報が消費者に伝わっていないため、過剰なエネルギー消費が地球環境に悪影響を与えていることを考慮せずに、消費行動をとる。この状態を放置しておくよりは、先の例のように、政府がエネルギー価格を上昇させることで世帯の消費量を抑制させるほうが、社会（地球）にとって長期的にも望ましいと考えられる。

　しかしこのような税金の導入は、短期的には消費者にはマイナスの影響を与える。では、消費者が自ら社会に与える影響を考慮したうえで、自己の満足を最大化させるには、どのようにするのがよいのか。その1つとして、望ましい社会のあり方の情報を、消費者に提供することが考えられる。すなわち、社会にとって望ましい消費量にまで消費を自ら抑制するように人々を促す、という介入方法が考えられる。

　この点については、電力会社による次のような実験が行われている。電力会社が各世帯にその月の電力消費量を伝えるが、同時に周辺世帯の平均消費量も通知する。このような通知をすることで、自分の世帯が周辺の世帯に比べて電力を多く消費しているのかどうかの情報を、世帯に与えることができる。このような情報を得た世帯は、翌月にどのような行動をとるであろうか。平均消費量よりも多く消費した世帯は、翌月には電力の消費量を減らす行動をとった。周辺世帯の電力消費量の平均値が、望ましい値の1つの目安であると世帯が考え、それ以上消費していた世帯が消費量を抑制

させたのである。

　しかし、一方で予想しなかった行動をとった世帯がいた。それは、平均値より消費量が少ないと通知された世帯が、翌月の電力消費量をふやしたのである。ブーメラン効果と呼ばれるこのような行動は、電力会社が意図しない行動であり、自らのエネルギー消費量が社会全体に与える影響を考慮することで、消費量の抑制を促すという効果を小さくしてしまっている。

　しかし電力会社からの通知方法を少し工夫することで、このブーメラン効果をなくすことができたという。それは、周辺世帯の平均的な電力使用量との比較を、数値で通知するのではなく、スマイリーフェイスと呼ばれる、黄色い丸に笑顔を描いたマークによって通知する、というものである。周辺の世帯平均を下回っている優秀な世帯には、この笑顔のマークを配り、周辺より多く消費している節約が望ましい世帯には、泣き顔のマークを配った。すると先のブーメラン効果はなくなり、全体の電力消費量を抑制することができたのである。人々の笑顔のマークを維持していきたい、という心理がブーメラン効果を抑制させたのである。

　十分な情報を提供することで、人々のエネルギー消費に対する合理的な行動を促すことは可能となるが、その情報の伝え方によっては、合理的でない行動をとる世帯も出てきてしまう。伝統的な経済学では、人は常に合理的な行動を選択することを前提としているが、状況によってはそうでない行動をとる場合もある。このことを明示的に取り扱っているのが行動経済学であり、気候変動やエネルギー対策に対しては、この行動経済学的な視点からの政策提言も必要であろう。この例からわかるように、一般のリスク認知においても、状況により行動が異なるという、合理性を仮定しているだけでは望ましい結果を達成できない場合も十分に考えられる。

　そこで、本稿では、筆者が参加しているプロジェクトを中心に紹介することで、以下の2点について検証する。第1点目に、気候変動や自然災害リスクに対して人は合理的に行動しているのかどうか、リスクについての情報の提供や政府の取組み方が、人々の合理的な行動に影響を与えているのかどうか、について検証する。第2点目に、行動経済学的な解釈によるリスクに対する人々の認知の歪みが、市場データから観察可能かどうか、について検証を行う。

1　リスク回避行動としての立地選択

　伝統的な経済学が前提としている合理的な人間を想定すれば、そのような人々は気候変動がもたらす自然災害リスク、あるいは地震や犯罪リスクなどの住環境に影響を与えるリスクを回避しようと行動するはずである。このようなリスク回避的な行動は居住地を選択する立地選択行動に顕著に表れるだろう。人々はリスクの小さな、住環

境がよりよい地域を求めて居住地を選択するはずである。あるいは当該立地場所においても、それらのリスクを低くするために、頑健な建物を建てたり、耐震投資をしたり、地域コミュニティでリスク軽減や住環境改善のさまざまな取組みに参加したりするであろう。これらの行動は地域の住環境としての価値を引き上げ、土地や住宅の価格に反映される。

このような合理的な人々のリスク回避的な行動が土地や住宅、オフィスビル等の価格や賃料に反映されているとすれば、これらの価格を観察することでリスクに対して人々がどの程度の評価をしているのかを算出することができ、ヘドニック価格法として、居住地のリスクや環境の価値計測などに広く用いられている。

ヘドニック価格法では、住宅価格や土地の価格をそれらに影響を与えるさまざまな特性の束として考える。住宅価格や土地の価格をヘドニック価格

$$P = f(X, Z, E)$$

のような関数で考える。Xは土地や住宅そのものの特性を表し、広さ、部屋の数、築年数等を、Zは立地点の近隣の環境特性を表し、たとえば都心からの距離や周辺の交通状況、店舗、公共、教育、医療施設等の立地状況等があげられる。さらにEは環境の特性であり、大気の質、騒音レベル、治安状況、災害への脆弱性等である。これらをデータとして集め回帰分析をすることで、それぞれの特性に関しての土地や住宅の価格への影響の大きさを計測することができるのである。

たとえば、住環境として夏の平均気温を考えてみよう。夏の平均気温が高い地域と、低い地域がある場合、現状から平均気温が少し上がる状況に対して、人々はどのような評価をするのかが、金額で計測されるのである。気候が穏やかな地域の住民は、気候が過酷な地域の住民より気温に対する支払意思額が高いとすれば、穏やかな気候に住む人々は、気候変動が引き起こす災害等の予防策や適応策に対して、より多くの投資をしてもよいと考えていると解釈することができる。

いまのところ、気候の価値や気候変動の影響をヘドニック価格法で分析している日本の事例研究はとんどみられないが、その他の国の事例ではヨーロッパを中心にいくつかみられる[1]。地域差もあり、気候変動がヘドニック価格へ与える影響は一貫してはいないようである。Albouyら（2013）の米国の事例では、現状からのさらなる温暖化は、2100年時点には年間の所得にして毎年1～3％の厚生の悪化を引き起こすと

---

[1] Albouy et al.（2013）には、その他の国々の研究がまとめられている。また、ヘドニック価格法以外の方法で、気候変動がアメニティーへ与える影響を測定している研究としては、Shapiro and Smith（1981）、Maddison and Bigano（2003）、Fritjers and Van Praag（1998）、そしてRehdanz and Maddison（2005）等がある。気候変動が経済全体の厚生水準にどのような影響を与えるかの詳細なサーベイとしてはTol（2009）がある。

算定している。

2 自然災害リスクに対する人々の反応

温暖化がもたらす影響の1つとして異常気象が考えられる。毎年世界中の集中的な豪雨による被害が、テレビやインターネットを通じてリアルタイムに伝えられており、人々の自然災害リスクや気候変動に対する認識は強まっているのではないだろうか。

国や自治体は、この避けられない事象に対して、できるだけ被害を少なくしようとハザードマップの作成、防災のための公共事業の実施等、さまざまな適応策をとっている。地域住民の間でも避難訓練等、災害時のコミュニケーション向上のための取組みが行われている。これらの取組みは住民の自然災害リスクへの認識を強くさせている。

この認識が、危険回避的な立地選択行動を通じて、土地の価格や住宅の価格といったものに実際に影響を与えていることを、先のヘドニック価格法によって実証している研究を以下で紹介しよう。

(1) ハザードマップ公開や自治体の防災活動が与える影響

東京都は町丁目ごとの地震に対する危険度指標を公表している[2]。人々が危険回避的に行動していれば、危険な地域と安全な地域での地価や家賃に差がみられるはずである。

この点に着目して住民や企業の危険回避的な行動をNakagawaら（2007、2009）は実証している。また中川ら（2012）では、愛知県名古屋市を中心に発生した2000年の東海豪雨後に配布されたハザードマップの浸水深の深度に応じて、地価が割り引かれていることを示しており、さらにその割引の大きさは、公共部門の水害リスク認知の徹底や新たな地域別防災対策へのコミットメントといったことが積極的に行われている地域ほど大きいことを示している。

自治体のこのような取組みが、住民のリスク認知を向上させており、それらが地価に追加的な影響を与えている。リスクコミュニケーションのあり方が立地行動に影響を与えているといえる。

(2) 自然災害というイベント自体が与える影響

阪神・淡路大震災が1995年に起こった。その後「活断層」という言葉は新聞、テレビ、書籍等を通じて一般に広く認識されるようになった。もちろん以前から専門家の

---

[2] 東京都都市整備局 (http://www.toshiseibi.metro.tokyo.jp/bosai/chousa_6/kikendo.htm)。

図1　日経テレコン21の「活断層」と「原発」に関する記事検索ヒット件数

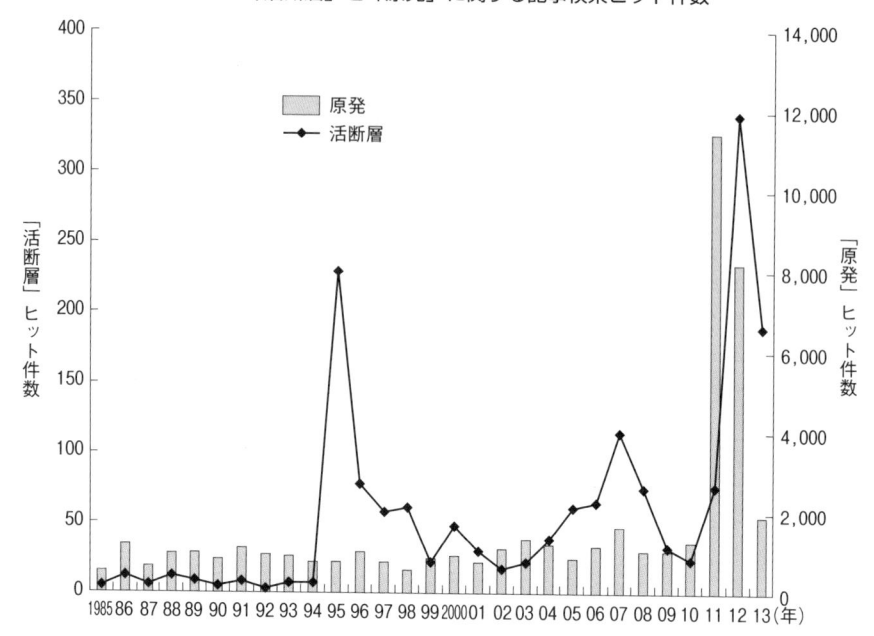

間では活断層の存在は認識され調査されていたが、1995年の阪神・淡路大震災を契機にその存在が広く一般にも知られるようになった。

　山口（2008）は、NHKで活断層に関するニュースの取扱いが1995年以降急激にふえているとし、震災後の10年を「活断層が社会化した時代」としている。図1は、日経テレコン21の記事検索機能を用いて、「活断層」と「原発」という2つの用語をキーワードとする記事がどのくらいあるのかを、1985年から筆者が調べた結果である。折れ線グラフが「活断層」に対するヒット件数（左軸）である。1995年の阪神・淡路大震災、2007年の新潟県中越沖地震の際にはその数が大きく上昇している。さらに2011年の東日本大震災の後、原子力発電所が活断層の上にあるかどうかが大きく取り上げられることで件数が大幅にふえている。「原発」に関しては原子力の規制関係等の法律の記事が常に多くあるため、第2軸の目盛りからわかるように活断層よりヒット件数は多く、そして2011年の東日本大震災後は突出している。

　このような活断層に対する一般の人々の認識の変化が、実際の地価にどう織り込まれていったのかを顧ら（2001）で検証している。この研究では、阪神・淡路大震災で動いた六甲・淡路断層帯周辺の地域と、動いてはいないが将来に非常に高い地震発生可能性をもっている隣の大阪府の上町断層帯周辺の地域を対象として、活断層帯の状

況が大きく異なる地域の地価に、活断層帯への近接性がどのように織り込まれているのかを検証している。彼らの結果によると、活断層帯までの近接性が地価を大きく割り引くという影響は、高い地震発生確率をもつ大阪府の上町断層帯において顕著にみられた。しかもその影響がみられるのは阪神・淡路大震災後からである。一方最近に地震が発生しすでに活断層が動いてしまった六甲・淡路断層帯周辺では、震災前も後もその影響を観察できなかった。地震リスクが高い地域の地価への負の影響がみられると同時に、そのリスクが認知されるきっかけとなったのは阪神・淡路大震災というイベントであった。

3 リスク認知に対するゆがみ

　自然災害リスクは、ハザードマップや自治体の防災に関する活動等を通じて広く住民に意識され、地価等に顕在している。さらに自然災害自体は、人々のリスク認知のきっかけになることもわかった。住民が自然災害リスクと向き合い、自らリスクの軽減、回避といったリスクコントロールをしていることの証左であろう。

　しかし、同時に人々のリスク認知にはゆがみがある、ということも知られている。Lichtensteinら（1978）によると、米国において、年間のさまざまな要因での死亡者数を実験者に推定させると、その死亡原因の発生頻度に応じて、実験者の推定値が過大であったり過少であったりすることがわかっている。頻繁に起こる自動車事故やがんによる年間の死亡者数は過少に見積もられる一方、ボツリヌス菌や洪水、竜巻等のめったに起こらないようなものは過大に予測される。

　このようなリスク認識におけるゆがみをプロスペクト理論としてTversky and Kahneman（1992）が論じている。彼らはこれらの主観的な死亡確率と客観的な死亡確率の関係を、発生確率と予測確率として図2のような確率加重関数として報告している。横軸が発生確率、縦軸はその確率の人々の予測確率で曲線が人々の予測をとっている。45度線よりも上は過大な評価、下は過少な評価となるため、発生確率が低い事象では過大な評価が行われ、発生確率が真ん中かそれ以上になると評価が過少になる。発生確率に応じて、人々のリスクに対する評価が大きく異なるのが、リスク認識のゆがみに当たる。

　さらにこの曲線からはもう1つの解釈ができる。それは曲線の傾きに関する解釈であり、非常に小さな確率からさらに確率ゼロの方向への変化に対しては過大なリスク評価を急激にゼロにしようとする。一方、高い発生確率からさらに確率が上がる方向への変化に対しても、人々は過少な評価を大きく修正して、45度線まで戻す。発生確率によって確率の変化の方向と評価の大きさが非対称であることがわかる。

　このような人々のリスク認知に対するゆがみや非対称性が、実際のリスクと地価分

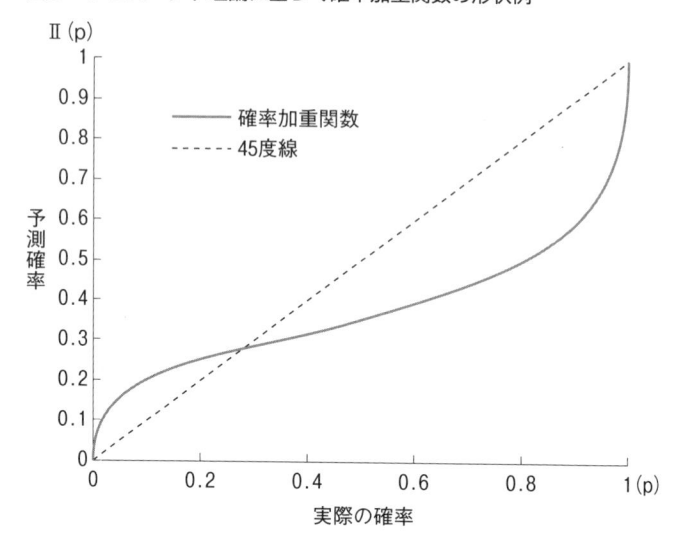

図2 プロスペクト理論に基づく確率加重関数の形状例

布の関係から観察することができるのであろうか。顧ら（2011）では東京都の地価を例に地震リスクに対しての認知のゆがみを実証している。彼らはまず地震リスクの地価への表れ方が、リスク指標が安全化と危険化に変化するその方向によって非対称であることを示している。さらにその非対称性が、地震リスクが高い地域と低い地域で逆であることを示している。東京都が公表している地震リスクに対する危険度指標は、5年ごとに公表されているが、その指標の特徴からその値が変化する。つまり古い木造密集地域などが再開発され地域としてより安全になったといった変化が、指標に表れる。

　具体的には、安全化方向へ変化した場合に、そもそも安全であった地域では、安全化への評価が高く、地価が大きく上昇する。しかしこの傾向は比較的危険であった地域においてはみられない。一方、危険化への指標の変化は、比較的危険な地域での地価を大きく引き下げるが、比較的安全な地域の地価はそれほど変化がなかった。この結論は、図2の確率荷重関数の解釈と整合的である。

　このようなリスク認知のゆがみが市場データからも観察できるということは、現実の人々のリスク回避行動に認知のゆがみが存在することになり、この点を考慮することは、耐震化投資を促す政府や自治体の政策介入を考えるうえでは重要なことである。先の顧ら（2011）のケースでいうと、比較的安全な地域では、防災や自然災害リスクに対して、市場メカニズムが機能する可能性があるが、比較的危険な地域においてはその傾向が弱いため、政府や自治体のなんらかの介入が必要になってくる。一方

で比較的安全な地域での過大な評価は、人々や自治体等の過剰な投資の可能性もあるため、これを引き下げるといった情報の提供の方法も必要かもしれない。このような人々のリスクに対する認知のゆがみを考慮した制度設計や政策の立案が、より多くの人を合理的な防災に対する行動に導くことにつながるのである。

4 まとめ

伝統的な経済学では人々の合理的な行動を仮定し、価格を通じた制度設計を基準とする。しかし、時にさまざまな要因によって合理的に判断や行動できない状況が存在するのも事実である。しかしそのような場合であっても、情報を提供したり、その情報の提供の仕方を工夫したりすることによって合理的な行動をとるよう促すことが可能となる。

たとえば、米国のエネルギー情報サービス会社Opowerでは、顧客に世帯のエネルギー消費量を報告すると同時に、より効率的なエネルギー消費の方法を、各世帯に応じたかたちで情報提供している[3]。この情報提供は世帯のエネルギー消費行動を変化させ、世界のエネルギー消費やエネルギー支出の削減をもたらしているといわれている。しかし、このような方法の効果は比較的短期的であり、その継続性に疑問がある点や、税金などの直接的な介入の影響と比べて、影響力が小さいといったことも指摘されている。

中島ら（2007）では、活断層帯近傍の最も危険な状況に直面している地域の人口はいったい何人なのかを推定している。彼らの研究によれば、活断層から400mの範囲に居住している人々は、日本の人口の約2.3％であるらしい。であるならば、危険地域での居住を安全な地域へと誘導するような政策なども、人口減少が進むとされている地域においては考慮する必要が出てくるだろう。さらに気候変動がもたらす災害による甚大な被害は、世界のあらゆる地域でその対策の不十分さを露呈させている。今後の爆発的な人口増加が予想されているような地域においては、住民だけに限らず、企業もまたさまざまなリスクに対しての合理的な立地選択が重要である。

その際、判断となる情報やその出し方、関連した市場の制度設計等が、リスクに対する人間行動を十分理解したかたちで行われているかどうかは、適応策としての効果を大きく左右する。伝統的な価格を通じたインセンティブの設計と、合理的な行動をとるように人々を誘導する行動経済学の考え方をうまく組み合わせることで、より大きな効果をうみだすのではないだろうか。そのため政府や自治体の介入の姿勢は、市場でより効果的で実質的な賢い選択がとれるように後押しする「穏やかな介入」であ

---

[3] 活動内容等の詳しい情報は、ウェブページを参照されたい（http://opower.com/）。

ることも、より次元の高いリスクマネジメント達成のための鍵となるであろう。

〈参考文献〉
顧濤・中川雅之・齊藤誠・山鹿久木（2001）「活断層リスクの社会的認知と活断層帯周辺の地価形成の関係について：上町断層帯のケース」『応用地域学研究』16、pp. 27-41
顧濤・中川雅之・齊藤誠・山鹿久木（2011）「東京都における地域危険度ランキングの変化が地価の相対水準に及ぼす非対称的な影響について：市場データによるプロスペクト理論の検証」『行動経済学』4、pp. 1-19
中川雅之・齊藤誠・山鹿久木（2012）「浸水危険度公表が地価に与える影響：新川、境川、日光川流域のケース」齊藤誠・中川雅之編著『人間行動から考える地震リスクのマネジメント：新しい社会制度を設計する』勁草書房、pp. 105-131
中島奈緒美・吉村美保・目黒公郎（2007）「人口減少社会における活断層近傍の土地利用誘導策に関する一考察」『生産研究』59、pp. 299-302
山口勝（2008）「活断層情報を社会に生かすために」『活断層研究』28、pp. 123-13
Albouy, David, Walter Graf, Ryan Kellogg, and Hendrik Wolff (2013), Climate Amenities, Climate Change, and American Quality of Life, NBER Working Paper No.18925.
Frijters, P. and Van Praag, B.M.S. (1998), The effects of climate on welfare and wellbeing in Russia, *Climatic Change* 39, pp. 61-81.
Lichtenstein, S., Slovic, P., Fischhoff, B., Layman, M., & Combs, B. (1978), Judged frequency of lethal events, *Journal of Experimental Psychology: Human Learning and Memory* 4, pp. 551-578.
Maddison, David and Bigano, A. (2003), The Amenity Value of the Italian Climate, *Journal of Environmental Economics and Management* 45, pp. 319-332.
Nakagawa, M., Saito, M. and H. Yamaga (2007), Earthquake risks and housing rents: Evidence from the Tokyo Metropolitan Area, *Regional Science and Urban Economics* 37, pp. 87-99.
Nakagawa, M., Saito, M. and H. Yamaga (2009), Earthquake risks and land prices: Evidence from the Tokyo metropolitan area, *Japanese Economic Review* 60, pp. 208-222.
Rehdanz, Katrin, and David J. Maddison (2005), Climate and Happiness, *Ecological Economics* 52, pp. 111-125.
Shapiro, P. and Smith, T. (1981), Preferences on Non Market Goods Revealed Through Market Demands, Advances in Applied Microeconomics: A Research Annual 1, pp. 105-122.
Tol, Richard S J. (2009), The Economic Effects of Climate Change, *Journal of Economic Perspectives*, 23, pp. 29-51.
Tversky, A., and Kahneman, D. (1992), Advances in prospect theory: Cumulative representation of uncertainty, *Journal of Risk and Uncertainty* 5, pp. 297-323.

2-7 望ましい水害保険の構築に向けた政府関与のあり方

上智大学　日引　聡

　地震や水害等の自然災害は、火災等の災害と異なり、民間の保険会社が十分な保険を提供することが困難な災害である。このため、政府の関与がなければ、社会的に望ましい水準の保険が提供されないと考えられている。日本では、地震ほどの大規模な被害ではないものの、水害については、毎年被害が報告されており、今後、気候変動による水害の増加が予想されている。にもかかわらず、日本では、地震保険については公的な関与はあるが、水害保険については公的な関与がない。このため、将来に向けて、水害に備えた十分な公的保険制度を整備しておくことが今後の重要な課題であろう。

　本稿では、水害を対象に、公的な保険制度を構築するうえで、いくつかの論点（①強制保険か任意保険か、②一律保険料か否か、③保険制度と水害・洪水対策との連携）について、諸外国の政府の取組みの事例を紹介しつつ、公的関与のあり方について考察する。

1　自然災害と保険

　私たちは、さまざまな自然災害に直面している。日本における主要災害は、地震・津波、風水害、雪害であるが、死者・行方不明者でみてみると、地震による被害が非常に大きな割合を占めている。その数は、1993～2012年の20年間で、2万7,607人にのぼり、そのうち91.8％が地震・津波によるもので、風水害は4.6％、雪害が3.1％となっている。このように、地震・津波による死者・行方不明者が突出しているのは、阪神・淡路大震災（1995）では、6,437人の死者・行方不明者が発生し、東日本大震災（2011）では、1万8,559人（阪神・淡路大震災の約3倍）の死者・行方不明者が発生したからである。

　一方、地震と比べると、風水害や雪害の死者・行方不明数は少ないが、その災害の頻度は多く、毎年一定数の死者・行方不明が発生している。特に、風水害は、将来、地球温暖化による気候変動によって、その頻度や被害規模がさらに大きくなり、その問題の深刻化が予想されている。

　世界銀行や欧州の研究チームが、2013年8月18日付の英科学雑誌「Nature Climate Change」に発表した研究結果によると、2050年における世界の沿岸都市で起きる洪水や高潮等の水害による被害総額は、何も対策をとらない場合には、現在と比較して

約170倍にふえるおそれがあるという。温暖化による海面上昇や地下水くみ上げによる地盤沈下に備えて防波堤を強化したとしても、10倍程度の被害増は避けられないと推計している。さらに、世界の主要136都市を対象に、洪水や浸水被害額の大きい都市を分析したところ、広州や深圳、天津（以上、中国）、ムンバイ（インド）、ニューヨーク、マイアミ、ニューオーリンズ（以上、米国）が上位を占め、日本では名古屋が20位に入ったという[1]。

　自然災害による被害をできるだけ抑制するためには、前もって災害に強い社会を構築すること、災害が生じた後には、経済的な損失を被った被害者をできるだけすみやかに救済することが重要となる。

　そのための手法として、リスクマネジメントあるいはリスク管理という概念がある。リスクマネジメントは、リスクコントロールとリスクファイナンスの2つの手法からなる。

　リスクコントロールとは、災害が生じる前に講じる対策をいい、建築物の耐震化や耐水化の促進、水害を緩和するための堤防・ダム等のインフラ整備、災害リスクの高い地域や災害が生じた場合の被害が大きくなると考えられる地域に対する土地利用規制の活用、ハザードマップの整備等がこれに当たる。

　一方、リスクファイナンスは、災害が生じた場合、住居や金融資産等の資産の喪失や経済活動の停滞による所得の喪失等、被害者が被った被害を軽減するための方法をいう。具体的には、災害保険による被害額の補てん、災害見舞金等の支給や所得税等の減免等がある。

　東日本大震災およびそれに関連する放射能汚染の被害の経験からもわかるように、災害の被害者を1日も早くもとの生活に戻れるようにするためには、リスクファイナンスの役割は重要である。OECDによると、1960年以降、自然災害による保険金支払額は15倍に拡大し、2002年の自然災害による経済損失の総額は約550億米ドル、それに対する保険金支払額は約130億米ドルにものぼり（湧川・柳澤、2003）、保険の役割が高まっていることがわかる。

2　なぜ自然災害には政府の関与が必要か

　私たちは、将来起こるかもしれない交通事故、病気、火災によって生じる経済的な負担を少しでも緩和するために、保険を購入する。保険を購入することで、これらの事象が起こらなかった場合には、支払った保険料の分だけ所得あるいは資産が減少するが、もしこれらの事象が起こった場合には、保険金が支払われるため、事象が起こ

---

[1]　「日本経済新聞」2013年8月19日付。

ることで生じる所得あるいは資産の減少を抑制することができる。このように、保険は、個人の所得あるいは資産の変動を抑制することで、個人の効用（あるいは、利益）を引き上げる機能をもっている。

　一方、保険を提供する保険会社は、保険契約者に交通事故、病気、火災等の事象が起こった場合には、保険金を支払い、そうでない場合には、保険契約者から支払われた保険料をすべて自分の利益として獲得する。この場合、保険会社は、個々の保険契約者の所得変動のリスクを引き受けることになる。しかし、保険会社は、大数の法則[2]が成立する場合、多くの保険契約者と保険契約を結ぶことで、そのリスク（保険金支払総額の変動）を引き下げることができるため、保険をビジネスとして成立させることができる。たとえば、日本の1年間当りの建物出火件数は、近年3万1,000件前後で安定的に推移している（新熊・日引、2012）。個々人は、火災を起こさないように十分気をつけていたとしても、完全に火災を回避できず、自分がいつ火災に遭うかは予測できない。しかし、このような個人が数多く集まると、毎年、必ず一定割合の人が火災に遭うので、保険会社は保険金の支払額をある程度確実に予測できるようになる。このように、個々人にとっては、不確実な事象が、社会全体でみると確実に予測可能な事象になるので、民間企業による保険の供給が可能となる。火災保険や生命保険等はこのような性質を利用して供給されている。

　しかし、地震や水害のような大規模災害の場合、個々人が災害に遭遇するかどうかと、他の人が災害に遭遇するかどうかに一定の相関があり、大数の法則が成立しない可能性が高くなる。なぜなら、地震や水害のように広範囲にわたって災害が生じる場合、災害が生じた地域に住んでいる人は全員災害に遭遇する。したがって、近隣の人が災害に遭遇するなら、自分自身が災害に遭遇する可能性は高くなり、逆に、自分自身が災害に遭遇するなら、近隣の人が災害に遭遇する可能性は高くなるからである。このような場合、個々人が災害に遭遇する事象は独立な事象ではないという。このと

2　コインを投げるとき、そのコインがゆがみも偏りもなければ、表や裏の出る確率はそれぞれ50%だと考えられる。いま、何度もコインを投げ、出た裏や表の割合を考えるとき、各回で出た結果（表や裏）が別の回で出た結果（表や裏）に影響を及ぼさない場合（独立試行という）、コインを投げる回数をふやしていくと、表と裏の出る割合は、いずれも50%に近づいていく。このように、1回当りの試行によってある結果（表や裏）が生じる確率は、多くの試行を繰り返した場合の、その結果が出る割合に収束していくことを大数の法則という。火災の例では、火災保険に加入した個人の数が、試行の数に対応する。このため、保険に加入した個人が多いとき、火災に遭う個人の割合は、火災に遭う確率と一致する。したがって、保険加入者のなかで火災に遭う個人の割合は、大きく変動せず、保険会社にとっては、ある程度確実に予測可能になっている。ただし、保険加入者全体のなかで、火災に遭う総数が確実に予測可能であっても、「だれが火災に遭うか」は予測可能でないことに注意する必要がある。つまり、個人にとっては、「自分が火災に遭うことは確実に予測できない」という意味で、依然として不確実なリスクが存在している。

第2章　理論面からのアプローチ

き、火災のように、常に一定割合の保険者が火災に遭遇するといった状況ではなく、極端な場合、全員が災害に遭遇するといったことが起こり、保険支払額が確実に予測できなくなる。この結果、支払わなければならない保険金が、保険料収入を上回ってしまうと、保険会社が倒産するといった事態が生じる。

自然災害のように、それが生じた場合の影響の範囲が大きく、独立事象でなくなる場合、大数の法則が働かず、災害保険は保険会社には、大きな経営リスクとなる。このため、自然災害を対象とした保険を供給するインセンティブは弱いものとなり、社会的に保険を供給することが望ましくても、保険が供給されなくなってしまう。このような場合、政府による公的な介入が必要となる（新熊・日引、2013）。

3 海外の政府関与の事例

自然災害に対する政府のかかわり方は、国によって異なる。米国、スイス、スペイン、フランス、韓国では、政府は水害を補償対象に含む自然災害保険に関与しているが、日本[3]、英国、ドイツ、イタリアでは、政府による関与がない。また、米国、スイス、スペイン等は、政府が直接保険を供給するが、フランスや韓国では、保険の供給は民間保険会社に任せつつ、政府は再保険を引き受けることによって関与している。

たとえば、韓国では、2006年から公的な風水害保険制度が実施され、加入者の保険料支払に対して政府が補助金を支給し、再保険によってリスクを引き受けている。保険制度導入以前は、災難支援金制度によって被害者を救済していた。その結果、国民自らが被害防止に対する積極的な努力を怠るというモラルハザードが深刻化した。このため、モラルハザードを抑制するために、公的な保険制度を導入した。

なお、現在も、風水害保険制度と災難支援金制度が併存しているが、風水害保険制度の補償が災難支援金制度による補償を上回ることから、最近は風水害保険の加入者が増加しているという。自治体内の料率は一律であるが、自治体間では、保険料率は、リスクに応じて変動し、高い料率の自治体と低い料率との自治体の差は3倍以下となっている（周藤ら、2011）。

フランスでは、水害を対象とする保険は、民間保険会社が供給しているものの、保険料率は政府が決定しているため、保険会社は自由に設計できない。また、公的な再保険会社に支えられている。洪水等、自然災害に対する補償が、住宅保険や自動車保険等に自動で付帯されることが義務づけられており、強制保険に近い形態である。こ

---

[3] 日本では、民間保険会社が供給する住宅総合保険あるいは新型火災保険のなかで、水害による損害が補償される。しかし、全損であったとしても、その補償額は多くの場合、保険金額または損害額のいずれか低いほうの7割を上限としている。

のため、洪水保険の普及率は高く、ほぼすべての世帯が加入している（周藤ら、2011）。なお、保険料率は全国一律であり、リスクに応じた体系になっていない。

スペインでは、フランスと同様、建物の所有者の保険契約に、公的機関が提供する自然災害に対する補償が強制的に付加される。この保険は、CCSと呼ばれる政府機関によって供給されている。このため、甚大な被害が生じ、保険料収入だけで保険金支払が困難になった場合でも、保険金支払は全額政府によって保証されている。なお、保険料率は、地域ごとのリスクに無関係に設定されている。災害による損害の全額を補償し、上限（引受限度額）はない。ただし、損害額の7％は免責されている。

(1) 強制保険か任意保険か

災害保険は、強制保険とすべきだろうか。それとも任意保険とすべきだろうか。

保険契約者が直面する災害リスクの大きさを、保険契約者自身は知っているが、保険会社が把握できない場合（すなわち、情報の非対称性が存在する場合）、逆選択という現象が起こる。たとえば、保険契約者が居住している地点がどの程度洪水や水害のリスクにさらされているのかがわからない場合、保険会社は、そのリスクの程度に応じて保険料率を設定できず、リスクの高い保険契約者も低い契約者も一律の保険料率を設定せざるをえなくなる。この結果、リスクの低い契約者にとって保険料率が割高になるため、実際に保険契約を結ぶ契約者はリスクの高い契約者ばかりになる。そうすると、さらに、保険料率は高くなり、最終的には保険契約を結ぶ人が少なくなり、十分な保険が提供されなくなってしまう。このような状況を生じる可能性が高い場合、フランスやスペインのように、強制保険にすることによって逆選択を回避できる。

ただし、自然災害の場合、保険契約者と保険会社の間の情報の非対称性はほとんどないと考えられる。なぜなら、地震や洪水・水害の起こりやすさは、過去のモニタリング等の情報の蓄積によって、保険会社は保険契約者と同等の（あるいは、状況によっては、それ以上の）情報をもっていると考えられるからである。たとえば、地震等の倒壊のリスクに関連して建物の強度等の情報は、保険契約者の私的情報であり、情報の非対称性が存在する可能性はあるが、ある程度外見等（鉄筋や木造等）から強度を推測できるので、情報の非対称性の問題はあまり大きくないと推察される。水害リスクも情報の非対称性は大きくないと考えられるため、日本において洪水保険制度を設計する場合、必ずしも強制的な制度を採用する必要はない。

ただし、強制的な制度を採用しない場合、災害リスクの高い地点の地価や家賃は安くなるため、低所得者が、災害の補償を付加せず、リスクの高い地点に居住するといった事態が生じる可能性がある。これによって引き起こされる問題が重要である場合には、強制保険制度を採用するか、土地利用規制によって住居としての土地利用を

禁止する政策と任意保険のセットを考える必要があるだろう。

(2) **一律保険料率か、リスクに応じた保険料率か**

　スペインやフランス等では、保険料率を個々の保険契約者が直面するリスクと無関係に設定している。災害が生じたときの被害が甚大なために、災害リスクの高い人の保険料率が高くなることを懸念し、災害保険の個々人の負担を引き下げるために、災害のリスクの小さい人も含めて、一律の保険料率を設定しているのかもしれない。

　しかし、災害リスクと無関係に、保険料率を設定することは望ましくない。保険料率をリスクに応じて設定できれば、被害に遭遇した場合の所得の変動を抑制できるという本来の機能に加え、災害リスクの少ない地点への移動や、災害に強い建物への居住のインセンティブを与えることができる。したがって、保険料率を災害リスクと無関係に一律にすると、保険契約者に、災害リスクの大きい地点から少ない地点への移動や、災害に強い建物への居住のインセンティブを与えられない。これにより、災害が生じた場合の経済的被害はより大きくなる可能性がある。

(3) **水害・洪水対策との連携**

　災害保険と氾濫原に対する自治体の土地利用規制や洪水対策（リスクコントロール）を連携させることで、より効果的な水害対策を促進する制度設計をしている国がある。米国の米国洪水保険制度が唯一これに該当する[4]。この制度は、以下のように運用されている。

① 各自治体が、連邦保険局が提供する洪水保険制度に参加するかどうかを決める。自治体がこの制度に参加した場合、その居住者は任意で洪水保険に加入できる。

② しかし、自治体が参加しない場合、居住者は、洪水保険に加入したくても、加入できない。また、特別に洪水の危険性がある特別洪水危険区域で建築する際に、洪水保険の加入を政府系金融機関からの抵当貸付の必要条件としているため、特別危険区域での建設は困難になる。さらに、最も洪水リスクの高い特別洪水危険地帯において洪水が発生した場合、洪水災害復興にかかわる連邦補助制度の適用をまったく受けられないというデメリットがある。

③ 連邦保険局は、制度への参加を希望する自治体に対して、氾濫原での土地利用規制や洪水対策の実施を義務づけ、それを満たした自治体のみに参加を認める。

④ 洪水のリスク調査によって洪水保険料率地図（洪水のリスクが8段階に分けられる）が作成され、それに基づいて保険料率が決定される。すなわち、リスクの高い地域では保険料が高くなる。

---

[4] 米国では、家計に対する保険は連邦政府が、企業に対する保険は民間保険会社が供給している。

⑤ 各種洪水対策を実施することによって洪水リスクを低減した自治体は、連邦保険局に申請を行い、審査を受けることで、リスク低減を認定されれば、その程度に応じて、その自治体の保険料率が最大で45％引き下げられる（自治体料率システム）。自治体は、自らの洪水対策の利益を、保険料率の低下というかたちで地域住民に利益を還元できるため、このような制度の導入は、自治体にリスクマネジメントのインセンティブを与える働きをもつ。ただ、リスク低減の認定は、必ずしも科学的または客観的な根拠に基づいていないため（周藤ら、2011）、この認定がどの程度実際のリスク低減に結びついているかについては、今後の検証が必要である。

⑥ ほとんどの保険は、WYO（write your own）プログラム[5]に基づいて民間保険会社を通じて販売されている。保険料収入を上回る保険金支払が生じても、連邦保険局が負担するため、破綻のリスクはない。

この制度設計自体には、次のような利点がある[6]。第一に、自治体が、土地利用規制や洪水対策等のリスクコントロールに対して積極的になるインセンティブを与えることができる。なぜなら、洪水のリスクが高い地域であるにもかかわらず、プログラムに参加しなかったり、保険料引下げのために洪水対策を実施して洪水リスクを低減させる努力をしない場合、居住地域として選択する住民は減少する。この結果、その自治体の人口は減少し、税収が減少するからである。

第二に、土地利用規制や堤防建設等の洪水対策の実施には社会的費用が発生するが、それによって洪水被害や洪水リスクが減少すれば、洪水保険に対して公的介入するための費用が減少する。この結果、洪水被害を抑制するための社会的費用の総額を抑制できる。

4　まとめ

自然災害の場合、大数の法則が働かないため、民間企業が災害保険を供給しようとすると、万が一大規模な災害が起こったとき、保険金を支払うことができなくなり、倒産するリスクが生じる。このため、政府による介入がなければ、十分な自然災害保

---

[5] 保険の対象、保険料、販売の方法といった保険の基本的な要素はすべて連邦政府が決定する。保険会社は、自らの名前で保険証券を発行し、クレーム対応を行うかわりに、連邦政府から販売代理手数料を受け取る。

[6] この制度は、周藤ら（2011）が指摘するように、現状では、いくつかの課題がある。①保険料が高額で、保険が十分普及していない。全米全世帯に占める洪水保険の加入世帯の比率は2007年時点で4.7％である。②保険金の上限が低く、補償が十分でない。建物損害の上限が25万米ドル、家財損害が10万米ドルであり、住宅の再建には不十分な額である。③土地利用規制による氾濫原における開発抑制が必ずしも十分ではない、④保険料の40％が事務経費であり、事務経費が過大であることの指摘もある。

険は供給されない。今後、気候変動等によって、日本だけでなく国際的にも水害のリスクが高まることが予想されている。しかし、公的な水害保険制度を整備している国は少ない。

　本稿で議論したように、日本で公的な保険制度を整備する場合、①災害リスクに応じた保険料率を課すことができ、保険契約者と保険会社の間の情報の非対称性はそれほど大きくなければ、逆選択を懸念して強制保険にする必要はない。むしろ強制保険にすることで、リスクの小さい保険者に過大な費用を負担させ、リスクの大きい保険者の負担を引き下げるなら、リスクの大きい保険者のリスク回避行動を抑制してしまい、災害の被害を拡大させる可能性がある。②米国の全米洪水保険制度の事例にあるように、公的保険制度と水害・洪水対策を連携させることで、地域の災害リスクにあった水害・洪水対策を促進できる。このようなメカニズムを含んだ公的保険制度の整備が効果的な災害対策を促進するうえで、重要になる。

〈参考文献〉

織田彰久（2007）「世界の自然災害保険から見た日本の地震保険制度」ESRI Discussion Paper Series No.178、内閣府経済社会総合研究所、pp. 42+

新熊隆嘉・日引聡（2013）「災害保険の経済分析」馬奈木俊介編著『災害の経済学』中央経済社、pp. 93-112

周藤利一・山口達也・阪井暖子・落合裕史・番場哲晴・吉田恭・吉本一司・馬場美智子・佐藤淳一朗（2011）「水害に備えた社会システムに関する研究」『国土交通政策研究』第98号、pp. 296+

湧川勝己・柳澤修（2003）「今後の治水対策の方向性に関する研究〜洪水保険制度を切り口とした今後の動向検討」『JICE Report』第4号、pp. 16-24
http://www.jice.or.jp/report/pdf04/jice_rpt04_05.pdf

第 3 章

実践面からのアプローチ

第1節　行政による取組み

3-1-1　日本における適応への取組み

環境省　辻原　浩

　わが国でも気候変動の影響はすでに表れつつあり、一部の分野では地球温暖化の影響への対処（適応）の取組みが開始されている。また、将来、平均気温のさらなる上昇により、国民生活に関係するさまざまな分野でいっそうの影響が予測されている。

　このため、国においては、すでに表れている地球温暖化の影響に対する個別分野の取組みとあわせて、今後中長期的に避けることのできないさまざまな分野への影響への適応策を総合的・計画的に進めるべく、2015年度夏頃を目途に政府全体の「適応計画」を策定する予定である。

　本稿では、適応策の枠組みと諸外国の取組み、日本の気候変動の影響およびわが国における適応への取組みについて述べる。

1　適応策の枠組みと諸外国の取組み

　適応とは、気候変動の影響に対し自然・人間システムを調整することにより、被害を防止・軽減し、あるいはその便益の機会を活用することをいう。

　IPCC第4次評価報告書には、「適応策と緩和策のどちらも、その一方だけでは全ての気候変動の影響を防ぐことができないが、両者は互いに補完しあい、気候変動のリスクを大きく低減することが可能であることは、確信度が高い」「もっとも厳しい緩和努力をもってしても、今後数十年間の気候変動の更なる影響を回避することができないため、適応は、特に至近の影響への対処において不可欠となる」と記されており、気候変動のリスク管理という観点から、適応策は緩和策と並ぶ重要な柱であると認識されている。このような適応策は、「日本の気候変動とその影響（2012年度版）」（文部科学省・気象庁・環境省）によれば、図1に示すような基本的コンセプトに基づいて設計されるとされている。

　諸外国においては、適応策の取組みが国家レベルで始められている。英国、米国、EU諸国等では気候変動のリスク評価や適応計画の策定が行われると同時に、アジアでも中国や韓国が取組みを開始している。特に、韓国では、法律に基づいた国家気候変動適応マスタープランを策定しており、進んだ取組みといえる。

図1　適応策の基本コンセプト[1]

> ① リスクの回避
> 　予想される影響の出現に対して予防的な対策をとるもの。防災施設の強化や危険な地域の開発の抑制などがこの例。
> ② 悪影響の低減
> 　生じてしまった影響をなるべく少なく抑えようとする対策。防災分野では減災対策や復旧への支援がこれに当たる。
> ③ リスクの分散
> 　発生する影響を多くの住民の間で分散して負担したり、時間的に分散させることで影響の集中を抑える対策。損害保険が端的な例。
> ④ リスクの受容
> 　現時点では特段の対策をとらず、または対策の実施を延期することで様子をみつつ、悪影響の可能性を受容するもの。
> ⑤ 機会の活用
> 　気候変動による影響のなかには、分野・地域により新たなビジネスチャンス等の好影響をもたらすものもありうる。そのような機会を積極的に活用する。

① 英　　国

　英国では、気候変動法（2008年成立・施行）により、政府は英国全体の気候変動リスク評価（CCRA：Climate Change Risk Assessment）を5年おきに実施し、CCRAに基づき国家適応プログラム（NAP：National Adaptation Programme）を策定することとされている。2012年1月に最初のCCRAが議会に提出されており、2013年7月に最初のNAPが策定・公表された。

② 米　　国

　米国では、1990年地球変動研究法に基づき、米国地球変動研究プログラム（USGCRP：United States Global Change Research Program）が、4年おきに気候変動の米国における影響を評価（NCA：National Climate Assessment）することとされている。第2回NCAが2009年に策定されており、次回NCAの策定は2014年に完了予定とされているが、NCAに基づき、連邦政府の各機関、相当数の州や地方公共団体が、適応計画を策定している。

　さらに、米国では、2009年に、連邦政府の20機関の高級幹部からなる省庁間気候変動適応タスクフォースを発足させている。2010年10月には、このタスクフォースが、国家適応戦略の根拠となる推奨アクションをオバマ大統領に提出しており、適応策に関する横断的な取組みを開始している。

---

[1] 文部科学省・気象庁・環境省（2013）「日本の気候変動とその影響（2012年度版）」p.59、気候変動適応の方向性に関する検討会（2010）「気候変動適応の方向性」より抜粋。

③ 中　　国

　中国では、第12次5カ年計画（2011〜15）において、温暖化政策の重点活動として、適応能力向上を定めたほか、2011年末に第2次気候変動国家アセスメント報告書を取りまとめている。

④ 韓　　国

　韓国では、2010年に気候変動評価報告書を取りまとめたほか、低炭素・グリーン成長基本法（2010年4月）に基づき、2010年に国家気候変動適応マスタープランを策定している。このマスタープランに基づき、政府の各省および地方政府が、適応の実施計画を策定することとされ、地方政府の取組支援のため、2011年から、国が脆弱な地域・セクターの評価を行っている。

2　日本における気候変動の影響

　日本における適応策検討の基礎資料となる、地球温暖化のモニタリングおよび予測に関しては、気象庁が、1996年度から毎年「気候変動監視レポート」を、数年ごとに「地球温暖化予測情報」を公表している。

　また、モニタリングや温暖化影響の予測、評価に関する研究開発を進めており、2013年3月には、統合評価報告書として、気候変動の観測・予測および影響評価統合レポート「日本の気候変動とその影響（2012年度版）」を、文部科学省、気象庁、環境省が取りまとめている。

　日本における気候変動の影響について、このレポートをもとにみていくこととする。

(1)　気温、降水量の変化

　日本の平均気温は、100年当り1.15℃の割合で上昇しており、世界平均（0.68℃／100年）を上回っている。また、日最高気温が35℃以上の猛暑日や、最低気温が25℃以上の熱帯夜の日数も、それぞれ増加傾向を示している。

　降水にも変化が表れており、日降水量が100mm以上の大雨の年間出現頻度は20世紀初頭からの100年で0.25日の割合で増加しており、1時間降水量50mm以上の短時間強雨の頻度も増加傾向にある。

　将来は、平均気温は約2.1〜4.0℃上昇し、その上昇幅は世界平均の1.8〜3.4℃を上回ると推計されている。地域的には、北日本ほど気温上昇が大きく、真夏日や熱帯夜の日数は、沖縄・奄美、西日本、東日本で大きく増加する一方、冬日や真冬日の日数は、北日本を中心に減少すると予測されている。

　また、短時間強雨の頻度がすべての地域で増加すると予測される一方で、無降水日数もほとんどの地域で増加すると予測されている。

(2) 各分野への影響

　気候変動の影響は、今後さまざまな分野で拡大するとみられている。図2は、日本の平均気温の変化に伴って、各分野で予測される影響を整理したものである。以下、各分野への影響について述べる。

　　a　水資源・水災害分野への影響
① 大雨災害の深刻化

　大雨に伴う河川の洪水、内水氾濫や土砂災害のリスクが増加すると考えられている。全国の1級河川を対象とした研究では、河川の最終整備目標を超える洪水が起こる確率は、将来において、現在の1.8～4.4倍程度にふえるおそれがある。また、山地における斜面崩壊のリスクも増加するおそれがあり、山地や丘陵地の斜面の一部が基盤から崩壊する深層崩壊の危険性もふえていく可能性がある。

② 渇水リスクの増加

　無降水日数の増加や積雪量の減少による、渇水の増加が予測されている。北日本と中部山地以外では、河川の流量が減少し渇水が深刻になるおそれがあるほか、融雪水の利用地域では、融雪期の最大流量が減少するとともに、そのピーク時期が早まり、需要期における河川流量が減少する可能性がある。

③ 水質変化の可能性

　河川や湖等において、水温上昇に伴う植物プランクトンの増加や、水循環が十分に行われなくなることで、水質が悪化する可能性がある。また、離島等では海面水位の上昇に伴い、地下水に塩水が侵入するおそれも増加すると考えられている。

④ 高波・高潮リスクの増大

　三大湾（東京湾・伊勢湾・大阪湾）にはゼロメートル地帯が広がっており、仮に海面が60cm上昇[2]するとゼロメートル地帯の面積、人口が5割も拡大するため、将来の海面水位の上昇は深刻な事態をもたらすおそれがある。また台風の強度の変化や進路の変化に伴って、太平洋沿岸地域では高潮によるリスクが高まる可能性がある。

　　b　自然生態系への影響

　地球温暖化による動植物への影響がすでに表れており、ミドリイガイやチョウチョウウオといった南方系の種の東京湾での増加、高山植物の消失、一部昆虫類の北上、サンゴの白化や群集変化等の現象が確認されている。将来は、このような影響がさらに進行し、ブナ林やサンゴの分布適地が減少することが予測されている。

---

[2] 60cmの海面上昇とは、IPCC第4次評価報告書で21世紀末に予測される全球平均海面水位の上昇の予測の上限（A1FIシナリオ：59cm）に相当する。

図2 日本における平均気温変化に伴う影響の事例3

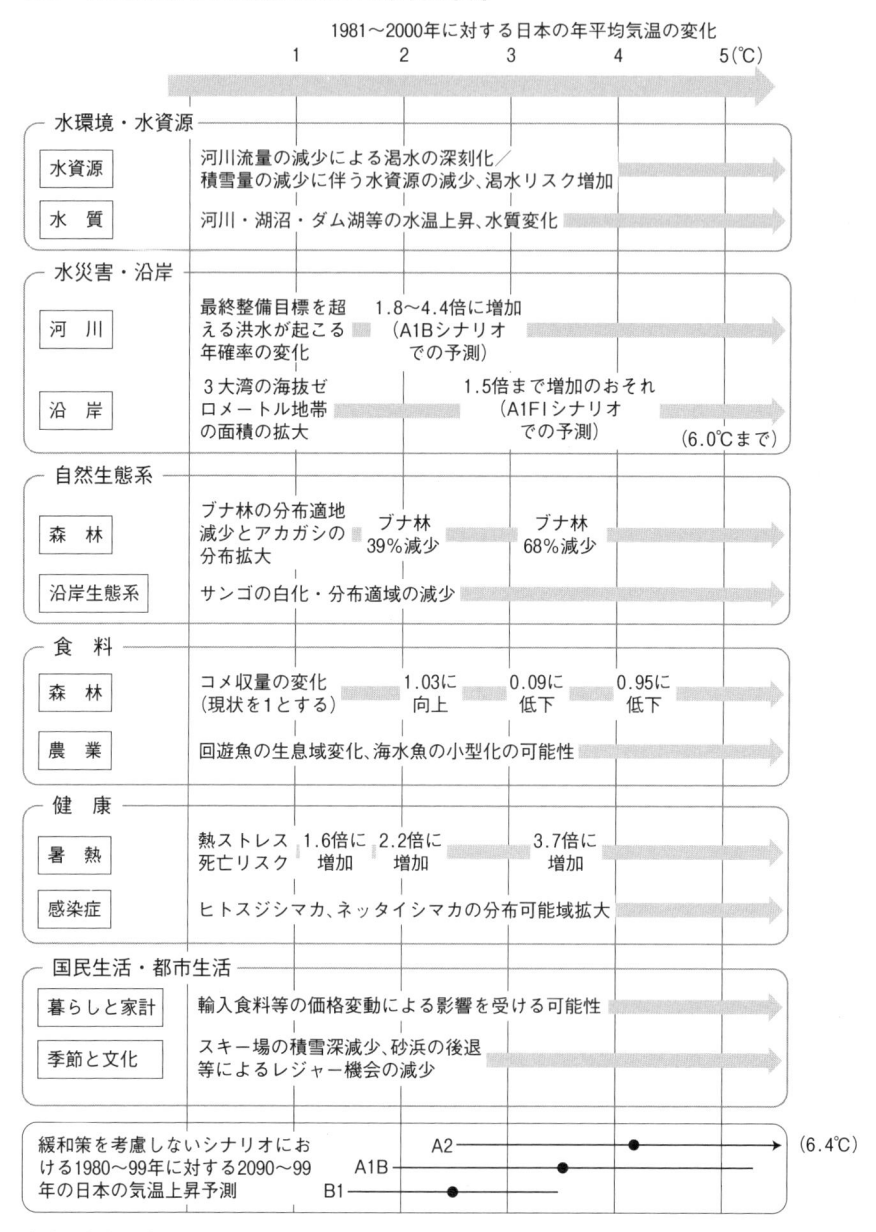

1981～2000年に対する日本の年平均気温の変化
1　2　3　4　5 (℃)

- 水環境・水資源
  - 水資源: 河川流量の減少による渇水の深刻化／積雪量の減少に伴う水資源の減少、渇水リスク増加
  - 水質: 河川・湖沼・ダム湖等の水温上昇、水質変化

- 水災害・沿岸
  - 河川: 最終整備目標を超える洪水が起こる年確率の変化　1.8～4.4倍に増加（A1Bシナリオでの予測）
  - 沿岸: 3大湾の海抜ゼロメートル地帯の面積の拡大　1.5倍まで増加のおそれ（A1FIシナリオでの予測）（6.0℃まで）

- 自然生態系
  - 森林: ブナ林の分布適地減少とアカガシの分布拡大　ブナ林39%減少　ブナ林68%減少
  - 沿岸生態系: サンゴの白化・分布適域の減少

- 食料
  - 森林: コメ収量の変化（現状を1とする）　1.03に向上　0.09に低下　0.95に低下
  - 農業: 回遊魚の生息域変化、海水魚の小型化の可能性

- 健康
  - 暑熱: 熱ストレス死亡リスク　1.6倍に増加　2.2倍に増加　3.7倍に増加
  - 感染症: ヒトスジシマカ、ネッタイシマカの分布可能域拡大

- 国民生活・都市生活
  - 暮らしと家計: 輸入食料等の価格変動による影響を受ける可能性
  - 季節と文化: スキー場の積雪深減少、砂浜の後退等によるレジャー機会の減少

緩和策を考慮しないシナリオにおける1980～99年に対する2090～99年の日本の気温上昇予測
A2 ——●—— (6.4℃)
A1B ——●——
B1 ——●——

（注）矢印は気温上昇に伴い影響が継続することを示す。文章の左側がその影響が出始めるおおよその気温上昇レベルを示すように、事項の記述が配置されている。

c　食料に及ぼす影響

　農林水産業への気候変動の影響としては、水稲の高温障害、果実の着色不良、冬季の低温不足による発芽・開花障害、若木の凍害、家畜の体重変化や乳生産量の低下等が報告されている。水稲は出穂後の気温によって品質に大きな影響を受けることが知られており、記録的な高温であった2010年は、登熟期間の平均気温が28～29℃に達した地域が多く、米の内部が白く濁る白未熟粒の発生が多発し、北海道を除く全国で品質が著しく低下した。また、米の胴割粒等の品質低下、ミカンの日焼け果や浮皮症等も報告されており、将来の温度の上昇による作物の生育期間の短縮や高温障害、品質低下、生育適地の変化等が懸念されている。

　　d　人間の健康に対する影響

① 増加する熱中症

　熱中症は暑熱による直接的な影響の1つで、地球温暖化との相関は高いと考えられている。1995年以降の熱中症による年間死亡者数は、経年的な増加傾向が読み取れ、特に記録的な猛暑となった2010年には過去最多の死亡者数（2013年は未集計）となっている。また、日最高気温が高くなるにつれ熱中症の発生率は高くなる傾向にあり、35℃を超えると65歳以上で特に発生率が大きく増加するとの報告がある。

② 感染症媒介蚊の生息域の拡大

　デング熱を媒介するヒトスジシマカの分布域は年平均気温11℃以上の地域とほぼ一致しており、1950年以降、分布域が東北地方を徐々に北上する傾向がみられる。2100年には北海道まで拡大すると予測されており、このことは、デング熱流行のリスクをもつ地域の拡大となると示唆される。

　　e　国民生活への影響

　気候変動による影響は、国民一人ひとりの日常生活にも深くかかわりをもっている。災害による影響や健康影響のほか、季節感のずれなど、日本の文化や季節感へ影響するおそれもある。

3　わが国における適応策の取組みについて

(1) 個別分野における適応の取組み

　わが国では、すでに地球温暖化による影響が個別分野に表れつつあり、これに対して個別分野において適応の取組みが講じられている。

　具体的には、農林水産分野では、影響のモニタリングと将来予測・評価、高温環境に適応した品種・系統の開発、高温下での生産安定技術の開発等が進められてきてい

3　文部科学省・気象庁・環境省（2013）「日本の気候変動とその影響（2012年度版）」

る。沿岸防災分野では、海面水位の上昇等による高潮による災害リスク対応の検討が進められ、高潮のモニタリング・予測、防護水準の把握、災害リスクの評価といった先行的な施策が実施されるとともに、防潮堤や海岸防災林の整備が実施されている。水災害対策分野では、2008年に「水災害分野における地球温暖化に伴う気候変化への適応策の在り方（社会資本整備審議会答申）」が取りまとめられ、治水安全度の評価等の施策が検討、実施されている。

(2) 適応の取組強化の必要性

将来の気候変動の進行によって、わが国において極端な現象の変化等さまざまな気候の変化、海洋の酸性化等のさらなる温暖化影響が生じるおそれがある。このため、すでに表れている温暖化影響や今後中長期的に避けることのできない影響に対し、治山治水、水資源、沿岸、農林水産、健康、都市、自然生態系等の広範な分野において、影響のモニタリング、評価および影響への適切な対処（適応）を、計画的に進めることが必要となっている。

このような状況を受け、2012年4月27日に閣議決定された環境基本計画では、「短期的影響を応急的に防止・軽減するための適応策を引き続き推進していくとともに、中長期的に生じ得る影響の防止・軽減に資する適応能力の向上を図るための検討を実施することが必要である」と規定された。これをふまえ、政府全体での統一的な温暖化とその影響の予測・評価を実施し、それに基づき、長期的な見通しをもった適応の取組みを総合的、計画的に進めていくことが求められている。

(3) 政府全体の「適応計画」策定への取組み

こうしたことから、国においては、2012年度より関係各府省の連携のもとに、政府全体の「適応計画」の策定に向けた取組みを進めている。

具体的には、2013年7月に中央環境審議会のもとに気候変動影響評価等小委員会を設置し、気候変動がわが国に及ぼす影響について審議を開始した。審議の結果は、2015年1月を目途に取りまとめを行うこととしている。その後、小委員会での取りまとめ結果を受け、関係各府省において、適応策の検討を行い、2015年夏頃を目途に政府全体の適応計画を策定する予定である。

また、最新の科学的知見、温暖化影響の状況、対策の進捗等をふまえ、政府全体の適応計画策定のための予測・評価と適応計画について、定期的に見直しを行い、5年程度を目途に改定する予定である。

(4) 地方の取組支援

気候変動の影響は、地域の気候、地形、文化に加え、（地場）産業などによっても異なってくるため、適応策の実施は、地域の取組みを巻き込むことが不可欠であり、国レベルの取組みと並行して地方公共団体レベルの計画的な取組みを促進していく必

要がある。このため、環境省では、2008年からわが国への影響および研究知見を網羅的に整理した「気候変動への賢い適応」という報告書をまとめ、2010年には地方公共団体等の適応計画の検討を支援するため「気候変動適応の方向性」の報告書をまとめてきた。今後とも、国の「適応計画」に向けた取組み等について地方公共団体等に対し適切に周知を図ること等により、国と地方との連携のとれた適応策の実施に努めていく方針である。

4 おわりに

現在、IPCCにおいて、第5次評価報告書を策定しているところであり、2013年9月には第1作業部会（自然科学的根拠）の報告書が取りまとめられた。それによると、①気候システムの温暖化は疑う余地がないこと、②人間の社会経済活動が20世紀半ば以降に観測された温暖化の支配的な要因であった可能性がきわめて高いこと、③CO_2の累積排出量と地表面の平均気温の変化はおおむね線形の関係にあること、などが示されている。こうしたことからも、よりいっそうの温暖化対策が必要とされているといえる。

2014年3月には、横浜において第2作業部会（影響・適応・脆弱性）の報告書承認のためのIPCC総会が開催される予定である。これを契機に、緩和の取組みのみならず、適応に関する取組みも加速していきたい。

3-1-2　英国における適応への取組み

損保ジャパン日本興亜リスクマネジメント　**斎藤　照夫**

　英国では、近年、豪雨や洪水、熱波による影響が増大しており、その原因として、気候変動が指摘されている。そのため、気候変動に対する国全体の関心が高く、温室効果ガスの削減を図る「緩和」とともに、避けられない気候変動の悪影響に対処する「適応」についても、先進的な取組みが進められている。

　英国では、気候変動対策の推進を求める国民の運動（Big Ask Campaign）を受けて、「気候変動法」が2008年に制定されており、そこでは、気候変動における緩和策だけでなく、気候変動の影響が英国に与えるリスクを防止・軽減するための適応策が規定されている。この規定に基づいて、科学的な気候変動のリスク評価、さまざまなステークホルダーの参加による国家適応計画の策定や企業に適応の報告を求める主務大臣の権限の行使等の、気候変動リスクの軽減・防止の取組みが進められている。このような適応への体系的な取組みは、先進的な取組事例として参考となるものである。

　また、気候変動によるリスクが現実化し被害が生じた場合には、その損失のすみやかな補てんと回復を図る、損失と損害（Loss & Damage）への対処も重要である。英国では、洪水による損失と損害への対応が課題となっており、この対応は主に民間の保険制度により担われている。すなわち、民間保険会社は、保険契約に基づいて被災した個人や企業への保険金の支払と建物の復旧工事や工事期間中の仮住居の手配、建物の耐水性の強化の指導等の補償対策を担ってきている。しかし、近年、気候変動の影響による洪水被害の増加に伴い洪水保険のコストが増大し、リスクの高い地域内の住民や企業に対する洪水保険のカバーの提供がむずかしくなってきている。

　このため、英国の保険協会（ABI：Association of British Insurers）は、2002年から政府とStatement for Principles（SoP）を締結し、政府に対して洪水リスク低減のための防災投資や土地利用規制等の強化を求めつつ、高リスク地域での洪水保険カバーの継続に取り組んできた。また、2013年6月には、ポストSoPの仕組みとして、Flood Re（洪水再保険プール）創設を含む提案について政府と合意する等、気候変動に耐えられる保険制度の構築に向けた取組みを行っている。

　このような英国保険協会（ABI）と英国政府の取組みは、損失と損害に対する世界的な課題への対処にあたり参考となるものである。以下では、英国における適応への

取組み、および損失および損害への対応の取組みについて紹介したい。

1　適応への取組み

(1)　適応対策の枠組み

英国では、2008年11月にClimate Change Act（気候変動法）が制定されているが、この法律は、英国の低炭素経済への転換を促し、国際社会に対して英国がリーダーシップを発揮することを目指している。気候変動法には、温室効果ガスの削減目標や、長期目標達成に向けた道筋を示すための炭素削減計画（Carbon Budget）の設定、独立した専門的顧問機関である気候変動委員会（CCC：Committee on Climate Change）の創設、国内排出量取引制度等の「緩和」に係る規定のほか、第4部として「気候変動の影響と気候変動への適応」の規定も盛り込まれている。この適応対策の概要は、以下のとおりである。

① 気候変動リスクアセスメント（CCRA：Climate Change Risk Assessment）

主務大臣（環境・食料・農村地域省（以下、Defra：Department for Environment, Food and Rural Affairs））は、現在および将来予想される気候変動の影響による英国にとってのリスクの評価を内容とする報告書を取りまとめ、2012年とその後少なくとも5年に1度、議会に提出しなければならない。

② 国家気候変動適応計画（NAP：National Adaptation Programme）

①のリスク評価の報告書が議会に提出された後、政府は、合理的に実行可能な限りすみやかに、以下の内容を含む適応への取組みの計画を報告書で確認された危機に対処するため、議会に提出しなければならない。

・気候変動への適応に関連した英国政府の目標
・前掲の目標を達成するための、政府の提案および政策
・当該の提案および政策が実施される時系列

この目標、提案および政策は、持続的可能な発展に寄与するものでなければならないとされている。

③ 気候変動委員会の適応小委員会（ASC：Adaptation Sub-Committee）

気候変動リスク評価の準備に対し政府への助言を与え、政府の国家適応計画で記述された目標、提案および政策の実施に向けた進捗のモニタリングを行うとともに、適応策について求めに応じ助言をするために、気候変動委員会（CCC）の適応小委員会（ASC）が設置されている。

④ 適応の報告を求める主務大臣の権限（ARP：Adaptation Reporting Power）

主務大臣（Defra）は、報告機関（エネルギーや水、運輸など基礎的なサービスやインフラを提供する企業）に対し、以下のものを含む報告書を提出するよう、時期、

および報告すべき内容を示して指示を行うことができる。提出された報告書を、Defraは自らのウェブサイトで開示する。
・当該機関の機能に関連する、現在のおよび予想される気候変動の影響の評価
・当該機関の機能の行使にあたり、気候変動に適応するための当該機関の提案および政策の報告ならびに当該の提案および政策が実施される時系列
・以前の報告書で述べられた提案および政策の実施に向けて当該機関によりなされた進捗の評価

　これは、報告機関に気候変動リスクへの対応状況を報告させ国民に開示することにより、その適応への行動を促進しようとするものであり、報告機関は、前掲の主務大臣の指示を遵守しなければならないとされている。また、報告機関は、報告書を準備するにあたって、関連性のある範囲で、①のリスク評価報告書、②の国家適応計画、④の主務大臣からの報告機関への指導を考慮しなければならないとされている。

(2) 適応への取組み

　気候変動法に従い、2012年１月Defraは、気候変動が英国の経済や社会に与える具体的な影響を詳細に分析した「気候変動リスク評価」（CCRA）を発表した。CCRAでは英国において起こりうる700以上の気候変動の影響の根拠がレビューされ、11の主要分野の100以上の影響について、その可能性や予測される影響のスケール、それに対処するための行動の緊急性について詳細なレビューが行われた。2100年までの気候変動を低位・中位・高位の排出シナリオで予測し、農業・森林、健康・生活、建築物・インフラ、自然環境、ビジネスの５分野で気候リスクを評価している。

　CCRAによると、英国が気候変動により被る主要なリスクとして、夏季の高温化による重大な健康リスク、水資源への圧力増大、洪水の危険の増大、夏日の著しい増加、渇水や病害虫の増加による木材生産の質・量の低下等があげられる一方、気候変動による好機として、北極海航路の開通、冬季の寒さ緩和による疾病・死亡の減少、持続可能な食糧生産の向上等をあげている。

　その後、政府は、CCRAをふまえて、気候変動法の要請に応え、2013年７月に最初の「国家適応計画（NAP）」をまとめた。この計画の策定に際しては、CCRAの気候変動リスクの重要度の順番をふまえるとともに、政府と企業や地方公共団体その他の組織とのパートナーシップ構築のもとにCCRAで特定された気候変動リスクに対処するための目標や政策、提案の検討が行われた。

　NAPでは、気候変動への適応の必要性についての認識の向上、現在の極端な気象現象へのレジリエンスの向上、長期的な手段に係るタイムリーな行動の実施、主要な科学知見のギャップへの対応の分野に焦点を当てて、都市環境、インフラ、地域社会、農林業、自然環境、企業、地方政府の分野別に、気候変動への適応のために必要

な行動の政策や提案が示されており、関係主体が連携して、気候変動や極端な気象現象に備えて適応の行動に取り組むよう求めている。なお、計画で示されている適応策の基本的な考え方は次のとおりである。

　　a　政府による適応策の必要性

　国家適応計画では、政府による適応策の推進の必要性について、「最近の研究によれば、適応への障壁の存在とこれを乗り越えるための政府の役割が明らかとなっている。国家適応計画は、このための政府の行動を示すものである」と述べている。これは、Defraが行った気候レジリエンスの経済学（ECR：Economics of Climate Resilience）を受けたもので、ECRでは、気候変動への適応は個人や組織の利益により一定程度進む面はあるものの、適応にはさまざまな障壁（barriers to adaptation）があるため、個人や会社に任せるだけでは、適応による経済的・社会的メリットが的確に実現されるレベルには達しえない。このため、政府の介入により適応への障壁を乗り越える施策が必要となるとしている。この障壁には以下の内容があるとされる。

① 市場の失敗（market failures）

　各主体の適応行動のバロメーターとなる市場価格が効果的な適応の行動へと導かない場合に生じる障壁で、これには、情報の失敗、公共財、モラルハザードの要素がある。

② 行動の制約（behavioural constraints）

　これまでの慣性や短期的な結果に焦点が当たってしまうことにより、人々が不完全な適応のレベルにとどまってしまう障壁である。悪い適応（maladaptation）はその一例であり、中期的な公共投資について、適応を無視して設計され、完成後の段階で必要な改修工事のコストが増大し非効率となるような場合がある。

③ 政策の失敗（policy failures）

　政策目的が競合する場合に、規制の枠組みや政策のインセンティブが効果的な適応への障壁をもたらす場合である。

④ 統治の失敗（governance failures）

　制度的な意思決定プロセスが効果的な適応への障壁となる場合や、断片化されたセクターで多くの関係者が適応行動に含まれるときに調整力が欠如した場合に生じる。

　　b　経済効果的な適応策の推進

　国家適応計画では、現在に利益を提供し、さまざまな将来のシナリオにおいても対処しうる「後悔の少ない対策（low-regret actions）」の群が、適応策として経済的に有効としている。その例として、水の効率的な利用を図る対策、事業継続計画、保険をかける行動、サプライチェーンのリスクをよく管理する対策等があげられている。また、費用が低く、費用効果的であるために、必要な将来の利益が少ない対策群も有

効であるとしている。

　また、長期的な投資においては、気候リスクの将来変化に十分応えられる柔軟な設計とすることが適切であるとしている。これを考慮しない投資は埋没コスト（sunk costs）を生む結果となり、将来の気候変動に適応できないこととなる。同様に、投資決定に柔軟性を導入することは、起こりうる気候シナリオの十分な範囲を考慮したときに費用効果的である可能性が高いとしている。

　適応の報告を求める権限（ARP）については、第1ラウンドの報告について、Defraより2009年に指導文書（Statutory Guidance）が出され、2011年末までにエネルギー、水、運輸など9セクター、103の報告機関から適応報告書が提出されている。Defraとクランフィールド大学のレビュー結果によると、今回初めて気候変動リスクを検討した企業が多く、そのレベルに差がみられたものの、各企業は自らのリスクマネジメントのなかに適応策を組み込むことに成功しているとされている。第2ラウンドの報告については、気候変動リスク評価（CCRA）で脆弱性が高いとされたいくつかのセクターを追加のうえ、2014年より開始されることとなっている。

(3) 地方自治体の適応への取組み

　気候変動の影響に備えるうえで、地方自治体の役割は大変重要である。2012年に気候変動委員会（CCC）のまとめた「地方自治体は排出削減と気候リスクの管理にどう対処しうるか」のレポートによると、地方自治体は、気候変動リスクから地域を守るうえで、次の5つの分野で大きな役割を果たすとしている。

① 土地利用計画

　地方自治体は地域の土地利用の計画と規制の役割を担っており、これを通じて洪水リスクの最小化、緑地等の緑のインフラの計画、湿地や沼地等を活用した都市排水システム（SuDS）を推進することで、気候リスクへの地域のレジリエンスを高めることができる。逆に、無配慮な開発計画は、地域の脆弱性を増大させ、将来これを是正する、転換させる際の負担を増大させるおそれがある。

② インフラの提供

　地方自治体は幹線以外の道路（全道路延長の98%）や街灯、バスシェルターの整備、排水路や堤防等、洪水防止インフラ整備の役割を担っており、インフラの提供を通じて、気候変動や極端現象に対しレジリエントな地域とすることができる。

③ 建築物の設計や改修

　地方自治体は、都市計画による建築規制を通じて、新しい建築物に対して節水性、蓄熱防止性や洪水耐性等を備えた気候変動にレジリエントなものとなるよう求めることができる。また、既存の建築物については、所有者に対し、建物が直面するリスクや改修工事に係るガイドラインの提供や指導を行い、気候変動に強い建物への改修を

促すことができる。
④　緑地等自然資源の管理
　地方自治体は、公園・緑地の整備、林地や湿地等自然スペースの保全・回復を行う役割を有している。これを通じて緑地や親水空間をエコロジカルネットワークとして地域内に適切に配置・拡張することで、気候変動に対して野生生物が移動できるような緑の回廊を設け、生物多様性の保全に貢献できる。また、林地を再生し、水路や海岸線に沿って公園、緑地等のオープンスペースを設けることで、洪水被害を軽減し、生物多様性を高めることができる。
⑤　緊急時の措置
　地方自治体は、市民緊急事態法（Civil Contingencies Act 2004）に基づいて緊急時計画や事業継続計画を策定し、緊急時に公衆に警報等を発出する役割を有する。また、健康・社会保護法（Health and Social Care Act 2012）に基づいて、季節的な過剰死等から公衆の健康を保護する役割を有しており、早期警報等により緊急時の地域の対応力を高めることができる。
　このような役割を的確に果たすため、地方自治体は、UK気象影響プログラム（UKCIP：UK Climate Impacts Programme）や環境庁（Environment Agency）の気象対応支援サービス（Climate Ready Support Service）よりツールや知見面での支援を受けつつ、気候変動に備える取組みを進めている。
　多くの地方自治体では、当該地域の脆弱性を判断するためアセスメントを実施しており、100以上の自治体が、UKCIPの地域気候影響プロファイル（LCLIP）を利用して、地域のこれまでの重大な気候影響や、コミュニティ、インフラ、自治体のサービス能力にどのような影響を与えるかの知見・情報を収集している。一部の自治体では、さらに詳細かつ包括的な気候リスク評価に独自に取り組んでいる。また、リスク評価を受けた適応計画づくりについては、英国の大都市（52市）のうち65％の市において、当該都市の気候変動計画を策定しており、そのなかで、緩和策とは別に適応に係る施策が取りまとめられている。

2　損失と損害（Loss & Damage）への対応

(1)　保険制度による対応
　英国では、気象災害による個人や企業が受ける損失と損害（Loss & Damage）については、民間の保険制度により担われており、保険制度は重要な社会的リスク管理手段となっている。この保険制度は、単独で機能しているわけではなく、政府と民間保険会社との暗黙の紳士協定のもとに機能しているところに特徴があるといわれている（Michael Huber, Insurability and Regulatory Reform: Is the English Flood

Insurance Regime Able to Adapt to Climate Change?[1]）。すなわち、英国では、河川の堤防強化等の公共投資、氾濫原の土地利用規制、避難警報システム等の被害を防止する保全対策（prevention regime）を政府が進める一方で、被災した個人や企業への損失の補てんや被災家屋の復旧工事等の補償対策（compensation regime）を民間保険会社が進めている。政府と保険会社がお互いにその役割を尊重し、それぞれの分担をしっかり果たすことで災害リスクから社会を守るという紳士協定のもと、気象災害のリスク管理が進められているといえる。

そのうえで、英国では、洪水保険が、火災や盗難を含めた建物の標準的な保険の一部としてほぼすべての家屋所有者に提供されている。これに基づいて、洪水被害発生の際は民間保険会社が、保険金の給付を行うとともに、保険契約者と協議のうえで被害家庭への避難仮住宅の確保、建物の復旧工事の計画と実施等を行っている。この復旧工事にあたっては、耐水性を強化した改修（R&R）を保険契約者に推奨し、将来の水害時のレジリエンスの強化とその際の保険料率の軽減メリットを指導している。英国では、洪水保険を含む家屋保険への加入は、建物抵当融資を受ける場合の条件となっており、家屋を他者に売却する際にも不可欠な要素となるなど、不動産市場にも大きな影響をもっている。

この保険会社の中心となっているのが英国保険協会（ABI）であり、ABIには、300の保険会社が参加し、その保険料収入の合計は英国全体の90％とその大半を占めている。ABIは、社会全体のリスク管理のために、暗黙の紳士協定が実効性あるものとなるよう政府と密接に連携を図り、保険制度の維持に努めてきている。

しかし、近年、洪水災害の大きさや発生頻度が増加しており、たとえば2000年からの10年間で洪水保険の支払額はその前の10年間と比べて倍増している。このようななかで、民間保険会社による補償対策は大きな挑戦を受けるようになっている。すなわち、洪水被害の増加に伴い保険のコストが増大し、洪水リスクの高い地域内の住民や企業に対して保険カバーを適切な保険料で提供することがむずかしくなってきており、水災リスクの高い地域の人々に対する保険カバーをどのようにして維持するかが課題となってきている。

このような保険制度が人々のリスク移転のニーズに応えられなくなる事態が「保険可能性（insurability）」の問題であり、その主な要因として、逆選択（adverse selection）とモラルハザード（moral hazard）があげられている。さらに、保険商品が存在していても、その価格が高すぎるため、必要な人が買えないという「購入可能性（affordability）」も問題となってきている。

1　The Geneva Papers on Risk and Insurance Vol. 29 No. 2 (2004), p. 169-182.

ABIは、これらの挑戦を乗り越えて、気候変動リスクが高まるなかで、保険制度の重要な役割が引き続き果たされるよう、政府と民間とのパートナーシップ（Public-private partnership）のもとで改革の取組みを進めている。

(2) Statement of Principlesによる取組み

　気候災害の増加に対し英国の保険制度が対応を迫られるようになった契機は、2000年に起こった大水害であった。この洪水では、1万軒以上の家屋が被害を受け、保険支払額が13億ポンド（約2,000億円）となり、建物保険は全体で赤字に陥ってしまい、保険業界に大きな衝撃を与えた。この原因は、気候変化への保全対策の対応遅れ（防災投資の遅れ、土地利用規制の脆弱さ、家屋所有者の自己防衛の弱さ）にあるとされ、このままの状況で推移すると、保険サービスは、洪水リスクの高い地区内の住宅や財産に対して提供できなくなることが危惧された。

　このため、ABIは、政府に対し洪水対策強化を訴え、2002年まではすべての保険提供を続けるものの、その間に政府が防災投資の増加等大幅な保全対策の強化を行わない限り、ハイリスク地区の保険カバーの継続は困難となるとのモラトリアムを発した。これを受けて、英国政府は、洪水対策投資額を40％増加するとともに、土地利用規制プロセスに洪水リスクの評価を組み込む等の保全対策を強化した。

　ABIは、これを評価し2002年に「Statement of Principles」（SoP）に合意した。このスキームは、政府による防災投資予算の増加等の防災対策の推進を条件に、ABI傘下の保険会社が高リスク地域を含めたほぼすべての市民・小企業に対して洪水を含む保険カバーを提供し、政府の対策の進捗をABIがレビューしていくというものである。このSoPはレビューをふまえ、2005年に一度更新され、次いで2008年に再度更新されて現行のSoPとなっており、2013年までの適用となっている。

　現行のSoPでは、2013年6月末までの間、①ABIのメンバー保険会社は、洪水リスクが重大でない（一般に洪水の年間リスクが1.3％、75年に1度以下）地区には標準的な総合保険の要素として、引き続き洪水保険を適用する、②洪水リスクが重大な地区にある既存の家計や小企業の既存の資産については、環境庁がこれらに係るリスクを5年以内に重大なもの以下に低減させる計画を有している場合は、保険カバーを継続する、③重大リスク地区で防災計画がない場合の保険カバーについては、建物の耐水性の評価等により個々の保険会社によりケースバイケースで判断する、④保険会社は、高リスク地域に課される保険料率や条件（特にExcess）について、現在のリスクを反映した価格づけ（リスクプライシング）を行うこととし、所有者に予防策推進へのインセンティブを付与すること、としている。

　SoPにより、リスクの高い地区の市民・企業は保険契約を通じて自らの有する高い洪水リスクに気づき、地域のレジリエンスを高めるための洪水対策の強化を政府や選

出代議士に要請するとともに、自らの住宅の耐水性の強化工事等自衛策への取組みを進めるようになった。

政府は、SoPを受けて、洪水対策を強化するようになった。まず、英国の洪水リスクの評価のため、環境庁が、全国の洪水リスク評価（National assessment of flood risk）を行った。ここでは、リスクの程度に応じて、Low（洪水の年間リスクが0.5％以下）、Moderate（同0.5～1.3％）、Significant（同1.3％以上）の3つのゾーンに区分しており、河川や高潮等外水による氾濫リスクにさらされる地域には240万軒の家屋があり、このうち、50万軒の家屋はリスクが重大な地域にあるとされる。さらに、2007年の大水害は、2000年を上回る30億ポンドの保険損害を出したが、その原因である市街地の排水不良等のフラッシュ洪水によるリスクを加味すると、リスク資産は全体で520万件となるといわれる。

政府は、洪水リスク管理への投資額の増加を図ってきており、2000年の年間4億ポンドから8億ポンドへと増加するとともに、洪水リスクマップの公表や早期警報システムも強化してきた。その後、2010年に労働党政権から保守・自由党連立政権への政権交代で、緊縮財政が重要な政策要請となったものの、洪水リスク対策は引き続き優先順位の高い政策であり、2015年までの4年間に23億ポンドを、家庭や企業を洪水から保護するために支出する計画である。これにより、2011年に比較し少なくとも16万5,000世帯への洪水からの保護がより強化されることになる。ただし、長期的には気候変動の影響により、現在の2倍の防災投資を実行しても、リスク資産の数は大きく変わらないといわれている。

また、土地利用計画の対応も進めており、洪水リスクのある地域への住宅や資産の立地を抑えるため、2000年に地方自治体が開発許可を行うときに、開発者に洪水リスクアセスメントを求めて洪水リスクを考慮する制度が導入されたが、これをさらに強化するため、2006年に自治体が許可に際し環境庁へのアドバイスを受けることを法的な義務とする規制も導入された。これにより、2000年当時は、開発申請の65％が不適切なものであったが、2007～08年には環境庁のアドバイスに反するものは4％以下に低減するという進展がみられている。

このように、SoPの実施を通じて、洪水リスクを抑制するための保全対策が政府により進められるとともに、ABI傘下の保険会社により洪水リスクの高い地域の人々への保険カバーが継続されてきた。

しかしこの過程で、洪水リスクの高い地域の人々や企業において保険の「購入可能性」（affordability）が課題とされるようになってきた。これは、保険会社において洪水リスク評価および洗練された洪水リスクモデルの利用が進むにつれて、高リスク地域の保険料率にリスクプライシング（リスクに応じた価格づけ）が進んできたこと

がある。このことは、保険契約者に対し、洪水リスク低下のための適切な予防手段の採択を促しレジリエンスを高める効果があるものの、保険料率の上昇スピードがあまり急激な場合、多くの人々や企業が保険カバーの購入資金に困り、購入が不可能となってしまう。これにより多くの人が無保険に陥った場合、洪水後の復旧ができずホームレスとなったり、家屋の不動産抵当融資が受けられなくなったり、家屋の売却が困難になって地域の不動産市場や経済に悪影響が出ることも懸念される。また、洪水が生じた場合の保険サービスを受けられない人の救済に、政府は災害給付金を支給しなければならなくなり、納税者の負担増も懸念されるようになった。

(3) ポストSoPへ

このようななかで、現行のSoPが終了する2013年以降の洪水保険制度の方向については、保険可能性と購入可能性の両者に対応することが必要となり、そのロードマップを検討するため、英国政府は、政府、保険業界、専門家、NPOのメンバーを集めて洪水サミット（Flood Summit）を開催するとともに、関係者からなる3つのワーキンググループを設けて調査審議を行い、ABIとの協議を重ねてきた。

これをふまえ、2013年6月に政府とABIは、Statement of Principlesの次のステップとして、洪水再保険プール（Flood Re）の構築を含む提案を、相互理解の覚書（Memorandum of Understanding）として発出した。この提案では、洪水リスクの高い区域の50万件に及ぶ人々の保険料負担の上昇を抑えるため、洪水保険の料率にキャップを設けるとし、これを効果的に実現するメカニズムとして、洪水保険金の支払責任を負うFlood Reを設けるとしている。Flood Reは洪水保険を営む保険会社に対し、現在程度の内部補助分を含む課金を課すことや、フリーライダーを防ぐために、保険会社に高リスク区域での義務割当てを課すことも検討されている。政府は、Flood Reの目的実現のため、保険業界を規制する権限を現在国会に提案中のWater-Bill（水法）のなかに盛り込んでいる。この合意は、水法案の成立やEUとの協議を経て、2015年夏頃にはスタートすることが目指されており、合意が実現するまでの間は、ABIは現行のSoPによる保険カバーを継続するとしている。

気候変動による損失と損害（Loss & Damage）に対する対応策として、気候変動に耐えられる保険制度は、その重要な選択肢となっている。気候変動に強い保険制度のあり方を目指す英国のABIと政府とのパートナーシップ（Public-Private Partnership）による取組みは、本課題解決への道筋を示す候補の1つとして、参考となると考えられる。

〈参考文献〉
岡久慶（2009）「英国2008年気候変動法―低炭素経済を目指す土台」『外国の立法』240、国立国会図書館調査及び立法考査局
FoE Japan（2010）「英国の気候変動法と低炭素社会の構築」
Committee on Climate Change, UK (2012), How local authorities can reduce emissions and manage climate risk.
Cranfield University (2012), Evaluating the Risk Assessment of Adaptation Reports under the Adaptation Reporting Power Final Summary.
Department for Environment, Food and Rural Affairs UK (2013), Securing the future of flood insurance An introductory guide.
UK Government (2013), The National Adaptation programme Report: Analytical Annex, Economics of the National Adaptation Programme.

3−1−3　地方自治体における適応策の取組動向と課題

法政大学　田中　充

　気候変動は、地域の気候をはじめとして自然環境や社会経済のさまざまな方面に影響を与える。特に、南北に細長く地形が複雑で、地域ごとに産業や文化、生活様式等が発達している日本では、気候変動は各地の農業、水資源、河川（水災害）、健康、自然生態系等に大きな影響を及ぼし、またその影響は地域の特性に応じて表れる。

　したがって、気候変動の影響に適切に対応していくためには、地域社会の実態に即した地域レベルでの取組みが必要不可欠といってよい。とりわけ、地域の住民や事業者等の広範な関係者の意見を調整し、地域政策の立案主体となる自治体に対して、期待される役割は大きい。

　法政大学地域研究センターでは、全国の都道府県および政令指定都市における気候変動影響への対応と適応策の取組実態を把握するために、アンケート調査や事例調査を実施した。ここでは調査結果の一部を紹介し、全国の自治体における適応策の実施状況と課題を概観する。

　なお、本調査は環境省環境研究総合推進費S−8温暖化影響評価・適応政策に関する総合的研究の一環として実施している。

1　気候変動影響の把握と適応に係る全国の自治体の動向

　気候変動への適応策は、温室効果ガス排出量を削減するなどの最大限の緩和策を実施したとしても生じる影響に対し、社会システムのあり方を調整していく施策である。自治体レベルで想定される適応策としては、地域の主要な分野である水資源、食料・農業、水災害・沿岸被害、森林、自然生態系、健康（熱中症や感染症対策）、地域産業、暮らし・伝統文化等が想定される。これらの分野では、気候変動により現に生じている、あるいは近い将来に見込まれる影響を軽減するために、すでに着手している既往の対策と、中長期の期間で将来的に予測される影響を回避・軽減するための中長期的な対策という視点がある。

(1)　地方自治体の適応等の取組みに係る調査の実施

　調査は、2012年11〜12月に全国の都道府県・政令指定都市66団体を対象に実施した。方法はメール添付による調査票の配布・回収方式である。調査項目は4点あり、①気候変動の地域への影響の把握、適応策の検討等に関する取組みの必要性、②適応

策に関連した取組みの実施状況、③影響把握、適応策等の政策を実施するうえでの課題、④「Ｓ－８温暖化影響評価・適応政策に関する総合的研究」で提供するツールや機会の利用意向である。回答は61団体から得られ、以下の結果の取りまとめは未回答も含めて集計して示す。

(2) 担当部局の適応策の必要性に対する認識状況

担当部局が、気候変動の地域への影響の把握、適応策の検討・実施に関して取組みの必要性を考えているか尋ねたところ、図１に示す結果が得られた。回答自治体61団体の約８割以上が「大変必要性がある」「必要性がある」として答えており、適応策の必要性は大多数の自治体で共有されている。その一方、「あまり必要がない」「わからない」とする回答も10団体程度あり、分野別には「伝統文化・暮らし・産業」で24団体、「水災害」や「水環境・水資源」「健康」で15団体程度とやや多くみられた。これは、回答が環境部局の温暖化対策担当であることから、他部局に係る行政分野に関しては「わからない」の回答が比較的多くなったためと考えられる。

(3) 適応策に係る関連対策の実施状況

適応策に関連した取組みについて対策別の実施状況を尋ねたところ、図２の結果が得られた。回答では、「普及啓発」を実施しているのは回答の61団体のうち41団体で、約７割と多くみられるが、それ以外の対策項目では20団体に満たない実態である。このうち取組みが少ない項目のなかでも、「生じている影響の把握・評価」「影響モニタリングの計画・実施」「庁内横断組織の設置」の取組みは15団体程度で実施さ

図１　自治体担当部局における適応策の必要性への認識

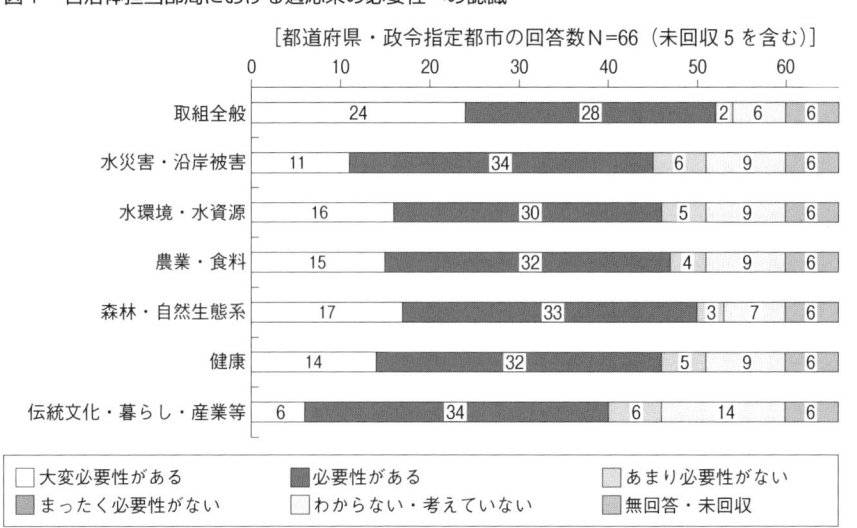

[都道府県・政令指定都市の回答数Ｎ＝66（未回収５を含む）]

分野	大変必要性がある	必要性がある	あまり必要性がない	まったく必要性がない	わからない・考えていない	無回答・未回収
取組全般	24	28	2		6	6
水災害・沿岸被害	11	34	6		9	6
水環境・水資源	16	30	5		9	6
農業・食料	15	32	4		9	6
森林・自然生態系	17	33	3		7	6
健康	14	32	5		9	6
伝統文化・暮らし・産業等	6	34	6		14	6

れており、適応策の検討に際して地域の現状把握や検討体制の整備といった、初動的な対応が比較的多くの自治体で取り組まれていることがみてとれる。「将来の影響の予測・評価」や「適応策の実施効果の把握・評価」「適応策を実施すべき分野の優先順位等の検討」という一歩踏み込んだ検討や、「適応策の検討や実施計画の策定」「適応策に関連した条例の制定」という施策実施を担保する制度づくりの面では、取組みは少数にとどまっている。

このうち、適応策にかかわる条例づくりに関して、滋賀県では、2011年3月に制定した「低炭素社会づくりの推進に関する条例」において、「気候変動に適応した農業および水産業の育成および振興に努める」と記述し、気候変動の影響を受けやすい農林水産業分野の取組みを規定している。また、埼玉県や京都府、鹿児島県等では、温暖化対策条例の条文上に適応に関する記述を設けている。これらの事例は、条文の総論における地球温暖化対策の定義として、温室効果ガスの削減および吸収に係る温暖化防止の取組みとともに、地球温暖化の影響への対応に係る取組み（すなわち「適応」）を規定しているケースである。同様の規定は、2012年12月に条例制定を行った相模原市条例でも盛り込まれている。

図2 適応策に係る関連対策の実施状況

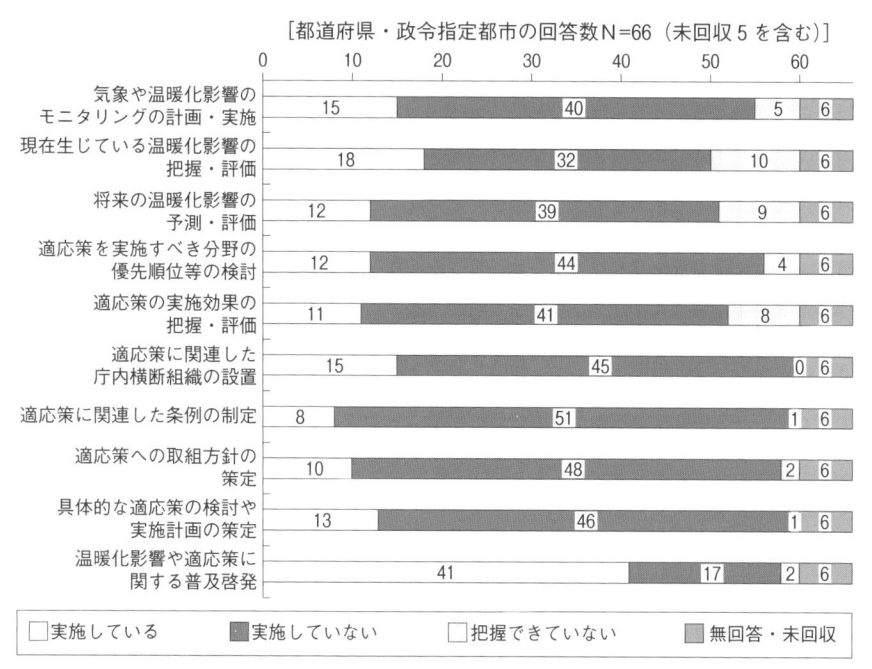

[都道府県・政令指定都市の回答数N=66（未回収5を含む）]

項目	実施している	実施していない	把握できていない	無回答・未回収
気象や温暖化影響のモニタリングの計画・実施	15	40	5	6
現在生じている温暖化影響の把握・評価	18	32	10	6
将来の温暖化影響の予測・評価	12	39	9	6
適応策を実施すべき分野の優先順位等の検討	12	44	4	6
適応策の実施効果の把握・評価	11	41	8	6
適応策に関連した庁内横断組織の設置	15	45	0	6
適応策に関連した条例の制定	8	51	1	6
適応策への取組方針の策定	10	48	2	6
具体的な適応策の検討や実施計画の策定	13	46	1	6
温暖化影響や適応策に関する普及啓発	41	17	2	6

適応策に係る実施計画に関しては、自治体が策定する地球温暖化対策推進法に基づく温暖化対策実行計画（区域施策編）のなかに、適応策に係る項を設け、関連施策を体系化や位置づけする例がみられるが、適応策そのものを単独で計画化している例はまだみられない。上記に示した府県のほかに長崎県、沖縄県、港区、品川区等の実行計画では、計画上の章や節のレベルで、適応策を盛り込んでいる。

(4) 適応策を実施するうえでの課題

気候変動の影響把握や適応策等を実施するうえでの課題について尋ねたところ、図3の結果が得られた。回答では、施策実施に必要な科学的知見や政策動向等の情報不足をあげるところが34団体（回答自治体の56％）と最も多く、続いて施策実施の技術・ノウハウの不足が31団体から回答されていた。また、政策における位置づけが明確でないこと、予算が十分でないこと等も、比較的多くの団体で指摘されていた。

地球温暖化対策のうち、低炭素社会に向けた温暖化防止策や省エネルギー対策等の緩和策（低炭素施策）に関しては、1997年の地球温暖化対策推進法の制定以来、自治体において普及しており、緩和策に係る知見の蓄積や取組実績が生じている。これに

図3　適応策を実施する際の課題・障壁

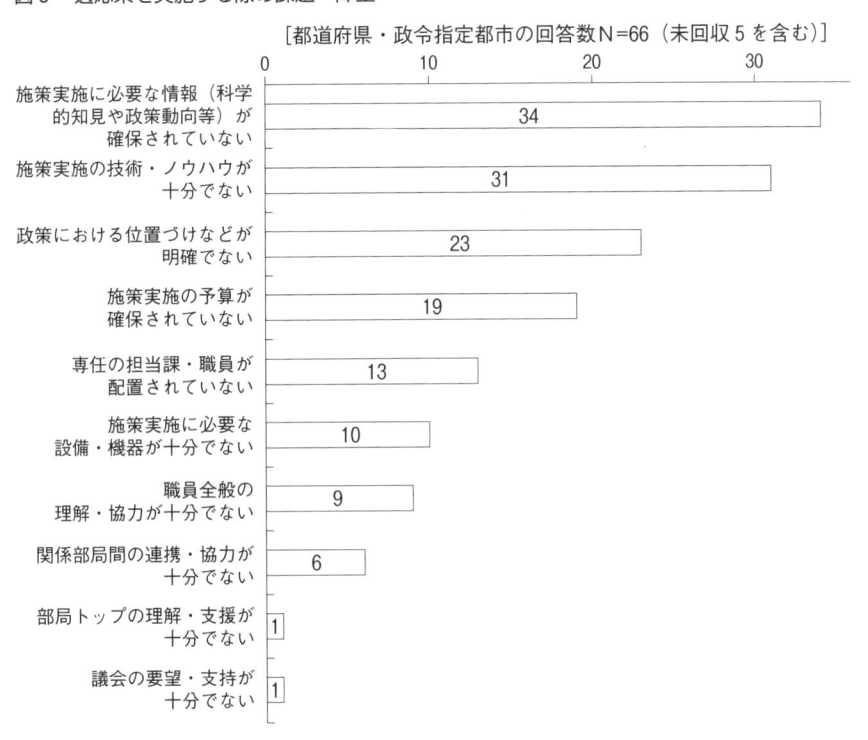

［都道府県・政令指定都市の回答数N=66（未回収5を含む）］

課題	回答数
施策実施に必要な情報（科学的知見や政策動向等）が確保されていない	34
施策実施の技術・ノウハウが十分でない	31
政策における位置づけなどが明確でない	23
施策実施の予算が確保されていない	19
専任の担当課・職員が配置されていない	13
施策実施に必要な設備・機器が十分でない	10
職員全般の理解・協力が十分でない	9
関係部局間の連携・協力が十分でない	6
部局トップの理解・支援が十分でない	1
議会の要望・支持が十分でない	1

対して、適応策は、国内自治体にとって新しい施策課題であり、立案に携わる行政の現場では、施策実施に必要な情報・知見の不足や施策ノウハウの不足が大きく障害になっていることがみてとれる。特に、気候変動に係る適応策については、将来の影響の拡大や深刻化に応じた施策の検討・立案の重要性が指摘されるところであり、こうした将来影響の分析・評価にかかわる研究分野からの知見の提供が重要になる。

また、国の地球温暖化法制や自治体条例において適応策について明確な規定がされていないことに関して、政策的な位置づけが明確でないことが、施策実施上の課題として指摘されている。これは、適応策の意義や位置づけが明確でないために、特に庁内調整等における適応策の立案・検討に際して障害となる要因であると考えられる。

2　主な自治体における適応策の取組事例

国内の自治体において、気候変動影響の把握と適応策の取組みに関して、地球温暖化対策実行計画に定めるなどして、総合的・体系的な施策枠組みを構築して取り組んでいる自治体として、東京都、長野県、埼玉県、滋賀県、長崎県、沖縄県等がある。ここでは埼玉、長崎、沖縄の3県の取組みを紹介する。

埼玉県は、早くから地域の温暖化影響の把握や適応策に係る情報の収集・整理、計画づくりに取り組んできた。埼玉県環境科学国際センターが、気候変動に係る研究成果の取りまとめと専門的知見の整理を行い、行政部局に提供する役割を担っている。センターでは、2008年度に「地球温暖化の埼玉県への影響」を公表し、特に地球温暖化の埼玉地域に及ぼす影響の実態と予測される将来影響について取りまとめている。県では、本レポート公表の翌年3月に、地球温暖化対策実行計画である「ストップ温暖化・埼玉ナビゲーション2050」を策定している。この計画では、「第7章　地球温暖化への適応策等」において、安全、健康、経済的な豊かさ、快適、文化歴史の5つの視点から、地域における適応への取組方針や課題等について体系化している。2013年現在、埼玉ナビゲーションを改定作業中である。

長崎県では、2013年4月に策定した地球温暖化対策実行計画において「第4章　地球温暖化　第5節　気候変動がもたらす影響と適応策」の項を設けて、水環境・水資源、防災、自然生態系、食料、健康の5つの分野における適応策を整理している。水環境・水資源分野では、安定した水道体制の構築、雨水等を利用した渇水時における水資源の確保等を適応策として整理している。防災分野では、河川災害や土砂災害等の防災警戒情報の迅速な提供、ハザードマップや防災マップの作成促進、土砂災害防止施設の整備や土砂災害防止法による土砂災害警戒区域等の指定等をあげている。自然生態系の分野では、磯焼け進行（藻場の減少）対策として着定基質の設置等による藻場の造成や藻場の維持・回復対策をあげている。食料分野では、病害虫対策として

防虫ネット、フェロモン剤、防蛾灯等の早期・長期利用、田植え時期の見直しや高温適応性品種の導入と普及等をあげている。最後に、健康分野では、気温上昇による熱中症や感染症の発生拡大に関するマスコミや県広報媒体の活用による注意喚起の実施をあげている。このように、長崎県では、地域特性をふまえながら分野別に具体的な対策課題を取りまとめている。

沖縄県では、2011年3月に策定した地球温暖化対策実行計画において「第6章　地球温暖化に関する取組」の「3　地球温暖化への適応」において、適応策を整理している。具体的な対策課題として防災（県土の保全）、農林水産業、水資源、県民の健康の4分野をあげ、防波堤等の新設やハザードマップの作成、高温耐性品種の開発導入や栽培・養殖手法の変更、適切な畜舎環境制御、節水等による水需要の抑制と雨水や再生水の利用、熱中症対策やデング熱等の感染症対策を示している。

ここに述べた事例を参考に、多くの自治体が、自らの温暖化計画にこうした取組みを位置づけて、行政レベルで実施していくことが必要である。

3　地域社会が主導する適応策の考え方と今後の課題

地域社会に及ぼす気候変動による影響には、いくつかの特徴が見出せる。第一は、気候変動の影響は、地域社会の全般に及び、すべての主体がその影響を受けることである。気候変動により地域の気温、降水や降雪、台風・暴風雨の発生、日照等は大きく変化し、これに伴い地域の自然と社会経済のさまざまな側面に影響が生じ、住民の生活や事業・生産活動に重大な支障が生じるおそれがある。

第二は、このような気候変動の影響は、地域に応じて表れ方が異なり、その状況・程度は変化する点である。たとえば平均気温の上昇は、同じ国内であっても地域の置かれた地理的条件等により、その発生は一律的でない。一例として気象庁は将来（2076～95年）の平均気温の傾向として国内では3℃程度の昇温が生じ、緯度の高い北海道や東日本の一部では3.5℃を超える上昇がみられ、緯度の低い沖縄地方では2.5℃程度の昇温が生じるとしている。さらに、仮に同程度の気温上昇が生じる場合であっても、土地利用や産業構成、人口構成等の地域特性に応じて、社会が受ける影響は大きく異なる。

第三は、温室効果ガスの排出削減と吸収を実施する緩和策を早急に実施しない限り、大気中の温室効果ガス濃度は増大し、平均気温の上昇は今後も継続していく。この結果、気候変動はさらに強まり、その影響や被害は拡大していくと予測される。したがって、気候変動を防止・改善するために、緩和策が必要であることはいうまでもないが、同時に、緩和策の効果が発現するまでに、将来にわたって相当の時間を要することも事実である。このことを考えると、気候変動に対して適切に対応していく適

応策の実施は必要不可欠である。

　特に、地域ごとに想定される気候変動の影響が異なることを考慮すると、気候変動の適応策については、地域政策を担う自治体が地域の気候変動影響を適切に把握し評価しながら、地域の多様な特性をふまえて適応策を立案し、実施していくことが求められる。

　適応策に関して、現時点における自治体の取組動向を概観すると、総体的には緒に就いたばかりで、先進地域における一部の取組みにとどまっている。その背景には、調査結果にみられるように、適応に関する研究知見や情報の蓄積が不足していること、施策実施のノウハウや技術等がないこと、政策的な位置づけが脆弱であることなど、いくつか課題が指摘できる。その一方、事例で取り上げた各県の先行的な取組みは、いずれも行政の温暖化計画に適応策を整理し位置づけており、このように行政計画や温暖化対策の基本方針に盛り込むことは、適応策を温暖化対策の主要な対象として庁内各部局で共有していく有力な対策手法であり、参考になる。

　全国の自治体レベルでは、適応策については政策実装に向けた前段階にあり、近い将来その本格的な検討と普及が始まると考えられる。自治体行政に対しては、ここに述べた課題を克服しながら、地域をリードする地域政策の立案・実施の主体として、積極的な取組みを期待したい。

〈参考文献〉
沖縄県（2011）「沖縄県地球温暖化対策実行計画」
気象庁（2013）「地球温暖化予測情報」第8巻
埼玉県（2009）「ストップ温暖化・埼玉ナビゲーション　2050　埼玉県地球温暖化対策実行計画」
埼玉県環境科学国際センター（2008）「地球温暖化の埼玉県への影響」
田中充（2013）「日本における地域レベルの気候変動適応策に関する取組動向」イクレイジャパン日米セミナー資料
田中充・白井信雄（2013）『地方自治体における適応策の全体動向、気候変動「適応」社会コミュニティからの変革』技報堂
長崎県（2013）「長崎県地球温暖化対策実行計画」
長野県（2013）「長野県環境エネルギー戦略〜第三次長野県地球温暖化防止県民計画〜」

3-1-4 自治体の視点からの適応策の考え方

東京都環境科学研究所　**市橋　新**

　2013年11月のフィリピンを襲った台風30号、2012年の米国のハリケーンサンディと熱波、日本国内でも2013年10月の伊豆大島の土石流災害や2011年の紀伊半島豪雨、2010年、12年と続く猛暑等、記録的な異常気象が続いている。いままで異常気象を地球温暖化（以下、温暖化）と関係づけることに慎重であった科学者も「かつてないほどに異常気象の確率が高まっている。温暖化が原因である」（当時NASA気候学者 James Hansen）と警告している。いまや温暖化の影響は顕在化しつつあるといってよいだろう。

　一方、東京都においては「2020年までに東京の温室効果ガス排出量を2000年比で25％削減」を目標に掲げ、2010年4月からは温室効果ガスの総量削減義務化を他に先駆けてスタートさせるなど積極的にその対策を行ってきた。少しでも将来の影響を小さくするために、引き続き温室効果ガスの排出削減はきわめて重要であるが、すでに排出された温室効果ガスは今後も温暖化を進行させ、もはやその影響を避けられない状況にわれわれは直面している。

　いままで、温暖化対策といえば緩和策（温室効果ガスの排出量削減）と考えられてきたが、これからは緩和策とあわせて適応策（避けられない温暖化の影響への対策）についても検討していく必要がある。

　本稿では、自治体の視点から適応策について分析し、事例を交えて適応策立案手法やその過程にある課題について報告する。

1　自治体の視点からみた適応策

(1) 既存の対策と重なる適応策

　ほとんどの適応策はさまざまな気象現象に対する既存の対策と重なるものである。大雨や猛暑といった極端な気象現象が起こる気候リスクは現在も存在し、これに対して治水対策や熱中症対策等、すでにさまざまな対策が実施されている。

　しかし、すべての既存の対策、事業、施設は、「気候が長期にわたって一定である」という前提で立案されており、「気候が長期にわたって変化する」ということを考慮に入れていない。温暖化によって「気候が長期にわたって変化する」という新しいリスク「気候変化リスク」が出現した。この新しいリスクにどう対処するかということ

が、適応策の本質であり、また、既存の対策、事業、施設にとっては、考慮されるべき多くのリスク要因に気候変化リスクが新しくふえたということを意味する。

つまり、適応策は既存対策に気候変化リスクの考慮を新しく加えた対策といえる。したがって、気候変化リスクを考慮した結果が、既存の対策と変わらないことも十分にありえる。気候変化リスクが考慮されているか否かが適応策を特徴づけるポイントとなる。

(2) 気候変化リスクの把握

気候変化リスクは、極端な気象現象の発生確率と程度が知らない間に増大し、あるとき想定を超えた極端な気象現象を引き起こし、被害が発生するという点で大きなリスクとなる。

気候は、もともとある一定の振れ幅をもって暑い夏や寒い冬、大雨や少雨を繰り返す。図1に示すとおり、「長期にわたって気候が変化する」ということには、2つの変化があり、「気候変化のトレンドが少しずつ変化する」ことと「気象現象の振れ幅が変化する」ことがある。想定を超えた気象現象を事前に察知し対策を講じるために、観測を長期間実施してこれらの変化を把握することが必要である。気象庁や自治体ですでに実施している気候要素の観測を有効活用し、適応策の内容によってさらに観測を充実する必要がある。

加えて、インフラ整備等の計画から設計、施行まで準備に長期間を要する適応策の場合、気候の変化を観測がとらえた時点では対策が間に合わない可能性もあり、数十年先を予測して対策を立案する必要がある。直近の現象を察知するためには観測が有

図1 気候変化リスク

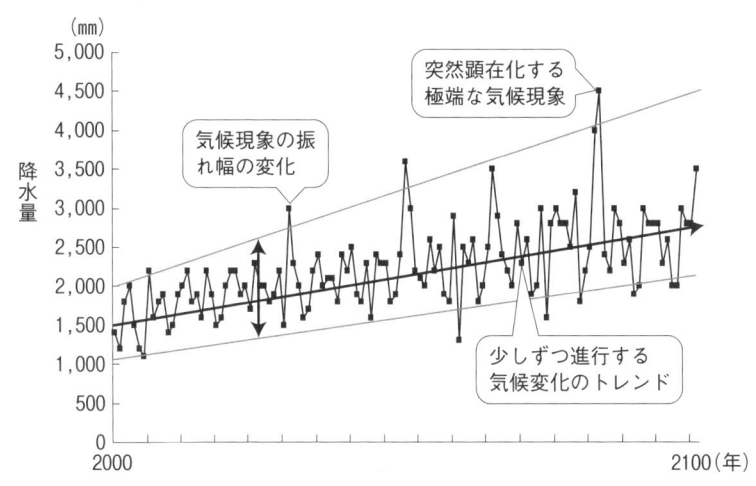

効であるが、長期の気候が現在のトレンドで続くとは限らず、これを予測するためには、コンピュータを使った気候モデルが欠かせない。

2 簡易なリスク検証の実施

本稿では、適応策は既存対策で考慮すべきリスク要因に気候変化リスクが加わったものという理解のうえに、検討の手始めとして、既存の事業や施設に対して気候変化リスクの簡易な検証を行うことを提案する。

(1) 簡易なリスク検証の流れ

まずは、①気候の影響を受けると考えられる所管の個別事業、施設を洗い出し、②温暖化のどのような要素が事業、施設にどのような影響を及ぼすか、③影響を受ける事業、施設の弱点はどこか、④起こりうる影響で許容できない影響は何かを考える。トンネル換気塔を例にとると、たとえば、「大雨が多少吹き込んでも問題はないが、氾濫が起き水深が1mを超えた場合、換気塔の通用口から浸水してトンネルが水没する可能性がある」という考察になる。さらに、⑤それを回避、解決するための対策は何があるか、⑥対策のコスト、効果、準備期間、耐用年数を考える。

上記例で、「通用口の扉を防水扉に交換することで氾濫水深が4mを超えるまでは水没を回避できる。予算措置から設置まで3年程度、コストはおおむね◯百万円程度、耐用年数は30年」となる。さらに、⑦対策が必要となる時期はいつかを考える。たとえば、「既往の洪水で浸水深が50㎝を超えたことはなく、現時点で浸水の確率が高いとはいえないが、トンネルが水没した場合、人的、物的被害、交通遮断による影響は甚大であり許容できないためコストをかけてもいま対策を行う」または、「当面、浸水深が1mを超えることは考えがたく、対策は実施しない。50㎝を超える浸水が起きた時点で気候変化のトレンドを確認して対策時期の検討を行う」などというかたちになる。

このように、気候変化リスクは少しずつ変化していくため、必ずしも直ちに対策が必要とは限らない。事前に選択肢を検討して、どのような状態になったら着手するかを決めておくことに意味がある。

(2) リスク検証のポイント

簡易なリスク検証を行ううえで2つのポイントがある。それは、①対策効果発現に要する時間、②予測の幅に対する対策効果の感度である。

図2で対策効果発現に要する時間が短い対策の場合、観測により気候変化状況を把握し必要に応じて対策を実施すればよい。たとえば、高温に対するエアコン設置の場合「8月の真夏日の日数が◯日を超えたら予算要求を行う」と決めておき、年に1回、気象庁のホームページで8月の真夏日の日数を確認する。前述した換気塔の例も

図2 対策効果発現に要する時間と予測の幅に対する対策効果の感度

多くの適応策がこの範疇にくると思われる → 意思決定のリスクの増加

施策効果発現に要する時間	短期	長期		
予測の幅に対する施策効果の感度	—	低	中	高
例	エアコン設置	緑化	耐暑性品種の改良	洪水インフラ
説明	・気候変動予測による長期の計画不要	・気温上昇が3℃でも5℃でも実施した分の効果はあがる ・緑化範囲もペースも途中で変更可能	・気温上昇が3℃程度なら適合する品種でも5℃だと不適合の可能性あり ・栽培地域を変更して活用できる。一般の品種よりは被害は少ない可能性あり	・設計値を超えると堤防の決壊等で機能しなくなる ・整備後の変更は困難 ・他地域への流用も不可能
意思決定	観測により気候変動状況を把握し、必要に応じて意思決定	予測の幅にかかわらず、効果をあげられるために意思決定は可能	予測の幅に施策効果が影響を受けるが、一定の効果は見込めるので意思決定のリスクは比較的低い	予測幅のなかで施策内容も変わり、値が少し変わると施策効果への影響も大きいため意思決定が困難

同様で、多くの適応策がこの範疇に入ると思われる。このタイプの適応策は気候変動予測によらずに計画・実施でき、意思決定も比較的容易である。

対策効果発現までに要する時間が長期の場合、気候変動予測を根拠として計画せざるをえず、気候変動予測は一定の不確実性が存在するため、予測の幅に対する対策効果の感度がポイントとなる。感度が低ければ不確実性の影響が少ないわけである。

たとえば、高温の改善効果をねらった緑化の場合、気温上昇が3℃でも5℃でも改善効果はあり、緑化範囲やペースを途中で変更することも容易であり、予測の幅に対する対策効果の感度は低いタイプといえる。

また、たとえば、高温に対する耐性、収穫量改善をねらった耐暑性品種改良の場合、気温上昇に対する感度は緑化に比較すると高いが、通常品種よりは収穫量への影響は少なく一定の効果はあると考えられる。さらに、栽培地域を変更して活用するなどの対応も可能であり、予測の幅に対する対策効果の感度は中程度といえる。

一方、堤防等のインフラの場合、整備に正確な数字を必要とし、設計値を超えると

決壊するなど機能しなくなる可能性があり、整備後の変更も容易ではない。予測の幅に対する対策効果の感度は高いといえる。

このように対策効果発現に要する時間が長く、予測の幅に対する対策効果の感度が高い適応策は、気候変動予測の不確実性の取扱いが大きな課題となる。

3 気候変動予測がもつ不確実性への対処法

(1) 気候変動予測の特徴

対策効果発現に長期間を要する適応策の場合、コンピュータを使った気候モデルによる長期の気候変動予測が欠かせないものとなる。

将来の気候は、社会がどのように発展し、温室効果ガスをどの程度排出するかに依存するが、100年後の社会の発展方向を正確に予測することは不可能である。そのため、気候変動予測は常に将来社会の発展状況の仮定に基づき予測が行われる。

図3は、気候変動に関する政府間パネル（IPCC）において、将来社会を想定して設定した温室効果ガスの排出量の仮定に従って、気候モデルにより計算した、世界の平均地上気温の上昇量である。仮定ごとに大きな幅があることが確認できる。また、1つの仮定の中心線の回りに薄く色づけられた幅が、複雑な気候システムをモデル化した気候モデル自体のばらつきである。研究が進めばこの薄く色づけされた幅は小さ

図3　世界の平均地上気温の上昇量

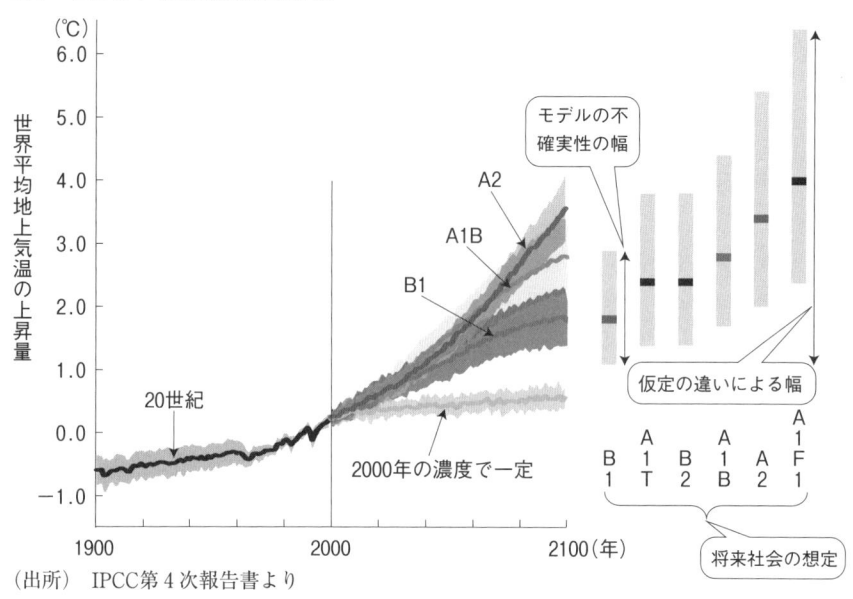

（出所）　IPCC第4次報告書より

くなるが、場合分けされた仮定による幅は永久になくならない。

　このことにより、対策効果発現に長い時間を要する適応策には、時間とともに変化する幅のある目標と幅のなかでの変動に対応可能な計画が求められることになる。そして、予測の幅に対する対策効果の感度が高く途中での変更がむずかしいインフラ等の適応策の計画においては、非常に困難な状況となる。

(2) 新しい計画手法

　いままでの計画は、たとえば、図4のように過去の降雨の状況から計画目標を特定値に設定していた。計画目標は一定で、時間の概念は建設期間と耐用年数のみであった。これは「気候が長期にわたって一定である」という前提に立った考え方である。しかし、図5のように「気候は長期にわたって変化する」今後は、特定値を計画目標とすることはできない。このため計画の方法を変えることが求められる。

　新しい計画手法では、計画目標を変化にあわせて特定の時点ごとに決める。効率的な対策の組合せを、気候の変化、対策効果、対策費用、耐用年数、維持管理費用等により決める必要がある。気候の変動ペースは、将来社会の仮定別に変わるため、たとえば、図6のように低炭素型社会と高炭素型社会の2つの線が引ける。そして、実際の気候の変化の線はこの間にくることが予想できる。この幅と変化する目標に対応できるように、複数の代替案の検討と段階的な事業実施を考慮に入れる必要がある。事前に対策を検討することで、意思決定の時期（対策効果を気候の変化が上回るP点から準備期間を考慮したS点）、観測の内容を明確化（縦軸の指標）することが可能と

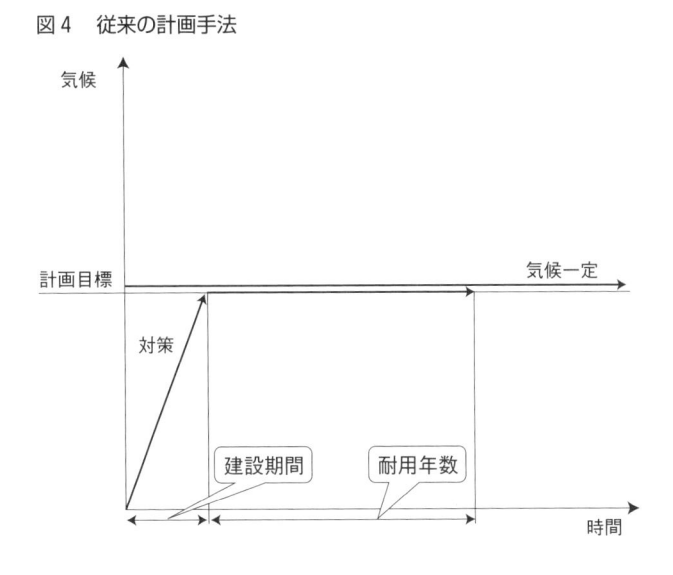

図4　従来の計画手法

図5　気候の変化による計画への影響

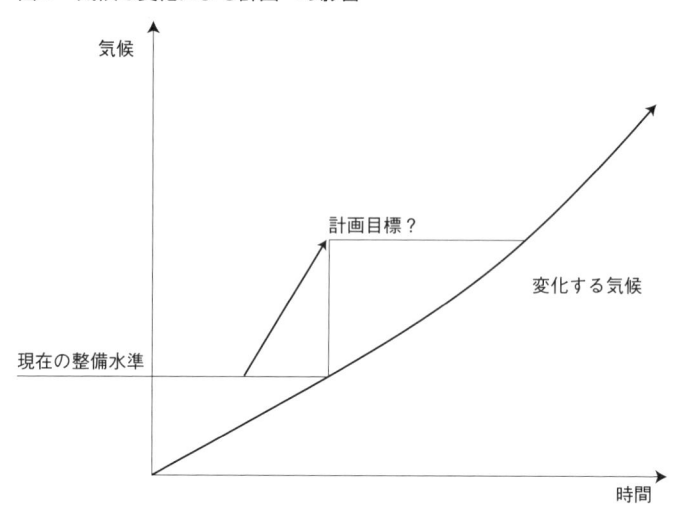

図6　新しい計画手法

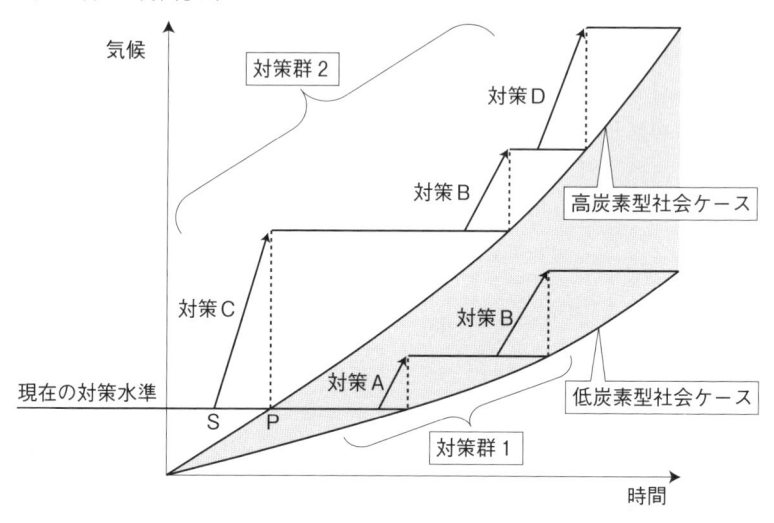

なる。

(3) 観測とあわせた計画の運用

　インフラ等の適応策は、整備レベル過小の場合、被害を生ずることとなり、過大の場合は過大投資を批判される。また、整備時期の決定にあたっても、早すぎれば維持管理費用や構造物の老朽化が問題となり、遅ければ被害が生ずるために困難な意思決

図7　観測とあわせた計画の運用例

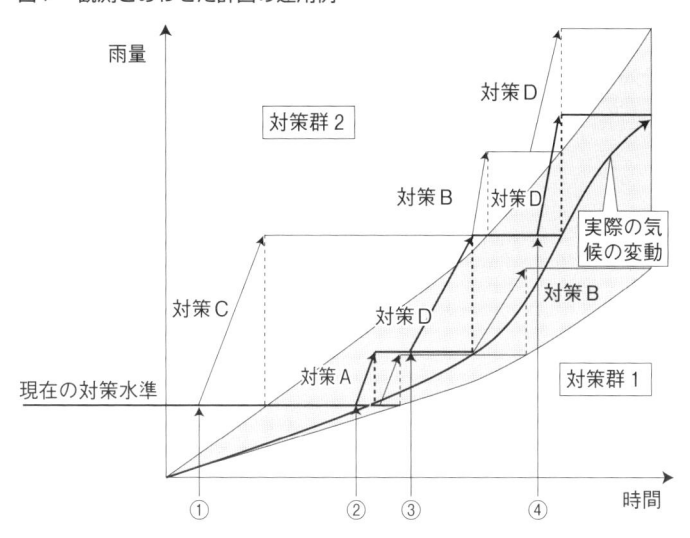

定を要求される。気候変動予測に加え、観測結果と組み合わせることにより、意思決定のリスクを減らすことが可能となる。

観測とあわせた計画の運用例を図7に示した。実際の気候が図に示す経路で変化したとすると、①の時点では観測結果から気候変化が低炭素型社会の予測に近く対策群2は選択せず、対策群1対策Aの実施時期を図ることとし、②の時点で気候変化の進行状況から対策Aの前倒し実施を決定する。③の時点では気候変化の進行が早まったことから対策Bのかわりに対策Dの実施を決定、④の時点では、さらに進行が早くなった気候変化に対応するため、対策Dを再度実施する。このように観測と組み合わせて計画を運用することにより的確な時期に的確な対策の選択が可能になる。

(4) 英国テムズ流域の洪水管理計画

このような計画の考え方は、英国環境庁によりすでにテムズ流域の洪水管理計画に取り入れられており、2010年から運用されている。本計画は、2010～69年のインフラ整備を含み、インフラ耐用年数を考慮に入れると実に2170年に及ぶ有効期間の計画である。高潮と河川氾濫の異なるタイプの洪水と幅のある気候変動予測結果に柔軟に対応できるよう複数の代替案が検討され、観測を併用した段階的意思決定が行われている。

4　適応策推進上の課題

(1) 温暖化対策をとりまく課題

　東日本大震災以降、地震やエネルギー供給のリスクが大きくクローズアップされた。これに伴い、温暖化に対する危機感の希薄化が課題の1つとなりつつある。温暖化のリスクはなくなったわけではなく、むしろますます大きくなりつつあると考えられる。地震やエネルギー供給と同様に気候変化のリスクを理解し、施策立案にあたっては、多くのリスク要因を総合的に考慮することが重要である。

(2) 施策形成における既存の課題

　適応策が対象とする範囲は非常に広く、関係者も多岐にわたる。また、分野横断的な対応が必要と考えられる。適応策の多くが既存施策と重なることから、縦割りの打破や意思決定の透明性等、施策形成にあたって従来からある課題は引き続き適応策の課題となりうる。

(3) 新しいリスクの特徴から発生する技術的課題

　上述した気候変動予測の不確実性の取扱いは大きな技術的課題の1つである。

　また、温暖化による未知の影響の連鎖の解明が必要である。米国で2012年の猛暑により原発が停止するという事故が起こったが、猛暑が原発に影響するとは多くの人が予想していなかった。夏場の電力需要のピーク時に発電所が影響を受けて十分に稼動できないということは社会にとって大きな脅威である。影響が出た理由は、河川・湖沼の水位低下による冷却水の取水不能、原水温度上昇による冷却能力低下、排水温度規定による冷却水の排水不能等であった。まだ経験のないこのような影響の連鎖が温暖化においては発生する可能性が高く、未知の影響を特定して対策を検討するというむずかしさがある。

　さらに、自治体が温暖化に配慮したインフラ計画を実施しようとしても、補助金の関係から国の設計指針や計画手引き等が適応策を考慮したものに変更されないと対応できないなどの課題もある。

　これらの課題は自治体だけで解決できるものではなく、国や他都市等の行政機関や、研究者や民間企業、都民等、さまざまなチャンネルでネットワークを活用し適応策の推進に向けて協働していく地道な努力が必要である。

〈参考文献〉

Environment Agency, Thames Estuary 2100 Technical Report, p. 268, April 2009

IPCC（気候変動に関する政府間パネル）、IPCC第4次報告書政策決定者向け要約、p. 53、2007年11月

3-1-5 長野県における適応策の取組経緯とモデルスタディ

法政大学　白井　信雄
長野県環境保全研究所　陸　斉

　長野県は、地域独自に気候変動の将来影響予測情報を収集・作成し、それをもとに適応策を検討した、日本で初めての県である。環境保全研究所を有し、同所が中心となって山岳生態系、農業、市民参加型モニタリング等、複数分野において適応策を検討するとともに、環境省の「温暖化影響評価・適応政策に関する総合的研究」（S－8研究）のモデル地域として、幅広く気候変動のリスク評価や適応策の検討を行ってきた。

1　長野県における適応策の検討経緯

　環境省S－8研究では、適応策を今後実行しようとする都道府県行政が、地域（都道府県）レベルで計算された分野ごとの気候変動影響予測情報を用いて、初めて適応策を立案する場合の支援策を想定している。予測情報の提供のされ方はどうあるべきか、またそれらの情報を行政がどう利用し、地域社会の生活や財産を守るために何をすべきか、適応策を効率よく実施するためにはどこから着手したらよいか等、予測情報を適応策につなげるために解決しなければならない課題は多々ある。これら諸課題を解決し、すべての都道府県が適応策を早期に実行することができるようにするための方法を開発することが、S－8研究の地域班（研究リーダー：田中充法政大学教授）に求められている。

　長野県環境保全研究所（以下、研究所）はS－8研究の地域班に参加し、2010年から、長野県行政の気候変動適応策を促進するための研究事業を開始した。

　地球温暖化の長野県内への影響を把握する体制構築のために、研究所では2003年からプロジェクトを立ち上げ、主に山岳地域の気象観測と動植物の生態調査、ならびに市民参加モニタリングの手法開発を進めてきた[1]。これらの成果をベースに、S－8研究のなかで長野県が担当する部分を、県の「信州クールアース推進調査研究事業」として、長野県環境基本計画に基づき位置づけた。同事業では、山岳気象観測と県内

1　長野県環境保全研究所（2008）「研究プロジェクト成果報告6　長野県における地球温暖化現象の実態に関する調査研究報告書」

気象予測、山岳地域での動植物の生態調査と気候変動影響予測、市民参加による県内への気候変動影響モニタリングの仕組み構築と運営、県行政の各部局の協力による適応策立案手法の検討を行ってきた。ここでは最後の適応策立案手法の検討経緯と成果について紹介したい。

研究所では、適応策の立案までの流れとして以下の6段階を想定した。
① 研究所から気候変動とその影響予測情報（分野ごと）を関係課へ提示
② 担当部局ごとに被害想定や機会の利用について検討
③ 各課の検討・要望に基づき追加的予測情報を研究所から提示
④ ③までの検討結果をもとに適応策立案ガイドラインを作成
⑤ 条例と地域計画への位置づけ（またはその検討）
⑥ 各課が適応策を立案し実施（またはその検討）

そして、⑥まで実施することよりはむしろ、適応策の導入にとって重要な、最初の段階となる①〜③の検討のなかで明らかになる課題を把握し、その対応方法をまとめ、他の都道府県用に作成する適応策ガイドラインに反映させることを重視した（④）。また、条例と計画に位置づけるための検討会へ情報提供を行った（⑤）。

上記①の前にまず、気候変動適応策とは何かを理解してもらう必要があった。そこで、気候変動適応に関する基本的な情報を共有するために、防災・農業・健康・観光・自然等の関係部局の担当職員の勉強会を開催した。そして、勉強会後に関係部局からなる適応策検討会を県庁内に立ち上げた（2011年1月）。

検討会では、S-8研究の予測班から提供された分野ごとの科学的な予測情報を、研究所から対応する各課へ示し（①、表1）、今後どうすべきかの検討を各課に任せた（②）。また同時に、適応検討に共通する課題や、分野を超えて共有すべき情報が何かを検討した。

検討会は、2011年1月と6月に2回開催した後、県の温暖化対策部局（環境部温暖

表1　検討会に提供した気候変動およびその影響予測情報

提供した気候変動およびその影響予測情報（長野県域）	・気温上昇量（長野県を囲む領域と日本全域） ・最大積雪深 ・日降雨極値・斜面崩壊発生確率・斜面災害に伴う土砂生産量の分布 ・斜面崩壊発生確率（都道府県別） ・デング熱媒介蚊「ネッタイシマカ」の分布可能域 ・感染症媒介蚊「ヒトスジシマカ」の分布可能域 ・健康への影響（熱ストレス死亡リスク） ・森林への影響（ブナ林分布適域） ・マツ枯れ危険域の予測 ・リンゴ栽培適地の将来予測

化対策課）が主催する温暖化対策再構築事業の適応部門タスクフォースに場を移し、11月と2012年1月の2回開催した。これらの検討結果は、地球温暖化対策戦略検討会提言書（3月）にまとめられた[2]。その後、県環境審議会地球温暖化対策専門委員会の最終報告書「長野県環境エネルギー戦略～第三次長野県地球温暖化防止県民計画～」（2013年1月）をもとに、県民計画のなかに適応策パッケージとして「地球温暖化影響を把握・予測」「地球温暖化影響への適応策を進める」という2つの施策が位置づけられた。

2　長野県環境保全研究所における関連研究

　現在、研究所において「適応策を進める」ために気候変動影響を研究している分野は、山岳地域の動植物保全、農業である。また、「地球温暖化の影響把握」と各主体の適応への参加を促すことを目的に、市民参加による県内への気候変動影響モニタリングの仕組み構築と運営を行っている。

(1) 山岳地域の動植物保全

　長野県は、標高3,000m級の山岳域を多く抱えており、森林限界付近の高標高域に多数生息・生育する希少動植物の保全のためには気候変動影響を考慮する必要がある。

　たとえば、世界の分布南限域たる長野県に生息するライチョウの保全のためには、気候変動が県内のライチョウに与える影響を予測する必要がある。研究所が森林総合研究所と共同で行っている予測では、ライチョウの生息適域は今世紀末には大きく減少するとの結果であり、保護区のあり方を再構築する必要がある。その一案としては、100年後も生息が維持されると予測されたエリアは、重要保護区等に指定したうえで、適域から外れると予測されたエリアではモニタリングを継続することが考えられる。また並行して、モニタリングに基づく予測モデルの改良も必要だろう。

(2) 農業分野における適応策研究

　すでに影響が出始めている農業分野での適応のために、農政部では今回の検討会よりも前に「温暖化プロジェクト」を独自に立ち上げ、対策を検討していた。そのため、研究所から提供した気候予測（国立環境研究所提供）、果樹やコメへの影響予測（農業環境技術研究所等提供）が、優先するべき行政課題とマッチし、検討会以降に

2　地球温暖化対策戦略検討会提言書（2012年3月）では、適応策オプションとして「地球温暖化の状況や影響を把握する政策（モニタリング体制の構築、温暖化影響予測・評価の精度向上）」「地球温暖化に適応するための手法や技術を開発する政策（対策立案手法の開発と適応策の検討、対策技術の研究開発）」「地球温暖化に適応するための対策を促進する政策（リスクコミュニケーション）」の3つを記載。

農業試験場を窓口とした研究所と農政部との情報検討・共有の取組みが進みつつある。

農政部との取組みは、事前に想定した1①〜③である。しかし、詳細にみてみると、「研究所から一方的に提供した予測情報（表1）はそのままでは農業施策に使えない」「使える情報を作成するためには双方の担当レベルの踏み込んだ話合いや、各組織内での手続を並行して進めることが必要」「農協等外部のステークホルダーのかかわりが重要」等いくつかの課題がみえ始めた。今後、派生する課題を解決していきながら共同研究を進め、成果を積み上げることが大切だろう。

(3) 市民参加型モニタリングの実践

予測科学を利用した気候変動適応には、予測の不確実性をカバーするためのモニタリング情報が不可欠である。適応策では、地域ごとにモニタリング情報を利用する体制をつくるとともに、適応する主体自らがモニタリングにかかわることで、日常的に気候変動への感度を高くすることが重要になる。

そのための市民参加の仕組みとして「信州・温暖化ウオッチャーズ」を立ち上げた。気候変動の影響を受けやすく、間違えにくい生物を対象としており、参加者がそれぞれウェブ上の地図に観察情報を書き込むと、それらは直ちに公開される。参加者はまだ100人ほどだが、今後は参加者の数や層の拡大に努め、欧米で野鳥等を対象に取り組まれている市民科学に比肩しうる仕組みを目指したい。

3 長野県における気候変動の影響と適応策の検討課題（モデルスタディ）

法政大学では、地方自治体と意見交換をしながら、「適応策ガイドライン〜地方公共団体の適応策検討における成果目標と検討手順」を作成している。このガイドラインは、気候変動適応の基本的考え方を示すとともに、気候変動適応の方向性に関する検討会（2010）が示した適応策の検討手順をふまえ、地方自治体が利用可能なように、具体化や新たな手法の開発を行った結果を盛り込んだものである。

ガイドラインVER. 2案（2013）において重視した「追加的適応策」の具体化に関しては、長野県での取組みをモデルスタディとして扱い、検討を行った。

(1) 追加的適応策の考え方

追加的適応策の視点として、2つが重要である。

第一は、長期的な気候変動の影響への予防という視点である。中・長期的な気候変動の影響については、これまで十分な知見がなかったこと、あるいは影響予想の結果の不確実性が高かったことから、十分に検討されてこなかった。S−8の研究成果である将来予測結果に基づき、中・長期的な気候変動の影響への「予防」を考えることができる。この「予防」においては、影響予測の不確実性が高いことから、さまざま

図1 「追加的適応策」の考え方

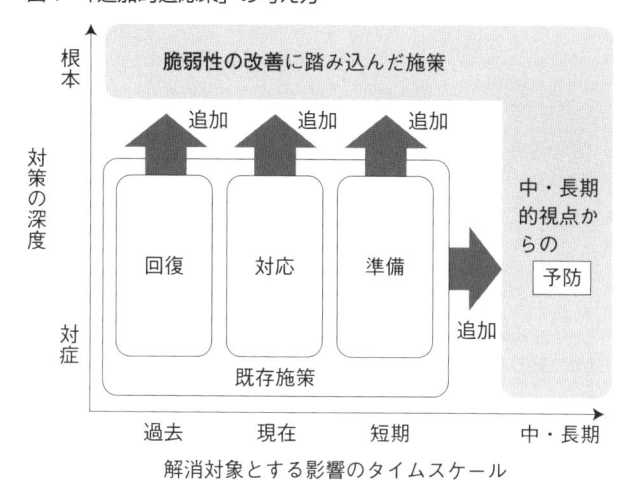

[図：対策の深度（根本〜対症）を縦軸、解消対象とする影響のタイムスケール（過去・現在・短期・中・長期）を横軸とし、既存施策（回復・対応・準備）に「追加」して脆弱性の改善に踏み込んだ施策、および中・長期的視点からの予防を示す概念図]

な影響を想定し、状況に応じて対策を選定していく「順応型管理」の考え方による対策が必要となる。

　第二は、脆弱性の根本的改善に踏み込んで、既存の適応策を強化するという視点である。気候変動の影響は、脆弱性の要素（気候外力と感受性、適応能力）によって決まる。このうち、感受性に関する根本的な要因に対する改善策は十分に実施されていないと考えられる。「感受性」は、地域社会における潜在的または内在的な影響の受けやすさを意味し、その要因としては、生物・物理的要因（自然条件・自然状態、土地利用、人工施設・基盤）、社会経済的要因（活動様式・社会関係資本、社会経済構造）がある。

(2) 長野県における追加的適応策の検討課題

　長野県における「追加的適応策」の検討結果の要点を示す（表2参照）。なお、この結果は、長野県行政内部で合意を得た内容ではなく、法政大学が研究としてあるべき考察を行った結果であり、注意が必要である。

・現在影響の状況では、農業分野での水稲、果樹、高原野菜等への影響、熱中症患者数の増加等が顕著であり、気候変動との関係が明確ではない鳥獣被害等もあるが、全体としては高温化に伴う影響は顕在化している。水環境・水資源、水災害等は被害の顕在化傾向は明らかではない。S−8研究の成果に基づく、将来影響予測では、すべての分野において、影響の進行が予測される。

・現在、気候被害が発生している農業、森林・自然生態系、熱中症の分野で対策が進められている。このうち、農業分野では気候変動への適応策という位置づけが明示

表2　モデル地域における追加的適応策の導出結果（要点）

影響分野	影響評価 現在・短期的リスク	影響評価 中長期的リスク	既存施策の実施状況	追加的適応策の検討課題・方向
農業	水稲、果樹、高原野菜等へ影響あり	コメの収量は増加、リンゴの生息適地の移動が予測される	農業試験場を中心に技術開発が実施されている	開発した適応技術の普及のための施策の創出、長期予測に基づく対策の検討等が課題となる
水資源	特に観測データなし	懸濁物質の増加が予測される	特になし	気候変動の影響評価から実施する必要がある
水災害	被害の増加傾向は明確ではない	斜面崩壊のリスクが増加する	洪水、土砂対策が進められている	将来影響予測に基づく追加的適応策や適応能力、感受性の改善等の視点から適応策を検討する
森林・自然生態系	松くい虫、鳥獣被害が懸念される状況である	ブナ等の生育適域の減少が予測される	影響の研究は進めているが、適応策は検討中	将来影響の予測結果をもとに、自然保護区見直し等の長期的施策を具体化する
健康	熱中症患者数が増加傾向にある	患者数の増加が予想される	情報提供が中心	高齢者単独世帯への支援や近隣の互助等による熱中症対策を検討する

されている。森林・自然生態系分野では、県生物多様性戦略において、気候変動の危機を位置づけているが、適応策を具体的に示しているわけではない。
・現在発生している気候被害に対する対策は、農業分野では高温耐性の水稲の開発等の技術開発、水災害分野では災害体験集の製作、土砂災害危険度等の情報を発信するWEBサイト、河川水位に関する情報提供等を中心に行われている。森林・自然生態系ではモニタリングや将来影響予測の検討、熱中症では予防対策や対応処置にする情報提供が中心である。脆弱性の根本改善に関する施策や長期的な影響予測等に基づく施策は、まだ十分に実施されてはいない。

4　長野県および全国各地の先行地域における適応策普及のために

2に示した長野県における適応策実装の取組みからは、「行政が現在の仕事をしながら、その前提となる気候安定を気候変動に変更する余裕がない」「適応が早急に必要との切迫感がない」「分野ごとの県内の適応の動きをどこも把握できていない」「予測情報の不確実性を扱えない」「すでに実施している気候被害の対策以外に何を実施すればいいのかわからない」等、気候変動への対応が、長野県の行政課題になってい

るとはいえない実態が明らかになった。東京都や埼玉県等の適応策の先行地域の状況も、長野県とほぼ同様であり、適応策の実装にはまだ障害がつきものといえる。

　地球温暖化対策部局あるいは適応策関連部局が、「気候変動適応をいまの仕事と関係づけ、中長期的な将来への対応がいまの仕事でもあることを理解する」「気候が今後数十年から100年間は変動することをあらゆる施策の前提とする」「気候変動対策＝温室効果ガス発生抑制という固定観念を変える」等の方向転換が必要となる。このためには、3に示したように、行政内で、追加的適応策の基本的考え方を共有し、適応策への取組方針を共有する学習プロセスを設けることが必要となる。

　また、国の適応戦略において、地方自治体の役割や検討の方向性等を明示し、地方自治体が適応策に取り組む正当性を確保することが求められる。

〈参考文献〉
法政大学（2013）「適応策ガイドラインVER. 2～地方公共団体の適応策検討における成果目標と検討手順」

第2節　企業による取組み

3-2-1　企業による取組み

損保ジャパン日本興亜リスクマネジメント　横山　天宗

　近年、気候変動がもたらす異常気象の増加等を受け、多くの企業が、気候変動がもたらすリスクや機会について、認識し始めている。ここでは、そうした企業の気候変動リスクやチャンスに対する認識や、適応への取組みの状況についてみていく。

1　企業による気候変動リスクの認識

　ロンドンに事務局を置く国際NGO「カーボン・ディスクロージャー・プロジェクト（CDP：Carbon Disclosure Project）」は、世界の主要企業に気候変動リスクに関する質問書を送付し、気候変動がもたらす企業のリスクとチャンスに関する情報を公表している。

　CDPでは、2003年に調査を開始して以来、毎年調査を行っており、2012年のCDPの質問書には、日本企業233社が回答している。2012年の質問書では、「気候変動管理」「リスクと機会」「排出量」に関して回答を求めているが、199社（93％）が企業の事業戦略のなかで気候変動を考慮していると回答しており、多くの企業が、気候変動がもたらすリスクや機会について、認識している。

　たとえば、ソニーの場合、気候変動がもたらす異常気象の増加による、事業所や物流、サプライチェーンへの影響を懸念している。

　「頻繁な異常気象（たとえば洪水、強風、気温パターンの変化、海面上昇など）や天然資源の不足といった物理的リスクは、当社のサプライチェーンに大きな影響をもつ可能性があり、その結果、部品や資材、エネルギー供給が減少する可能性もあります。これは私たちの生産性に重大な影響を与えます。ソニーが運営する事業所（工場やオフィス）が異常気象や物資供給の不足により影響を受けます。商品や物資の輸送も影響を受けます。生産拠点や取引先の多くは中国や東南アジア（たとえばマレーシア、インドネシア、タイ、シンガポール）にあり、気候変動による低気圧や海面上昇が起きる可能性が高まっています」

　また、主に漢方薬を製造しているツムラの場合、気候の変化に伴う原料の調達への影響を懸念している。

「医療用漢方製剤の原料は、天候の影響を直接受ける天然産物の生薬です。原料生薬の約80％を中国から調達しており、一部の原料生薬には野生品を使用しています。気候の変化に伴う原料生薬の生育条件・収量の変化、生薬価格の高騰は、今後とも医療用漢方製剤の増産が見込まれる当社にとって、必要な原料確保が困難となり、医薬品の安定供給に影響を与える可能性があります」

このように、気候変動は、さまざまな側面から企業にリスクをもたらす。損保ジャパン日本興亜リスクマネジメントが、エコファンド「ぶなの森1」等の投資信託の投資先選定材料として、上場企業に対して毎年行っている環境アンケートによると、多くの企業が、自然災害の増大、水資源の減少、生物資源・食料資源の減少による原材料調達への影響、従業員の健康への影響、異常気象・気象変化による売上機会の損失を懸念している。

図1に示しているように、「豪雨・洪水等の自然災害の増大による事業活動やサプライチェーンへの影響」に関していうと、2011年にタイで大洪水が発生した際には、サプライチェーンの上流から下流まで、多数の企業が影響を受けた。気候変動により

図1　事業活動に影響を及ぼす可能性のある気候変動関連のリスク[2]

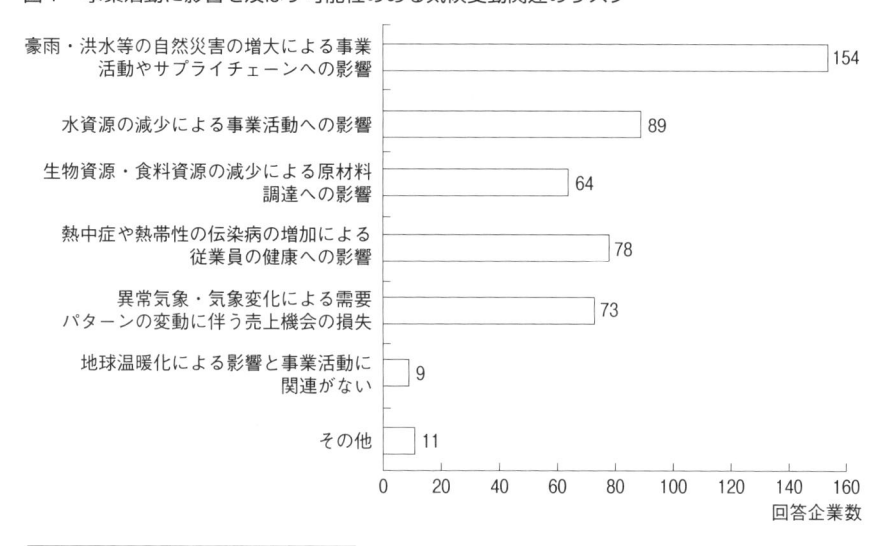

リスク項目	回答企業数
豪雨・洪水等の自然災害の増大による事業活動やサプライチェーンへの影響	154
水資源の減少による事業活動への影響	89
生物資源・食料資源の減少による原材料調達への影響	64
熱中症や熱帯性の伝染病の増加による従業員の健康への影響	78
異常気象・気象変化による需要パターンの変動に伴う売上機会の損失	73
地球温暖化による影響と事業活動に関連がない	9
その他	11

1　ぶなの森：NKSJグループが開発・販売している環境問題に積極的に取り組む企業の株式に投資する投資信託商品（エコファンド）。1999年9月に販売を開始した。「環境問題に積極的に取り組む企業の企業価値は中長期的に上昇していく」との視点から「環境問題への取組度合い」と「投資価値分析による割安度」の双方の評価が高い企業の株式に投資するファンドである。
2　損保ジャパン日本興亜リスクマネジメント「ぶなの森環境アンケート2012」

増大すると予測されている豪雨や洪水、台風等の自然災害は、工場や店舗、事務所等の施設や、トラック、鉄道、飛行機、船舶等による物流、電気やガス、水等の社会インフラに対して、大きな被害をもたらす。また、こうした自然災害は、融資先や投資先の企業の業績へ影響を及ぼし、保険金支払額の増大を招くため、銀行、証券、保険といった金融業界にとっても大きな脅威といえる。ほかにも、原材料や製品の輸送のしやすさの観点から、沿岸部に工場やプラントを設置している企業は多いが、将来的に気候変動により海面上昇が現実化した場合、高潮等による自然災害リスクが高くなると予測されている。

　「水資源の減少による事業活動への影響」に関して、気候変動による水資源の減少は、原料に水を使用する飲料・食品関連の企業以外でも、生産工程で水利用が重要な要素となる半導体産業や製紙産業等の幅広い業種に影響を与える可能性がある。グローバル化が進み、海外での生産活動が加速しているなか、特に中国をはじめとするアジア地域では、水質汚染が深刻な社会問題となっており、気候変動により、さらに状況が悪化する可能性が高い。日本は水資源が豊富なため、水問題に対する認識は遅れているが、海外では、年金基金等の機関投資家が、水資源が企業業績に与える影響に関して高い関心をもっている。

　「生物資源・食料資源の減少による原材料調達への影響」に関してだが、自然生態系の変化により影響を受ける企業として、食品産業や、パルプ等の木材資源を利用する製紙産業、原材料を調達する商社、観光産業等があげられる。たとえば、気候変動による農作物の収量や品質の低下、栽培適地の変化等といった現象は、すでに日本においても数多くの事例が確認されている。また、気候変動の影響とみられる異常気象の増大により、海外からの原料調達リスクが高まっている。2012年、米国で記録的な暑さが続き、大干ばつが発生した結果、トウモロコシ生産地帯である「コーンベルト」をはじめ、全国各地で甚大な被害が発生し、シカゴのトウモロコシや大豆の相場価格が過去最高となった。

　「熱中症や熱帯性の伝染病の増加による従業員の健康への影響」についていうと、気候変動による影響として、熱波や熱中症による死亡リスクの増加、熱帯性の感染症の増加等があげられる。日本においては、1990年以降、熱中症の患者数が増大しており、特に2007年は多くの都市で過去最高の患者数を記録し、東京都および17政令市合計では5,000人を超える患者が報告された。こうした状況をふまえ、屋外で活動する作業員が多い建設会社等では、清涼感のある作業着の開発や休憩時間の拡大といった熱中症対策に力を入れている。また、気候変動により、従来日本には生息していなかった害虫が上陸する、害虫の活動期間が従前よりのびる、といった影響が出始めている。そのため殺虫剤メーカーは、南方の害虫の駆除剤の開発に積極的に取り組むと

同時に、殺虫剤の販売計画を夏から春へ前倒ししている。

最後に「異常気象・気象変化による需要パターンの変動に伴う売上機会の損失」に関してだが、高温時期の長期化や暖冬による売上げへの影響、季節感の消失や自然景観の変化による観光業への影響等があげられる。衣料品の販売現場では、清涼感を得やすい衣料用品への人気がまし、9月になっても秋物商品の売上げが不振となっている。また暖冬になると、家電量販店の暖房器具の売上げの減少や、暖房のための電気・ガス等の需要減少を招く。ほかにも、雪不足等によるウインタースポーツへの影響も確認されている。日本のスキー場では、気温が3℃上昇すると、北海道と標高の高い中部地方以外では、大半のスキー場で利用客が30％以上減少するという予測例がある。このように、気候変動は、企業の売上げを左右する大きな要因になりつつある。

ここまでみてきたように、気候変動はさまざまな側面から企業のリスクを増大させるが、その一方で、気候変動による影響を、事業チャンスととらえている企業も存在する。たとえば、パナソニックの場合、災害時に必要とされる電池機器や蓄エネルギー商品の需要が今後増大する可能性があると認識している。

「気候変動による洪水等の災害が多数発生した場合、電池、ラジオ、懐中電灯、乾電池、ソーラーLEDランタン等の電池機器や蓄エネルギー商品の需要が高まるであろう。当社は事業活動の一部としてこれらの商品を製造・販売しており、より寿命の長い電池ときわめて有用な電池機器の売上げが増加した場合、当社の事業活動にとってプラスの財務上の影響があると考えられる。当社はリチウムイオン蓄電池システムのような蓄エネルギー商品や、エネルギーを生成しかつエネルギー損失が低い太陽光発電システムのような創エネルギー商品に注力しているため、このような変化は特に当社に多大な機会を与える。また、エネルギーを貯蔵して必要時に供給する商品は災害時に有用である」

気候変動はリスクを増大させる一方で、新たなチャンスを生み出すといえる。そのため、リスクに受動的に対応するのみならず、チャンスを含めて積極的に適応を進めていくことが重要である。

2　企業による適応への取組状況

ここまで気候変動による事業活動のリスクとチャンスについてみてきたが、多くの企業が気候変動の影響を考慮し始めている一方で、具体的な取組みはそれほど進めていない状況である。

「ぶなの森」環境アンケートの結果によると、図2で示したとおり、大半の企業が「環境方針やCSR重点課題等での「適応」への言及」のレベルにとどまっており、具

図2　気候変動への適応に関する取組み

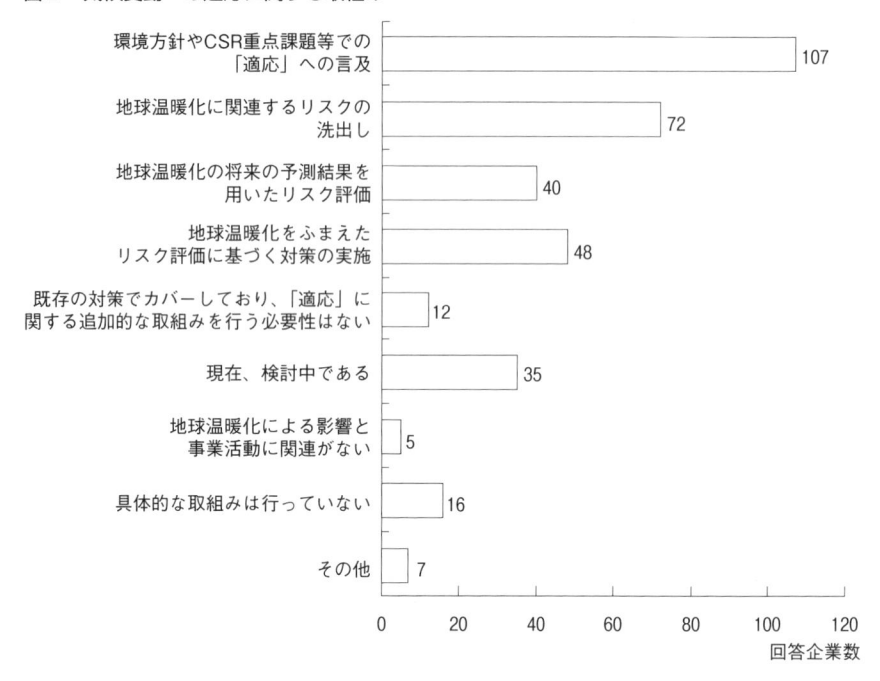

項目	回答企業数
環境方針やCSR重点課題等での「適応」への言及	107
地球温暖化に関連するリスクの洗出し	72
地球温暖化の将来の予測結果を用いたリスク評価	40
地球温暖化をふまえたリスク評価に基づく対策の実施	48
既存の対策でカバーしており、「適応」に関する追加的な取組みを行う必要性はない	12
現在、検討中である	35
地球温暖化による影響と事業活動に関連がない	5
具体的な取組みは行っていない	16
その他	7

体的な対策に着手できていない状況である。

しかし、一部の先進的な企業では、気候変動を考慮したリスクの洗出しやリスク評価、リスク対策に取り組んでいる。

(1)　NECグループの取組み

NECグループでは、今後起こりうる事象を想定した適応策の検討を2005年度から開始しており、以下の4つのステップで適応策を検討[3]している。

① 地球温暖化による影響調査

温暖化の影響で想定されるさまざまな事象（自然災害や生活に影響を及ぼす環境変化）についてはさまざまな研究機関で研究されている。それらの情報をもとにいつ頃、どのような事象が起こるか時系列／規模・範囲別等に整理する。

② リスク／市場ニーズ分析

①の調査結果に沿って、NECグループにとって、いつ頃、どのようなリスク／市場ニーズがあるのかを洗い出し、それぞれ発生の可能性とインパクトから対応を考えるうえでの優先順位を明らかにする。

3　NECホームページ（http://jpn.nec.com/eco/ja/issue/warming/adaptation/）

表1　リスク／市場ニーズ分析

現象／予測	リスク	適応	
		対策	チャンス
水害の増加	・ビジネスの維持・継続（サプライチェーンなど）	・危険度リスクの見極め。新規立地の場合には、この点を考慮 ・既存の施設にあっては、移転の検討	災害に強いPC・通信機器へのニーズ
温室効果ガス排出規制	・ビジネス規模の制限 ・排出量制限 ・炭素税導入 ・IT機器類に対する消費電力の急速かつ大幅な規制強化	規制強化の程度やテンポについての国内外の情報収集・分析。早め早めの技術開発	・新たなビジネスモデル／ワークスタイルのニーズ ・排出管理ソリューションの拡大 ・超省エネ技術ニーズ
温室効果ガスの増加	・化石燃料の使用規制 ・原材料の見直し、設計見直し		・バイオプラ原料ニーズ ・リユースビジネスの拡大
水不足	・生産活動での水使用の制限 ・水使用にかかわるコストの増大		
災害の増加	保険料の増加	・異常気象対策担当者の設置 ・防災意識の向上や対応体制の検討と強化	災害に強いPC・通信機器へのニーズ

③　具体的な適応策の検討

②のリスク／市場ニーズのなかから、可能性が高く、インパクトの大きいものについて具体的な対応施策を検討する。

④　体制整備／適応策の継続的見直し

①〜③を継続的に実施し、施策を見直すための仕組み（体制、ルール）を整備する。

そのうえで、たとえば災害の増加に関して、異常気象対策担当者の設置や、防災犯意識の向上や対応体制の検討と強化を進める一方、災害に強いPC・通信機器へのニーズをチャンスとして認識している。

(2)　トラベラーズの取組み

トラベラーズ（Travelers Companies）は、個人や事業者の損害および不慮の事故

第3章　実践面からのアプローチ　159

に係る保険を提供する、米国の大手保険会社の1つである。

同社は、顧客ニーズや財務の健全性の観点から、以前より、変化する気象状況に留意していたが、2004年と2005年に発生した大西洋の大型のハリケーンによる被害を受け、気候変動リスクへのより統合的なアプローチが必要と判断した。

同社では、専門メンバーによるワーキンググループを組成し、ワーキンググループにおける検討をもとに、異常気象によるリスクにさらされる割合（エクスポージャー）の低減を目指した取組みを進めている。同社の気候変動への適応の取組みには、以下の内容があげられる。

① 沿岸部での契約条件の見直し

沿岸部は、自然災害の影響を受けやすく、内陸部よりリスクが高いといえる。そのため、沿岸部の保険契約者の責任分担を拡大するかたちで、契約条件を見直している。これにより、沿岸部の保険契約者は、損失の防止や適応のアクションの実施に向け、大きなインセンティブをもつようになる。

② 自然災害リスク評価モデル

同社をはじめとする保険会社は、災害による損失評価額の予測のために、自然災害リスク評価モデルを活用している。今後、より頻繁で激甚なハリケーンの発生や、沿岸部開発の進展、異常事象後の被災資産の修復コストの上昇等が予想されることから、従前よりも厳しい気象シナリオに基づき、損失評価額の予測を行っている。

③ リスクコントロールサービスの提供

同社のリスクコントロールサービスグループでは、幅広いリスク軽減や適応技術に関する支援を行っている。これには、建築規制や基準のモニタリング、災害準備計画の支援、事業継続の訓練実施等が含まれる。

④ 価格づけ（pricing）の再設計

被保険者に対する保険料率の価格づけの際には、建物の建築年次、建築構造、損失防止への努力等の要素を考慮することが一般的である。同社は、異常気象に強い建物の普及に向け、シャッター設置や屋根の強化等、ハリケーンに強い建築設備を設置した保険契約者にインセンティブを付与するよう、保険商品の改定やプロモーションを行っている。

⑤ 地域コミュニティや政府への働きかけ

同社は、災害への意識啓発や準備奨励を目指し、地域コミュニティや政府へ積極的に働きかけている。特に、損失の事前防止による長期的な利益について、政府に情報提供することに取り組んでいる。なお、損失の事前防止には、より厳しい建築基準の設定、強化された土地利用計画の策定、ハリケーンへの準備等の施策が含まれる。

このように、気象リスクが増加しつつあるなか、同社は継続的に気象リスクをモニ

ター・分析し、適切な保険商品やサービスを提供できるよう努めている。

3 企業が適応を進めるうえでの課題

　気候変動への適応の取組みを進めるうえでの課題について、「ぶなの森」環境アンケートへの回答では、図3に示すとおり、「情報やノウハウ、知見が不足している」「何をすればよいかわからない」「予算やマンパワーが不足している」といった点があげられている。

　気候変動の「緩和」であるCO_2削減対策については、トップをはじめ従業員や取引先からの理解は得られている一方、気候変動への「適応」については、どのような影響がどの程度起こるのかに関して情報が不足しており、認識が深まっていないのが現状である。そのため、どういった対策を行えばよいのか理解が進まず、予算やマンパワーの確保が困難となっている。また、気候変動の将来の影響予測に不確実性が伴うなか、どの程度の費用で対策を実施するかの判断がむずかしく、取組みに二の足を踏んでいる企業が多いといえる。企業の現場からは「気候変動の予測は数十年単位で行われているが、企業の事業計画は3～5年程度で、タイムスケールがあわない」「気候変動リスクは、企業をとりまくさまざまなリスクの1つにすぎず、事業への影響度

図3　気候変動への適応の取組みを進めるうえでの課題

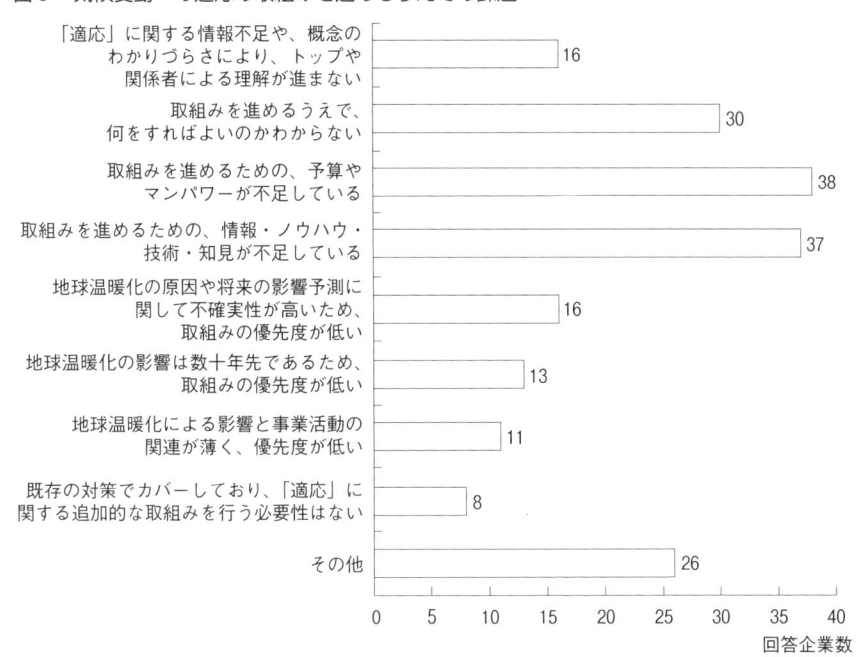

課題	回答企業数
「適応」に関する情報不足や、概念のわかりづらさにより、トップや関係者による理解が進まない	16
取組みを進めるうえで、何をすればよいのかわからない	30
取組みを進めるための、予算やマンパワーが不足している	38
取組みを進めるための、情報・ノウハウ・技術・知見が不足している	37
地球温暖化の原因や将来の影響予測に関して不確実性が高いため、取組みの優先度が低い	16
地球温暖化の影響は数十年先であるため、取組みの優先度が低い	13
地球温暖化による影響と事業活動の関連が薄く、優先度が低い	11
既存の対策でカバーしており、「適応」に関する追加的な取組みを行う必要性はない	8
その他	26

合いが不確かである」といった意見があがっており、企業による適応はなかなか進んでいないといえる。

　しかしながら、一部の先進的な企業では、気候変動への適応を積極的に進めている。また大半の企業では、自然災害対策や調達リスク低減等のリスクマネジメントの取組みを進めているが、そうした取組みは、気候変動への適応ととらえることができる。

　そのため、製造セクターや食品・農林セクター、建設・運輸セクター等、さまざまなセクターにおける先進的な取組みについて、以降で触れていく。

3-2-2 製造セクターの取組み――日産自動車におけるリスクマネジメントの取組みと自然災害への適応事例

日産自動車　菅原　正

1 気候変動と製造セクター

　気候変動は、自然災害の増大、水資源の減少、生物資源・食料資源の減少による原材料調達への影響、従業員の健康への影響、異常気象・気象変化による売上機会の損失等、さまざまな影響を製造セクターにもたらす可能性がある。

　特に、東日本大震災やタイ大洪水で明らかになったように、自然災害は事業所の運営やサプライチェーンに大きな影響を与える。そのため本稿では、日産自動車のリスクマネジメントや自然災害への対策について紹介する。

2 日産自動車について

　日産自動車は、「人々の生活を豊かに」することをビジョンに掲げ、グローバルに事業活動を展開している。世界19カ国・地域で乗用車と小型商用車を生産し、世界170カ国以上で491万台（2012年度実績）の乗用車と小型商用車を販売している。近年、中国、タイ、インド、メキシコ等の新興国の経済成長が著しいが、こうした新興国における生産・販売台数が増加している。

　グローバルな事業展開に伴い、為替・金利等の市場リスクや、事業戦略に関するリスク、気候変動により増大する大規模災害等のさまざまなリスクを、より高い次元で総合的にマネジメントしていく必要性が高まってきた。日産自動車では、1990年代後半に陥った経営危機から再生していくなかで、グループ全体のコントロール強化の一環として、全社的なリスク管理体制を導入し、リスクマネジメントの取組みを推進している。

3 リスクマネジメント体制

(1) 全社的リスク管理導入の背景

　日産自動車は、1933年の設立以降、先進技術の開発に努め、成長を続けてきたが、1990年代後半には、過剰な設備投資や販売不振により有利子負債が積み上がり、経営危機に陥った。そのため、1999年に、フランスの自動車メーカーであるルノーと包括的提携を開始し、カルロス・ゴーンCOO（当時）のもと、同年10月、中期計画

「NISSAN Revival Plan」を発表し、再生に向けた取組みを開始した。当時の日産自動車は、集中治療室に入っている状態であり、「NISSAN Revival Plan」は、経営危機からの再生のための緊急体制であった。「NISSAN Revival Plan」では、繊維機械事業・宇宙航空事業・携帯電話事業等の売却と自動車関連事業への特化、工場閉鎖・人員削減・サプライヤーの絞込み等による効率化・コスト削減の徹底を行った。また、マネジメントの仕組みも変更し、グローバル管理体制の構築による本社機能の強化といった改革を強力に推進した。具体的には、グループ全体のコントロールを強化するため、「機能軸」「地域軸」「商品軸」という3軸での管理体制を構築するとともに、「グローバル本社」を設置し、グループ全体について責任と権限をもつ体制に変革した。

リスクマネジメントに関して、以前は、為替・金利等の市場リスクについては財務部、カントリーリスクについては海外業務部、ハザードリスクについては総務部といったかたちでリスクの種別ごとに担当部署が分かれていたが、2000年には、リスクマネジメント機能を財務部に集約し、グローバルな管理体制を構築した。あわせて、コモディティ(貴金属や原材料)の価格変動リスク、売掛金の管理、サプライヤーの信用リスク、年金資産運用などについても、管理を強化した。

当初、「NISSAN Revival Plan」は3カ年の計画だったが、いずれの目標も順調に進み、開始から2年で計画が達成できた。そのため、2002年度からは次の中期計画である「NISSAN 180」を開始した。「180」とは、2004年度末に、「グローバルでの販売台数をプラス100万台、連結売上高営業利益率8％以上、自動車事業の連結実質有利子負債ゼロ」という目標を意味し、「持続性ある、利益ある成長」を目指すものであった。

「NISSAN Revival Plan」を達成し、集中治療室からは出たものの、退院して「持続性ある、利益ある成長」によって、「エクセレント」な会社に成長していくには、極限まで無駄を排除した当時の状態は、リスクに対して非常に脆弱であることが懸念されていた。

たとえば、工場を集約し工場稼働率の向上を図ることは、効率性という観点では望ましいが、いったんアクシデントが発生し業務が停滞すると、挽回の余地がないため、マイナスの影響がダイレクトに生じる。また、サプライヤーの絞込みや車台・部品の共有化にも同様のことが当てはまる。品質不具合や欠品が発生すると、バックアップ手段がないため、直ちに生産が止まるおそれがあるうえ、リコールの台数が非常に多くなる可能性もある。

このように、効率化とリスクは表裏一体であり、効率化が進むほどリスクも大きくなると考えられることから、「持続性ある、利益ある成長」のためには、リスクマネ

ジメントの充実による足腰の強化が不可欠であるとの意見が出されるようになった。

(2) 大規模地震への対応

　これを受け、経営企画室と財務部等が中心となり、最優先に取り組むべき最大のリスクは何かを議論したところ、大規模地震であるとの結論に至った。日産自動車の主力工場は、神奈川・静岡エリアに集中していたが、当時から東海地震や南関東地震といった大規模地震の発生が懸念されていた。当時はほとんどの建物が旧耐震構造であったうえ、海外の工場にも重要部品を供給しており、日本の工場が停止すると、グループ全体の生産活動に多大な影響が生じることが見込まれた。

　そこで、立地による地震インパクトの大きさや、そこでの製造物がバリューチェーンに与える影響の大きさを評価し、主要部品を製造する工場に優先順位をつけた。そのうえで、東海地震と南関東直下型地震を想定した投資計画（耐震補強、設備の固定、施設の移転等）を経営に提案した。日産自動車では、従来、増産投資や省力化投資等の、明確なリターンが見込まれる投資は積極的に行ってきた一方で、こうした対策の予算が経営課題として俎上に載せられることがなかった。地震対策は不確実性をベースにした非可逆的な投資であること、過去70年余の歴史のなかで大規模地震による直接的な被害がなかったこと、総投資額が大きかったことなどから、経営陣による承認は難航した。しかし地震専門家等の助言も得て議論を重ね、「NISSAN 180」の「持続性ある、利益ある成長」の理念のもと、最終的にはこうしたリターンが明確でない投資が経営会議で承認された。

(3) 全社的リスク管理体制の強化

　地震については上記のような対策を打ったものの、次の中期計画では、さらに積極的に、新たなマーケットや革新的技術に挑戦することが求められた。これにより、未知・未経験のリスクに直面することは容易に想像され、そのため、従来のように、個別のリスクが明らかになるつど、社内関連部署が集まり対策を検討するという対症療法的な対応では限界があった。会社全体のリスクにプロアクティブに対応していくためには、リスクマネジメント体制を強化していく必要性があるとの問題意識から、財務部が中心となり、構想をまとめ、経営トップに具申した。

　これに対し、経営トップからは、以下の考えが示された。

・リスクをとって収益をあげるのが企業の目的であり、企業にリスクがあるのは当たり前。リスクとリターンを比較しながら最大限の収益をあげるように考えるのは当然である。「ストレッチ」や「チャレンジ」の精神を阻害するようなものであってはならない。

・新たな組織を設置すると、今度はその組織を維持するための仕事をするようになり、「管理のための管理」やセクショナリズムにつながるので、既存の組織を活用

し「クロスファンクショナル」に協力し合って活動すべきである。
- 業務や組織の必要性は「付加価値を生むかどうか」で判断すべきである。リスクマネジメントも例外ではなく、それをやることによってどのようなメリットやパフォーマンスが期待されるかが明確でなければ不要な仕事である。

これを受け、日産自動車では、「リスクマネジメント」を以下のように再定義した。
- ストレッチされた中期計画に挑戦していくにあたり、目標達成の阻害要因をあらかじめ想定し対策を打つことにより、目標の達成をより確実にすることである。
- 先行する他社を追いかけ、追越車線をフルスロットルで走り続けられるよう装着されている、アンチロックブレーキやエアバッグである。

一方で、2006年5月に新会社法が施行され、内部統制システムの整備が、明確に求められるようになった。こうした動きもあり、2007年に全社的リスク管理の専任者を置き、「グローバルリスク管理規程」を策定した。この規程に基づき、経営会議にリスクマネジメント委員会の機能をもたせることとした。

4　自然災害リスクへの対応事例

(1) 東日本大震災

2011年3月に発生した東日本大震災により、日産自動車もさまざまな困難に見舞われた。

福島県いわき工場をはじめとする各工場では、地震発生に伴い、一部建屋や設備に被害が発生した。いわき工場では、勤務中の従業員の人的被害はゼロだったが、天井からのエアダクトの落下や、組立て途中のエンジンの冶具からの落下、床の亀裂、段差、生産用機械の位置ずれ等の被害が生じた。また、茨城県日立港で米国向けに出荷を予定していた新車約1,300台、宮城サービスセンターに保管していた新車約1,000台が、津波により全損となった。

このように多くの被害が生じたが、それまでに進めてきた全社的リスク管理の仕組みが機能し、素早い復旧を実現し、損害を最小限に抑えることができた。前述のハードウェア対策に加え、大規模自然災害を想定して毎年行ってきたシミュレーション訓練も功を奏した。特に2010年度は、震災の3週間前に訓練を実施したばかりで、地震発生の15分後には、全社災害対策本部をグローバル本社内に設置し、各工場、グループ各社、販売会社、サプライヤーの安否や被害状況を確認するとともに、各拠点の復旧に向けた活動を開始した。他工場から集まった数百人の従業員による支援のもと、被災拠点の復旧を進め、震災の1カ月後には車両生産を再開した。最も被害の大きかったいわき工場においても、5月には震災前と同レベルの生産が可能となり、完全復旧を宣言できた。

図1 東日本大震災での対策本部のようす

　また、被災地支援のために、地震発生直後から、募金や寄付、水・食料・毛布・マスク・消毒液等の救援物資を提供した。さらに自動車メーカーならではの支援として、4輪駆動車パトロール50台の寄贈や、電気自動車リーフ65台の無償貸与を行った。震災後、被災地ではガソリン不足が深刻で、医療機関では往診できない状態が続いていた。そのため、ガソリンが不要な電気自動車リーフを夜間に充電することで、震災による電力不足の問題を悪化させることなく、医療機関や被災自治体は支援に注力することができた。

(2) タイ洪水

　2011年10月に発生したタイ洪水では、バンコク郊外にある多くの工業団地が浸水したためサプライチェーンが寸断され、世界各地の工場が減産を強いられた。日産自動車においても、バンコク東部のサムットプラカーン工場で、土嚢を積んで浸水に備える、感染症予防の体制を準備するといった対策に追われた。結果として直接の浸水被害は免れたが、一部部品の供給が滞り、操業を停止することとなった。

そのため、操業停止期間の短縮と、他工場への影響回避を図るため、タイにおける供給リスクがどの車種に影響するのかを直ちに調査し、対策を講じた。具体的には、サプライヤーが浸水し、部材を入手できない場合、その部材の在庫の有無を確認し、同じ部材を他社でつくっていないか、別の部材で代用できないか調査した。部材が調達できない場合、浸水している工場から必要な生産設備を引き揚げ、生産を再開できないか、その可能性を探っていった。調達困難と考えられた部材は3,500点以上に及んだが、こうした確認作業を1点1点行った。さらに、各国の生産管理や物流管理の担当者をタイに集め、一元的に情報を共有した。各担当者が状況を共有したうえで、グローバル最適の視点から自国と調整を行い、どの製品や部材をどこの工場へ送るべきかを判断していった。

　年産22万台規模だったサムットプラカーン工場では、操業停止により約4万台の減産という影響が出たが、こうした取組みにより、米国、ヨーロッパ、中国などの工場への影響の波及を阻止し、日本においても影響を最小限に抑えることができた。

(3) 台　　風

　2004年度は、気象庁開設以来過去最多となる10個の台風が日本に上陸し、日本各地に大きな被害をもたらした。日産自動車においても、九州工場を中心に被害が発生し、台風による飛び石により、出荷前の新車のボディが傷つき、塗装のやり直しや出荷遅れが多発した。

　以前は、自然災害に関しては、ある程度の被害はやむをえないという意識も一部にあったが、地震対策のための投資が認められて以降、どんな理由にしろ納車を心待ちにしているお客さまの期待を裏切ってはいけないと考えるようになった。より高度な

図2　九州工場における防砂フェンス

供給責任とお客さま満足向上を果たすため、九州工場に防砂フェンスを設置した。

その後、2006年9月に台風13号が九州に襲来したが、防砂フェンスを設置したエリアでは被害が激減し、効果を実証することができた。

(4) 雹　害

海外では時に直径が数cmを超える巨大な雹が降り、屋外に保管している在庫車に深刻な損傷を与える。日産自動車においても過去に幾度となく損害を被っていた。この損害を防止するためには「ヘイルネット」という樹脂製の弾力のあるネットを張りめぐらす方法があるが、数千台の在庫車を覆うには多額の投資が必要であり、従来はなかなか実施に踏み切れなかった。2003年に米国で再び大規模な雹害が発生したことを契機に、米国内に2カ所ある完成車工場にヘイルネットを設置した。

図3　雹害の例

(注)　雹による損害の様子（2003年5月、米国テネシー州）

図4　ヘイルネットの例

(注)　上空からみた図（左）と地上からみた図（右）

5　気候変動へのアプローチ

　自動車はエネルギーのほとんどを石油に依存しているが、石油の大量消費は、CO_2 などの温室効果ガス排出の増大を招き、気候変動の進行に影響を及ぼす。こうした影響を軽減するため、エネルギー効率の究極の改善や、石油に依存しないエネルギーへの転換が期待されている。

　日産自動車では、電気自動車リーフ、燃料電池車等のゼロ・エミッション車の普及、燃費効率が高く CO_2 排出量が少ない低燃費車の拡大、クルマの開発時から生産、物流、販売、走行、廃棄・リサイクルされるまでのあらゆる段階で CO_2 排出量の最小化を目指すカーボンフットプリントの最小化、新たに採掘する天然資源の最小化を進めている。

　また、日産自動車では、EVパワーステーションという機器を設置することで、電気自動車リーフの大容量バッテリーから電力を取り出し、家庭の電力として使用できる「LEAF to Home」を進めている。日本の一般的な家庭の1日の消費電力量は10～12kWhであり、リーフのリチウムイオンバッテリーの容量は24kWhであるため、満充電の際には、一般家庭の2日分の電力供給が可能である。「LEAF to Home」を活用すれば、電力需要が低い夜間にリーフに充電し、電力需要が高くなる昼間はリーフから電力を自宅に供給することで、昼間の節電（ピークシフト）に貢献できるとともに、停電時や災害時には非常用電源として活用することができる。このように、電気自動車リーフは、CO_2 排出量の削減のみならず、気候変動による自然災害の増大への対応においても、有用といえる。

　さらに、世界的な人口増加や経済発展による水使用量の増加、気候変動による氷河の減少や降水量の変化により、水資源問題が重要な課題となっている。日産自動車では、工場ごとに水資源に関する実態調査を実施し、独自のスコア化に基づき工場を、「現在すでに水リスクが顕在化しているか、もしくは近い将来に顕在化すると予測される工場」と定義されるレベルA、「将来、水リスクが顕在化する可能性のある工場」と定義されるレベルB、そして水リスクの低いレベルCの3つのカテゴリーに分類したうえ、それぞれの実情にあわせ、生産工程の水使用量の削減を進めている。

　このように、日産自動車は、気候変動の問題に対する「適応」に加え、グローバルな自動車メーカーとして「緩和」の対策にも積極的に取り組んでいる。エネルギーや資源の使用効率を高め、循環を促進し、究極のゴールである「企業活動やクルマのライフサイクル全体での環境負荷や資源利用を自然が吸収できるレベルに抑えること」が、日産自動車の目指す姿である。

3-2-3 食品・農林セクターの取組み

損保ジャパン日本興亜リスクマネジメント　**斎藤　照夫**

1　気候変動と食品・農林セクター

　気候変動は、干ばつや豪雨、高潮、異常高温等により食品・農林セクターに広範な影響をもたらす。一部の地域では、農業生産の収量によい影響を与えるものの、他の地域では農作物の不作をもたらし、食糧生産の減少と農業の持続性に大きな影響を与えることが懸念されている。すなわち、降水量の減少と水需要量の増加は土壌中の水分を減少させ、特に雨水に依存するアジア地域の農業に大きな影響を与え、農業生産と農家に悪影響をもたらすこと、表流水の利用可能量の減少は、灌漑用地下水の過剰利用を促して水質の悪化や地盤沈下により農業生産を悪化させること、干ばつの頻度や強度の増大による土壌や水中の塩分の増加は、砂漠化や農業生産の低下につながること、海面上昇や高潮による土壌塩分の増加は、耕作可能な農地の量と質を減少させること等が懸念されている（参考文献のアジア開発銀行の資料参照）。

　世界人口が2050年までに20億人以上増加すると見込まれるなかで、食品・農林セクターにとって、気候変動の影響に適切に対処し、食糧生産の拡大と食品価格の安定を図ることが求められている。現在、世界の農業人口は10億人以上であり、労働者の3人に1人を占めている（食糧農業機関（FAO））が、今後の気候変動への対処において大きなポイントとなるのが、小規模農家（small-scale farmers）の適応能力の向上である。小規模農家は、アジア・アフリカでは農家の8割以上を占めており、世界の食料の25％を生産し、20億人以上を養っている。しかしながら、経済的・社会環境的に脆弱な層であり、対処に要する資材を購入する経済能力に乏しく、新たなマネジメントや技術面での知識や経験も不足していることから、気候変動リスクへの対処能力が低く、損失や損害を受けやすい状況となっている。

　食品・農林セクターの適応への取組みの特徴として、セクターの多くを占める脆弱性の高い小規模農家のレジリエンス向上には、食品・農林セクター内の取組みだけでは十分でなく、同セクター以外の対応能力の高い事業者の支援により、小規模農家の適応能力の向上を図る必要があることがあげられる。このため、本稿では、食品・農林セクター以外の事業者によって実施されている取組みについても、取り上げていくこととする。

気候変動の影響への食品・農林セクターの対処としては、その影響を未然に防止し低減するための防止策と、損害が発生した場合の損失への対処策の２つの対応がある。

　このうち、防止策については、①水管理を含む農場マネジメントの改善等のマネジメント面での取組み、②干ばつ等に強い農作物の新品種の開発等の技術面での取組み、③気象に係る情報や有用な対処の知識を個々のニーズに応じて提供する情報・知識の提供面での取組みといったオプションがある。

　一方、農家に損失や損害（Loss & Damage）が発生した後の対処もきわめて重要である。特に零細な小規模農家は、その年の収穫が不作となった場合、生計維持や借金返済に翌年のための種子や家畜等を投売りせざるをえなくなり、貧困の悪循環に陥ることが懸念される。このため、小規模農家の農業災害リスクに対して保険カバーを提供し、そのレジリエンスを強化することが求められており、各国政府において公的な農業保険制度を構築する取組みが進められるとともに、民間セクターにおいて革新的な方法を導入して保険カバーを提供する取組みも行われている。

　このような食品・農林セクターにおける幅広い適応の取組みについて、国連気候変動枠組条約（UNFCCC）では、「ナイロビ作業計画（NWP：Nairobi Work Programme）」の一環として民間セクターの取組状況を調査し、結果をPSI適応データベースとして公表する民間参画イニシアティブ（PSI：Private Sector Initiative）を実施している。本稿では、このPSIデータベースの資料等をもとに、世界で進みつつある食品・農業セクターにおける適応の取組みについて、事例を紹介する。

2　防止策の取組み

(1)　マネジメントの面での取組み

　栽培作物の多様化や農地の管理方法の改善、農業用水の保全技術の導入や雨水利用等、マネジメントの面での取組みにより、気候変動による影響に対処するものである。

a　ペプシコ・インドの取組み[1]

　飲料食品メーカーのペプシコ・インド（PepsiCo India）は、インドのパンジャブ州等において、水節約型で温室効果ガスの排出を大幅に抑えることができる直播米作法（DSR：Direct Seeding of Rice）の開発・普及に取り組むとともに、州政府等との協働によって、コメの単一耕作からの多様化を推進している。

　インドは、厳しい干ばつ・水不足に悩んでおり、水を多量に使用する湛水米作への依存からの脱却が課題となっている。このようななかで、ペプシコは、水使用を抑え

---

[1]　UNFCCC, "Replenishing water" UNFCCC.
　　http://unfccc.int/files/adaptation/application/pdf/pepsico.pdf

る米作法として直接に種をまく直播法に着目した。インドでの伝統的な湛水米作法は、水を張った苗代に種をまき、苗を育てた後、水田に移植するが、その後6〜8週間は、雑草の繁殖を防ぐために底から4〜5インチの水をためて育てるため、水が多量に使用されてきた。直播法はこれらのプロセスを省略できるので、従来法に比べて使用水量を30％節約できる。

同社は、2004年より試験圃場での栽培試験を開始し、その成功を受け、自動で直播を行う農業機械を開発し、2008年よりDSRによる稲作を500エーカーで開始した。その後、直播法の利用を拡大し、2010年には直播法による米栽培を、パンジャブ州等、6州の約1万エーカーの水田で実施した。その結果、湛水米作に比べ70億リットルの水利用を節約でき、また、水田に水を張らないため温室効果ガス排出を70％抑えることができた。

同社は、2002年にパンジャブ地方で、水田耕作からの作物多様化を図り、農家が水制約のなかでも安定的に農業をできることをねらいとする柑橘類開発イニシアティブ（Citrus Development Initiative）に取り組み、パンジャブ農業輸出公社（PAGREXCO）・州政府と共同で、省水型の果樹農園づくりに協力するとともに、地域内の2カ所にフルーツ処理工場を設置した。これにより農家は米作への依存から脱し、50種類の果樹・作物のなかから選んで柔軟に対応することが可能となった一方、ペプシコは熱帯ビジネスの果樹ジュースの供給の基盤を得ることができた。このプロジェクトは、インドの農業ビジネスで最も成功したPublic-private partnershipの1つとなっている。

ペプシコ・インドでは、ジャガイモの調達について小規模農家と契約栽培を行っているが（2010年には1万2,000戸の農家と契約）、契約農家に対する包括的な支援策として、ジャガイモの買上げ保証、優良な種芋や農業資材の提供、栽培技術の教育のほか、インド銀行と連携した融資サービス（農家は高利貸しに依存しなくてよい）の実施や、損失を受けた場合の対処として、ICICI Lombardと連携し開発した天候インデックス方式による保険サービスへの参加を推奨している。同社は、農家が保険カバーを受けやすいように、ジャガイモの買上げ価額のなかに保険料の半額分を織り込み、農家の負担軽減を図っている。

　　b　ユニリーバの取組み[2]

グローバルな食品・家庭用品企業であるユニリーバ（Unilever）の、東アフリカでお茶の生産を行う部門Unilever Tea growing farms in East Africa（UTEA）は、お

---

[2] UNFCCC, "Adapt to local climate conditions and reduce impacts." UNFCCC. http://unfccc.int/files/adaptation/nairobi_work_programme/private_sector_initiative/application/pdf/unilever.wbcsd.pdf

茶農場をタンザニアとケニアで運営しているが、近年、降雨の減少やパターン変化により事業に影響を受けている。この背景の1つに、ビクトリア湖や山岳部での森林の減少が進み、これに伴って地域の降水パターンが変化し、乾期がより長期化していることがあげられる。

タンザニアの農場では、乾期が6カ月以上続くことから、灌漑の実施がお茶の生産に必須となっているため、同社は雨水再利用を図るべく、農場に雨水の採取・貯留施設を設置するとともに、地域や世界の研究者と連携して、水節約型の灌漑技術を導入し用水使用量の節減を行っている。農場内で従来のスプリンクラーにかえて点滴灌漑施設を適切な地形の箇所に導入した結果、1kgのお茶の収穫当り70リットルの水を節約できた。また、ケニアの農場では、干ばつに強いお茶の品種等の開発研究を行い、年23万米ドルの研究投資を行っている。この結果、商業栽培品種として干ばつに比較的強い2品種の開発に最近成功しており、両品種は、今後東アフリカのお茶の栽培に広く用いられる見込みである。

降水量の減少および降水期の頻度の低下は、農場周辺の森林の減少にかかわっていることから、ケニアの農場では植林プロジェクト「Trees 2000」を2000年から開始し、植樹に努めている。同社は、毎年10万本の苗木を頒布し、農場の管理者、従業員および来訪者の手により植樹を進めており、2009年6月現在で70万本の在来種の樹木を農場内およびその周辺のコミュニティに植えることができた。植樹運動はケニアのお茶の小規模生産者や大規模企業の契約生産者にも広がっている。タンザニアの農場でも植樹活動が進められ、2010年までに15万本の在来種の樹木が植えられている。なお、UTEAでは、エネルギーの効率向上に向け、お茶の乾燥工場で使用するすべてのボイラー（木材を燃料とする）の施設改良を実施して燃料使用量の削減に努めている。

　c　ネスレの取組み[3]

食品・飲料メーカーのネスレ（Nestlé）は、原料のココア・コーヒーの調達先となる途上国の小規模農家に対し、干ばつ等に強く収量の多いココアやコーヒー苗木の配布を行うことや、その栽培技術の教育を行うことで、気候変動に強いサプライチェーンづくりに取り組んでいる。

ココアについては、干ばつや病気に強く、収量が多い品種をフランスのトゥールにある同社R&Dセンターで開発し、その苗木を調達先の農家に対して配布している。この品種は従来の品種と比べてヘクタール当り倍以上の収量を得ることができるとともに、2005年のエクアドルの厳しい干ばつに対し、他の品種と異なり、枯れずに耐え

---

[3] UNFCCC, "Providing farming training and assistance." UNFCCC.
http://unfccc.int/files/adaptation/nairobi_work_programme/private_sector_initiative/application/pdf/nestle.pdf

ることができた。

　この品種の配布のため、同社の最大のココア産地であるコートジボワールでは、アビジャンにあるR&Dセンターに広大な苗代施設を設けて、30の農業組合および1万8,000人の農民に対して、2012年に80万本の苗木を供給している。同社は、今後10年で、現地農家に1,200万本を提供する計画としている。あわせて、ココア栽培農家に対し、NPOと協力して現地農場で研修スクール（Farmer Field School）を開催し、ココアの木の効果的な剪定法や病害虫の管理、豆の乾燥法、環境配慮等について実践的な訓練・指導を行い、農家の生計安定とサプライチェーンの対応力向上に努めている（1スクール当り2～3週間、20～30人の農民が対象）。

　コーヒーについては、コーヒー栽培農家の生産基盤を強めるため、毎年1万人以上のコーヒー農民に対して、高品質で環境負荷の少ないコーヒーの栽培を指導している。2015年までに、直接調達する原料すべてを、持続可能な農業の国際自主基準である4C（Common Code for Coffee Community）に適合させることを目指している。コーヒーの木は年が経つと弱くなり、干ばつ等で容易に枯れてしまうため定期的な植替えが必要であるが、同社は、資金面で余裕のないメキシコ、タイ、インドネシア、フィリピンの農家に対して、収量が多く病気に強い苗木をこれまでに1,600万本配布しており、2020年までにさらに2億2,000万本の苗木を配布する計画を立てている。

　d　コカ・コーラの取組み[4]

　飲料メーカーのコカ・コーラ（Coca-Cola）は、重要な原材料である水の保全に関して、WWF（World Wildlife Fund）総会の際に、水保全の目標を宣言して取り組んでいる。これは、インド南部の同社プラントにおいて、水不足により地元コミュニティと争いが生じたことや、同社のリスクアセスメントにおいて、今後の気候変動による水の希少性の高まりが、同社の最大の挑戦であり大きな影響をもたらす可能性があると評価されたことを受けたものである。

　同社は、水利用の効率化とコミュニティの水資源保全の取組みの支援を通じて、同社が飲料用と製造用に使用する水と同量の水を、コミュニティと自然に戻していこうとする取組みを開始している（ウォーター・スチュワードシップ）。

　具体目標として、
・業界で最も効率的な水使用者としてのグローバルな水効率化目標を設定して、使用量を削減すること（具体的には、プラントの水使用効率を2012年までに20％改善する）

---

[4] UNFCCC, "Building reputations, securing resources: Teaming up for water conservation." UNFCCC.
http://unfccc.int/files/adaptation/application/pdf/the_coca_cola_company.pdf

・製造プロセスで使用したすべての水を浄化処理し、水生生物や農業が使えるレベルにして水系に戻すとともに、製造プロセス用水に再利用すること
・健全な水系や持続的なコミュニティ水計画をサポートすることにより、飲料製品に使用する水と同量の水をバランスさせ補充すること

の3つを掲げている。これに基づき、同社はWWF等の環境NGOと協働しつつ、プラントの水管理改善および地域のコミュニティ水計画のサポートを推進している。

(2) 技術面での取組み

気候に強い新たな農作物の品種の開発等、技術面での取組みにより気候変動の影響に対処するものである。

  a　バイエルの取組み[5]

化学メーカーバイエル（Bayer）のBayer Crop Science部門は、農業からの温室効果ガスの排出を低減するとともに、気候変化に農業が適応するための革新的な解決方法の研究を行ってきた。

現在は、干ばつ、塩害、暑さや寒さ等の非生物ストレスに耐性が強い農作物の新品種の開発と、温室効果ガスである亜酸化窒素（N_2O）の排出を緩和できる窒素利用効率の高い作物品種の開発を進めている。また、種子処理（seed treatment）技術により、農業用水を節約し、健康でより多くの炭素を吸収できるような作物の能力増大に取り組んでいる。今日、作物は、約2万5,000種の害虫や病気によって脅かされており、農薬散布による防除で対応しているが、種子処理の実施により、作物は発芽後2～3カ月の脆弱な時期を内側より害虫や病気から保護できるようになる。これにより、農家は、その間2回の農薬散布をしなくてすむとともに、平均して1ヘクタール当り200リットルの水使用を節減することができる。農薬の散布をしないことから、農薬により周囲の土地や放流される水域に棲む野生生物や有用な生物に悪影響を与えないですむ。また、トラクターの使用回数を減らすことで、作物当りの化石燃料使用を平均で10～20％削減でき、農家の労働時間とコストも減らすことができる。

Bayer Crop Scienceは、このような種子処理や気候に強い作物の開発を、化学的および生物学的な基盤に基づいて農家に提供することを通じて、農業をより持続可能とするうえで重要な役割を果たすことを目指している。

(3) 情報・知識提供の面での取組み

気象に係る情報や有用な対処の知識の農家への提供、産業セクター内への気候変動リスクの知見の普及等、情報・知識提供の面での取組みにより、気候変動への影響に

---

[5] UNFCCC, "Provide seed treatment for more efficient resource use" UNFCCC. http://unfccc.int/files/adaptation/nairobi_work_programme/private_sector_initiative/application/pdf/bayer_cropscience.wbcsd.pdf

対処するものである。

　　a　ノキアの取組み[6]

　携帯電話メーカーのノキア（Nokia）は、インド、インドネシア、ナイジェリア、中国において、気象予報の情報や農業に係るアドバイスの提供を携帯電話により行うNokia Lifeサービスを実施し、気候に脆弱な農家のレジリエンスを高めている。

　主なユーザーは生計を農業に依存する低所得の農家であり、受け手の農家の農地の所在や作物の種類に応じた情報を、定期的に提供している。情報はSMS（ショートメッセージサービス）を通じて届けられるので、ユーザーは本サービスを利用するにあたり、データネットワークに入る必要はない。Nokia Lifeの農業サービスは、購読開始時に携帯のメニューから選択した言語（インドでは英語のほか11種類の言語が選択可能）、所在地（詳細な地区）と作物種類に応じて、高度にカスタマイズされた次のような情報メッセージが、農民の携帯に送られる。

・最適の作物種、肥料、農薬等の助言
・気候条件（気温、降雨、風等）の予報
・市場作物ごとの価格情報

　市場の作物価格について、地方市場ネットワークによる価格情報がアップデートされ、農家はわざわざ市場までようすを調べに行かなくてよい。サービスの提供価格は、購読プランに応じて月30ルピーおよび60ルピー（月100円以下）と安価である。

　Nokia Lifeサービスは、2008年にインドのマハーラーシュトラ州で、同州農業市場局との連携によって開始されて以降、多地域に拡大してきており、特にインドでは900万人が利用するに至っている。Nokiaでは、信頼できる良質な情報を入手するため、政府機関、NPO、民間企業とパートナーシップを構築しており、たとえば、インド農業省、ナイジェリア森林研究所、インド生物局等と連携している。

　なお、Nokia Lifeサービスでは、農業サービスのほか、健康、教育、娯楽等のサービスも提供しており、インドネシアでは、女性の福利向上のための「Info Wanita」（女性のための情報）を提供している。

　　b　スコッチウィスキー協会の取組み[7]

　英国のスコッチウィスキー事業者からなるスコッチウィスキー協会（SWA：

---

[6] UN Global Compact Office, "Business and Climate Change Adaptaiton: toward resilient companies and communities." UN Global Compact Office, 2012.
http://www.ddline.fr/wp-content/uploads/2012/11/Business_and_Climate_Change_Adaptation.pdf

[7] UNFCCC, "Working collectively to address whisky industry's long-term risks." UNFCCC.
http://unfccc.int/files/adaptation/application/pdf/scotch_whisky_association.pdf

Scotch Whisky Association）は、気候変動がスコッチウィスキー事業にもたらすリスクを評価し、適応策のオプションを明らかにする調査研究を行っている。そのうえで、個々のウィスキー製造企業に適切な知識を提供するとともに、業界が協力して適応策を進めるための取組みを進めている。まず、SWAは、Scotch Whisky 調査研究所（SWRI）に委託して科学的な研究を実施し、その結果、次のような業界へのリスクが特定された。

・原料の穀類、特に大麦の供給量とその質は、今後の降水量の変化、洪水、干ばつ、植物の病気により影響を受けるおそれがあること
・激しい降雨の時期や春の雪解け水の緩やかな減少は、スコットランドの小川や貯水池の水の量と質に影響を与えること
・麦芽処理、蒸留、熟成に係るウィスキーの伝統的な処理プロセスは、過去数百年間の比較的安定した気候のもとで形成されてきたものであり、温度変化により影響を受けやすいため、スコットランドの気候変化により影響を受けるおそれがあること

スコッチウィスキー業界では、事業場の洪水対策等の一部の適応策は講じてきたものの、今後の気候変化の影響は、従来の延長を超えた大きなものとなると予想され、これには長期視点に立った幅広い適応策の取組みが必要となる。

そのため、SWAは、気候変動とスコッチウィスキー事業についてのワークショップを開催し、個々の事業者や関係機関の気候変動リスクへの理解を深め、対応リスクのリストへの組入れを促している。英国では、ウィスキーを「スコッチ」と呼ぶには、法令によりスコットランドの貯蔵庫で少なくとも3年間熟成することが求められるが、ほとんどの著名なスコッチはさらに長い期間をかけて熟成している。また、ウィスキー生産者の間で取引がなされることで、数百にのぼる複雑なブレンドが形成されていることから、個々の事業者の対応だけでなく、地域の事業者が協力して地域で熟成されるウィスキーのストックを、気候変動の影響から保護することが重要となっている。さらに、原料となる穀類等のサプライチェーンの持続的な確保も必要となっている。

気候変動に対して業界が協力して取り組み、ウィスキーの質を確保し伝統を守っていくことは、ブランドへの世界の評価を支えていくうえで重要である。SWAは、気候変動リスクについてウィスキー事業者の理解を深め、地域で協力して適応策を支援していくことを通じて、スコッチウィスキーの持続性を確保し、「スコッチ」のブランドを守っていくことを目指している。

3 損失および損害への対処の取組み

(1) 公的な保険制度による取組み

　伝統的な保険制度は、個々の農家の被った作物損害額を個別に査定して補償する「個別アプローチ（individual approach）」を採用している。損害額を適切に反映した補償の支払ができるため公平かつ公正な仕組みといえるが、現地査定に多くの時間と労力を要し、保険運営のコストが嵩み保険料が高くなってしまう。このため、低所得の小規模農家が多い開発途上国では、大規模な農場における商品作物に係る場合を除いては、伝統的な保険はあまり普及してこなかった。

　この対応として、インド等では「地域的なアプローチ（Area approach）」を採用した公的な保険制度を導入している。インドの全国農業保険スキーム（NAIS：National Agricultural Insurance Scheme）は、1999〜2000収穫年から導入されたインド政府による保険スキームであり、食用植物、油料種子および採択可能な商品作物について、農業保険会社（AIC：Agriculture Insurance Company）が保険を提供している。

　本制度は、2,500万人が加入する世界最大の公的農業保険システムであるが、運営コストを抑えるため、個々の農家の収穫量を個別に検査するのではなく、作物ごとに特定された農業気候ゾーンを単位にした調査で保険金の支払の有無を判断する「地域アプローチ」を採用している。これは保険ユニット（IU：Insurance Unit）と呼ばれる行政ブロックのゾーンを単位に、州当局が作物収去試験（CCEs：Crop Cutting Experiments）と呼ばれるランダムサンプリングによる収穫量調査を行い、その結果が設定の収量データを下回った場合に、ゾーン内の全保険契約者について保険金の支払を行う仕組みをとるものである。

　また、保険料率（保険金額の1.5〜3.5％の間）について、小規模零細農家には50％までの政府補助が与えられるとともに、徴収した保険料率では補償支払に不足し赤字が生じた場合は、政府と州が、災害事後対策として、両者が折半して補てんする仕組みとなっている。

　しかしながら、地域アプローチに必要なCCEsは一部簡略されたとはいえ、膨大な作業となることから、損害発生から保険金支払までに長い期間がかかってしまう。その間に、生活に困窮した農家が家畜等を投売りしてしまうと、零細農家の生業の安定が損なわれてしまうとともに、制度の赤字を補てんするための財政負担がふくらむことが課題となっている。このため、世界銀行の指導も受けて、NAISの改革の取組みが進められている。

(2) 民間セクターによる取組み

　公的な農業保険制度の限界を補完し、より革新的な方式を導入して大幅に運営コストを低減し、低い保険料率とすみやかな保険金の支払を可能とするため、民間セクターにより天候インデックス保険が開発・提供されている。その先駆けとなったのがインドのBASIXとICICI Lombardによる天候インデックス保険である。

　　a　ICICI LombardとBASIXによる天候インデックス保険[8]

　2003年度から、総合保険会社のICICI Lombardと、ハイデラバードを基盤とするマイクロインシュランス機関であるBASIXは、天候インデックス保険を開発・販売している。

　天候インデックス保険とは、保険金支払を近隣の降雨量等の外部指標（インデックス）にリンクさせた方式で、保険会社は現地査定の必要がないために、保険運営コストが劇的に安くなり、保険料を相当に低く抑えることができるとともに、災害後の保険金の迅速な支払が可能となる。この保険では、降水量等の観測データに作物の生育に重要な期間のウェイトを乗じて得たインデックスが、過去のデータをもとにあらかじめ設定されたトリガー値を下回る（上回る）かどうかにより、補償の支払を判断している。インデックスの開発においては、補償金と実損害がマッチしない問題（ベーシスリスク）が発生しないよう、世界銀行の技術支援も受けながら、詳細な技術的・専門的調査が行われている。また、降雨レベルの正確な測定のため天候観測ステーションが増設され、測定結果がインデックスのトリガーに合致した場合、保険会社は契約者からの申請を待たずに、契約者に保険金を戸別に届け支払を行っている。

　2003年に、アンデラパラデシュ州の小規模農家に対して降水インデックス保険の販売を開始した当初は、230人の加入者を対象に、特定のリスクのみをカバーするごく小規模な状況だったが、2005年までに、このスキームの対象を気候変化に係るさまざまな分野のリスクに拡充し、6州の36地点の約7,000戸の農家に、7,600件を超える保険契約を販売するまでに拡大した。

　BASIXは、マイクロファイナンス機関（MFI）として、インドの7州1万の村に事務所をもち、1,280人のスタッフを通じて、総合的な生活サービスを提供している。この信頼性をベースに農家とコミュニケーションを図り、保険の説明・提供を進めることで、農家が保険内容を理解することを可能にしている。農家とのコミュニケーションで示された農家からの意見は、BASIXを通じてICICIへフィードバックされ、地区ごとの異なった条件とニーズにあわせた保険商品のカスタマイズに役立て

---

[8] UNFCCC, "Microinsurance reducing farmer's exposure to weather risk." UNFCCC. http://unfccc.int/files/adaptation/application/pdf/basix.pdf

ている。さらに、BASIXは、貧しい農家の生活向上のために取り組んでいる、さまざまなマイクロファイナンス・助言サービスと一体的に天候インデックス保険を提供することで、地域の統合的なレジリエンスの向上を実現している。

　本保険は、開発途上国で販売された初の農業部門のインデックス保険として、モデル事例となっている。

〈参考文献〉
Asian Development Bank (2012), Sector Briefing on Climate Change Impacts and Adaptation, Agriculture.
UNEP (2011), Technologies for Climate Change Adaptation － Agriculture Sector －
UN Global Compact Office (2012), Business and climate change adaptation: toward resilient companies and communities.
World Business Council for Sustainable Development (2009), Tackling climate change on the ground.

3-2-4 建設・運輸セクターの取組み

損保ジャパン日本興亜リスクマネジメント　**斎藤　照夫**

1　気候変動と建設・運輸セクター

　気候変動は、異常気象の増加、海面の上昇、降水量の変化や気温の上昇、風力の増大等により、建設・運輸セクターに対して大きな影響をもたらす。気候変動の建設・運輸セクターへの影響については、道路への影響を例にみると、次のようなものがある（参考文献のアジア開発銀行の資料参照）。
① 極端事象の増加
　異常豪雨等極端事象の増加は、土砂崩れや泥流による道路途絶等で人々や社会の移動性（mobility）を損なうとともに、流出した瓦礫や岩屑による安全への支障や施設の損壊をもたらす。また、洪水は、河川と交差する橋梁等にダメージを与える。
② 沿岸地域の高潮増大や海面上昇
　高潮等に伴う塩水は、施設の材料を腐食させ強度の低下をもたらす。海岸波の強大化や高潮の増大は、道路敷の侵食、橋台や防災構造物の損傷、海水の越流をもたらす。マングローブ等、沿岸の生態系を損傷し、自然のバリアー機能を劣化させる。
③ 降水量の変化や気温の上昇
　降水量の増加は、盛土の軟弱化、水による路床・路盤の侵食、道路排水能力の低下等により道路の脆弱化をもたらす。気温の上昇は、熱ゆがみ等による舗装の劣化や、凍土層地域における凍土溶解による道路の支持力低下を生じさせる。
④ 風力の増大
　増大する風力により標示施設が耐えられなくなる、転倒した樹木により道路が遮断される等の影響が生じる。
　建設・運輸セクターの気候変動の影響への対処に要するコストは、多額にのぼると見込まれている。世界銀行は、開発途上国における気候変動への適応に要する2010～50年のコストを2010年に試算し、総額で年間750億米ドルから1,000億米ドルと算定している。このうち、建設・運輸等、インフラセクターに係るコストが最大となっており、年間150億米ドルから300億米ドルにのぼっている。このうちの50％以上が、東アジア、南アジアと太平洋地域において必要になるとされている。
　気候変動への影響への建設・運輸セクターの適応策としては、「ハード」のオプ

ションと、「ソフト」のオプションとがある。

　道路を例にとると、「ハード」のオプションには、道路を保護するための改修や移設、道路排水能力の強化、沿岸路への防災構造物の設置、気温変化に強い舗装材の利用、自然のバリアーと調和した海岸保全工法の促進等がある。

　また、「ソフト」のオプションには、マスタープラン策定の際の脆弱性・影響アセスメントの実施、周辺生態系を考慮した総合的な土地利用計画の策定、緊急時の避難用や救援物資搬送用の道路の配置、生態系回廊を分断しないような道路環境対策の実施、早期警報や洪水時のリスクマップの作成がある。

　建設・運輸セクターは、これらのハードとソフトの両面から適応策に取り組むこととなる。

　道路、鉄道、航空機等の運輸セクターにおける取組みには、気候リスクを評価・分析し、運輸インフラに適応策を統合していく取組み、専用の気象情報・警報システムを整備し異常気象に対処する取組み、施設の自然のバリアーとなる生態系の保全について意識啓発を行う取組みがある。

　また、建設事業を行う建設セクターの取組みには、建設事業のサイトで出る排水を高次処理プラントで再利用する、インフラに雨水回収・地下浸透システムを導入する等の取組みがある。

　このような建設・運輸セクターをめぐる幅広い適応の取組みについて、国連気候変動枠組条約（UNFCCC）では、「ナイロビ作業計画（NWP：Nairobi Work Programme）」の一環として民間セクターの取組状況を調査し、結果をPSI適応データベースとして公表する民間参画イニシアティブ（PSI：Private Sector Initiative）を実施している。本稿では、このPSIデータベースの資料等をもとに、世界で進みつつある建設・運輸セクターをめぐる適応の取組みについて、事例を紹介する。

2　適応策の取組み

(1)　運輸セクターにおける取組み

　気候リスクの評価・分析を行い、運輸インフラへの適応策の統合、専用の気象情報・警報システムによる異常気象への対応や、施設の自然のバリアーとなる湿地の保全の意識啓発を行う等の取組みにより、気候変動による影響に対処するものである。

　　a　イージスの取組み[1]

　イージス（Egis）は、フランスを本拠とする建設エンジニアリング企業である。

1　UNFCCC, "Adapting road infrastructure to climate change" UNFCCC.
　http://unfccc.int/files/adaptation/application/pdf/egis.pdf

道路工学等の分野における専門企業として、都市の道路事業や都市間の道路リンク、フランスおよび世界の自動車ネットワーク、国際援助機関による道路事業等のプロジェクトに幅広く取り組んでいる。

極端な気象現象は、すべての道路インフラに、経済面、安全面に多大な影響をもたらすが、気候変動は極端な気象現象を加速させるため、道路インフラの脆弱性が増すこととなる。

通常、インフラ施設は、再現期間（たとえば10年や100年に一度の洪水）で示される気象事象に対して、規制や計算規則の定める強度値を満たすべく、設計されている。このような、これまでの再現期間を参照する方式は、明日の気象は昨日の気象の延長にあるはずという前提に立つ限り、大変有益である。しかしながら、気候変動により、この前提は変わりつつある。気候変動の影響に係る国立観測所（ONERC）によると、フランスにおける極端な気象現象は、今後その件数や強度が増大すると予測されており、従前踏襲の方式は危険性をはらむようになっている。

このためイージスでは、近年の国内外の調査研究や、インフラの設置等での経験をもとに、道路設置者や管理者のために「気候変動への道路インフラの適応：革新的なアプローチとツール」の報告書を作成している。ここでは、早期段階での制度的なアプローチからリアルタイムでのリスクマネジメントまでにわたる、具体的かつ効果的な解決に有用な事例がまとめられている。

また、同社は、道路事業への気候変動によるリスク特定と対応アクションの評価のために、ヨーロッパで行われた「気候変動への道路のリスク管理（RIMAROCC：RIsk MAnagement for ROads in a Climate Change）」プロジェクトに参加している。これは、ヨーロッパ11カ国の道路行政庁による調査プロジェクトの１つであり、2008年より開始されている。

RIMAROCCは、欧州の道路事業に対し気候リスクの評価と管理に関する共通のアプローチを提供することを目的としている。各国の道路管理庁の共通のニーズにあった手法を提供することを目指しており、既存の道路事業のリスク評価やリスク管理の手法をふまえ、既存の手法と互換性をもち並行するかたちで実施できるように設計されている。そのうえで、道路事業における、気候変動への適応策の決定の枠組みや全体的なアプローチを提供している。

 b ÖBBの取組み[2]

ÖBB（オーストリア連邦鉄道公社）は、オーストリアの国有鉄道サービスを担

---

2 UNFCCC, "InfraWeather." UNFCCC.
http://unfccc.int/files/adaptation/application/pdf/obb.pdf

う、政府が100％所有する会社である。

　同社では、異常気象への対応のために、リアルタイムで気象情報や警報を提供する専用のシステム「InfraWeather」を開発し、運用している。同社は、本システムの構築のため、気象観測ステーションの追加、地域的な気象モデルの開発、GISをベースとした鉄道軌道や気象データのオーバーレイ化、洪水リスクの等高線図の作成等の準備作業を行った。新しい気象モデルとレーダー技術の採用により、極端気象事象を10kmのスケール解像度で予測でき、地形や自然単位によっては、より小さなスケールでも把握が可能である。

　InfraWeatherは、リアルタイムで重大気象警報を提供する気象情報・警報サービスであり、そのカバーする極端事象は雷雨、洪水、重大な降雪である。洪水の予測は、河川の水位レベルと気象データを統合することで、12時間前に警報が出せるようになっている。降雪量の予測は、警報サービス地点において、24〜72時間後の降雪量を予測できる。影響の大きな雷雨の予測については、nowcastig技術を用いて雷雨の進路を20〜60分前に予測することが可能である。InfraWeatherのオンラインポータルサイトでは、こうした気象情報と、オーストリア連邦鉄道運行情報を重ねあわせ、閲覧することができる。

　鉄道インフラの管理者は、本気象警報システムを通じて、災害管理において、さまざまなメリットを享受することができる。自然災害の発生に対して、対応のための時間をより長く確保することができ、適切な準備や効果的な対応が可能となる。

　具体的には、人員管理に関して、システムにより早めに災害が予測される結果、人員を最善に配置することができる。さらに、事前準備した対処計画を活用することで、人員のコストを節減することが可能となる。

　また、設備の管理について、対応設備を依頼発注してから借り上げるまでの時間が短くなるほど、設備借上げのコストが高くなるが、システムにより早めの依頼ができることでコスト節約が可能となる。

　さらに、本気象警報システムにより、警報の発生や修理対応を、より正確な時間帯とより特定した場所で行えるようになる。そのため、速度制限の継続時間や運転休止の時間を短縮することができ、運転コストを節減することができる。

　　C　コパ航空の取組み[3]

　コパ航空（Copa Airline）は、パナマシティ東側郊外にあるトキュメン国際空港を

---

[3] UNFCCC, "Panama's Bay Wetlands Project for reducing the potential risk of flood around Airport areas", UNFCCC.
http://unfccc.int/files/adaptation/nairobi_work_programme/private_sector_initiative/application/pdf/copa_airlines.pdf

本拠地とする、パナマの国際航空会社である。

トキュメン国際空港近辺の広大なパナマ湾湿地は、空港を気象災害から守る、自然のバリアーとして機能している。この湿地は、アメリカ大陸の渡り性シギ・チドリ類の重要な中継地として、2003年にラムサール条約の湿地に登録されているが、地域の開発への動きと、環境行政庁の監督の弱さによって、湿地機能の劣化が懸念されている。この背景には、本湿地の価値への一般市民の認知度が低いことがあるが、湿地の災害防止の役割は、気候変動による影響が深刻化するなか、ますます重要となると考えられている。

そのため、コパ航空では、マングローブ林が保護されなかった場合に社会に生じるリスクに焦点を当て、気候変動により影響を受けるコミュニティ等を対象に、気候変動と湿地保全への意識啓発キャンペーンに取り組んでいる。この取組みは、次の2段階で行われている。

第一段階は、コミュニティへの働きかけ（Outreach）である。この段階では、パナマ湾湿地沿いの、川や海に面した洪水に脆弱なコミュニティに焦点を当て、トキュメン地区とジァン・ディアズ（Juan Diaz）地区が選定された。両地区のCentro Básico General Ernesto T. Lefevre 小・中学校、Ricardo J. Alfaro 小学校、Colegio Elena Chavez de Pinate 中学校を対象に、4,616人へ意識啓発活動が行われた。啓発活動の内容は、生徒や教育リーダーを対象とした理論・実践面のワークショップ、ワークショップの追跡と評価、生徒と教師のパナマ湾湿地への現地学習ツアー、絵、詩、歌や環境体験の募集コンペ、コミュニティと連携したマングローブ再植林活動等である。

第二段階は、鋭敏化（sensitization）とコミュニケーションである。第二段階では、湿地生態系の重要性と気候変動問題について、より幅広い層に働きかけ、一般の関心を呼び起こすことを目指した。具体的には、湿地保護の環境ドキュメンタリーの制作や、コパ航空や国営TVでの放映などが行われた。

同社では、こうした意識啓発活動を通じて、環境教育のリーダーの育成や、パナマ湾湿地保護に関心のあるコミュニティリーダーの育成を図っている。また、メディアを通じて、洪水リスクや気候変動に関する知識の普及を図り、社会全体が、気候変動問題や環境問題に対して、より高い関心をもつよう努めている。

(2) 建設セクターの取組み

建設事業のサイトで出る排水の再利用や、雨水回収・地下還元システム導入による地下水の涵養等の取組みにより、気候変動の影響に対処するものである。

　　a　ヒンドゥスタン建設の取組み[4]

ヒンドゥスタン建設（HCC：Hindustan Construction Company）は、インフラス

トラクチャの開発や建設を行う、グローバルに活動するインドの建設会社である。

HCCでは、「インドは、「地域コミュニティの水需要を満たす水資源が不足する」および「地域コミュニティが水資源にアクセスするためのインフラや資金が不足する」という2つの希少性の問題に直面しており、この問題は、気候変動によって悪化し、特に貧しい人々がより大きく影響を受ける」と認識している。

この問題に対処するため、同社は、2008年より、水問題管理のためのフレームワークを導入し、ウォーター・ニュートラリティ（water neutrality：使用した水と同等量の水をコミュニティや自然に還元する）を目指すという目標を掲げている。具体的には、4R（削減、再利用、再生利用、水の補充：reduce、reuse、recycle、recharge）の考え方に基づき、事業サイトごとに、水保全対策の取組みを進めている。

この取組みの中心となるのが、本社からの専門家・実務家メンバーと、各プロジェクトサイトから指名されたメンバーによって構成される水保全対策チームである。サイトごとに水へのインパクトの評価、水保全手法に係る技術・社会・コスト面の分析、実施される対策手法の決定、モニタリングを行っている。

また、対策の実施にあたっては、地域コミュニティの意向を反映するため、地域の市民団体と協働し、ステークホルダーミーティングを行うこともある。

こうした水保全対策を事業に組み入れたケースとして、以下の2つの事例を紹介する。

・Visakhapatnum地下貯蔵施設プロジェクト

同社は、インド政府が進める原油戦略備蓄のための地下貯蔵施設の建設プロジェクトの第1号として、インド南東部のアンドラプラデーシュ州のVisakhapatnum地下貯蔵施設プロジェクトを、2008年に受注した。これは、Vizag市の海面下79mの地下に、高さ10階建て、長さ3kmの巨大な洞窟を建設するものである。

建設プロセスでは、作業に必要な飲料水レベルの水をVizag市で購入し、タンカーで搬入する一方で、掘削作業等で発生した1日当り100万〜600万リットルの排水を、粒子状物質を除去し簡易処理した後に、政府の基準に従って外部へ放流していた。

その後、2009年に深刻な干ばつが発生し、建設事業における大量の水使用が地域コミュニティの水需要と競合し、事業の継続に影響を及ぼすおそれが出てきた。このため同社は、排水を事業で再利用することとし、上水レベルまでの高度処理を行う高性能水処理プラント（処理能力：1日100万リットル）を、建設サイト内に設置した。

---

4 UN Global Compact Office (2012), "Business and Climate Change Adaptaiton: toward resilient companies and communities." UN Global Compact Office.
http://www.ddline.fr/wp-content/uploads/2012/11/Business_and_Climate_Change_Adaptation.pdf

この結果、掘削やダスト発生防止等の建設プロセスで使用する水の95％を、処理水でまかなえるようになった。また、外部水源からの水の購入費を大幅に削減でき、処理プラントの費用を3カ月で回収することができた。ちなみに、購入する上水の節約量は、Vizag市の水消費量の6カ月分に相当する量にのぼっていた。そのため、処理プラントの導入により、地域の水使用との競合を緩和することで事業の継続の安定性を増すことができた。

本対策の成功を受けて、同社は、インド南西部のカルナタカ州のPadurでの第二プロジェクトにおいても同様の水保全対策を採用している。また、インド政府の石油戦略備蓄機構では、地下貯蔵施設プロジェクトの入札の要件として、水処理とリサイクルプラントの設置を求めるようになった。

・デリー・ハリダバード高架高速道路建設

同社は、通行量が1日10万台と、きわめて混雑するエリアの渋滞緩和のために計画された、デリー・ハリダバード高速道路の建設にあたり、水の節減、再使用、リサイクル、雨水貯留池の設置、屋上の雨水回収設備の設置等の水保全対策のほか、雨水回収・地下還元システムの導入に取り組んでいる。この画期的なシステムでは、高速道路の脇に雨水回収のための水路・排水施設を設置し、雨水が、高速道路沿いに設けられた地下浸透用の井戸に流れ込み、地下水層に還元される。地下浸透部分には、高性能のフィルターシステムが設置されており、油や潤滑油等の不純物が除去され、目詰りによる効率低下が生じないよう配慮されている。同社は、こうした雨水回収・地下還元施設を2カ所に設置している。

この高速道路は、同社が建設後18年間運営し、その後政府に移転するBOT方式を採用している。同社の試算では、BOTのタイムフレームを通じて、事業が与える水バランスへの影響はポジティブとなっている。すなわち、建設およびその後の運営の期間を通じて、保全される水の量は、建設期間中に使用された水の量を上回ると試算されている。今後、地下還元施設に設置された流量計を通じて、効果がモニタリングされていくこととなる。

このような雨水回収・地下還元システムは、プロジェクトごとの水のニュートラリティを超え、道路沿線の地域コミュニティへの水供給に、長期的に貢献することができる。同社は、こうしたシステムが、インドの高速道路や他の道路インフラに普及していくことで、水ストレスに悩む地域の気候変動への適応の推進に役立つと考えている。

〈参考文献〉

Asian Development Bank (2011), Guidelines for Climate Proofing Investment in the Transport Sector, Road Infrastructure projects.

Asian Development Bank (2012), Sector Briefing on Climate Change Impacts and Adaptation - Transport (Roads).

Asian Development Bank (2012), Sector Briefing on Climate Impact and Adaptation - Urban Development.

UN Global Compact Office (2012), Business and Climate Change Adaptation: Toward resilient companies and communities.

3-2-5 水資源セクターの取組み

損保ジャパン日本興亜リスクマネジメント　斎藤　照夫

1　気候変動と水資源セクター

　地球は表面の3分の2が水に覆われており、水の惑星ともいわれる。しかし地球の水の大部分、97.5％までが塩水で、これはわれわれの利用には適していない。また、残り2.5％の淡水のうち70％までが、南極、北極、永久凍土層に固定された氷、地下深くに潜む地下水であり、これらを除いた人間が直接利用できる、川、湖沼、地下水等の淡水は、全体のたった0.1～0.2％にすぎない。このような少ない水であっても、人々がその水を使って生活を続けていくことができるのは、水が不断に循環しているからである。人々が使用した水が、地表や海面から蒸発し、その水蒸気が降雨となり、清浄な水として地表に戻ってくる。

　しかし、気候変動は、この水循環のパターンを変化させ、地域や季節によって過少な水の問題（干ばつ）や過剰な水の問題（洪水）を発生させ、水資源セクターに対し大きなインパクトをもたらす。水資源セクターへの主な影響として、河川流量の減少、降雨変動の拡大、降雨の強度増加および海面の上昇の4つがあげられる（参考文献のUNEP資料参照）。

・河川流量の減少に関しては、中緯度地域の乾燥地域や熱帯乾燥地域の河川流量は、2050年までに10～30％減少すると予測されており、干ばつ地域等、水ストレスを受ける地域の増加が予想される。
・降雨変動の拡大は、著しい少雨の増加をもたらし、積雪量の減少や融雪時期の変化による雪解け水の減少等とあいまって、乾季における利用可能な水の減少が懸念される。
・降雨強度の増大は、短期集中型の豪雨の増加をもたらすとともに、高緯度地域および熱帯湿潤地域の河川流量は、10～40％水量が増加すると予測されており、洪水等の水害の増加が懸念される。異常豪雨は、人々の健康にも影響を与え、たとえば途上国の水起因の伝染病の発生の10％は、異常豪雨の影響によるものとされている。
・海面上昇は、人口が集中し水資源の乏しい沿岸部において、地下水の塩水化をもたらすとともに、乾季や高潮の際には、塩水が地表水に侵入し地域の水供給に影響を与える。たとえば、ベトナムのメコン地域では、乾季に内陸30kmまで塩水が侵入し

ている。

　今後、気候変動の進行と、人口の増加や経済発展による1人当り水使用量の増大とがあいまって、今世紀半ばまでには、世界の人口の3分の2が、水ストレスのもとに置かれるとされている。そうしたなか、水資源セクターには、気候変動に的確に対処し、安定した水の供給を図るとともに洪水等の極端現象のリスクに備えることが求められている。

　このための適応策の第一は、水資源システムのレジリエンスを高めるための取組みである。このなかには、水資源セクター単独の取組みに加え、他のセクターとの連携により流域での対応を進める「統合的な水資源管理（IWRM：Integrated Water Resources Management）」のアプローチに立った取組みがある。これには、水源地の森林の水を供給する生態系サービス機能を強める取組みや、近隣の他のセクターで生じた余剰水を新たな水源として活用する取組みがある。

　また、気候変動リスクを予測して長期の戦略を立て、これに基づいて必要な適応を迅速に進めるアプローチ（ready-to-respond approach）に立った取組みもある。これには、将来予想される気候変動への対応方針を、広範な公衆協議のもとに長期の戦略文書としてまとめ、これに基づいて気候変化への水資源システムの改善を計画的に進める取組みがある。

　適応策の第二は、水に係る技術の開発や、早期警報システム構築の取組みである。これには、安全な水が不足する地域の人々に、清浄な水を安価に供給する技術の開発と普及や、水害や土砂災害に脆弱な地区において降雨量データをリアルタイムで収集し早期に警戒情報を提供する情報ネットワークの構築等の取組みがある。

　適応策の第三は、損失と損害（Loss & Damage）への対処の取組みである。たとえば、マイクロインシュランス機関により、洪水等により被害を被った小規模事業者に対して、低価格の保険カバーを提供し、損失の補てんと回復を図る取組みがある。

　このような水資源セクターにおける幅広い適応の取組みについて、国連気候変動枠組条約（UNFCCC）では、「ナイロビ作業計画（NWP：Nairobi Work Programme）」の一環として民間セクターの取組状況を調査し、結果をPSI適応データベースとして公表する民間参画イニシアティブ（PSI：Private Sector Initiative）を実施している。本稿では、このPSIデータベースの資料等をもとに、世界で進みつつある水資源セクターにおける適応の取組みについて、事例を紹介する。

2　適応策の取組み

(1) 水資源システムのレジリエンスを高める適応策

　水源地の森林の水供給能力強化、不用水の水資源化、気候変化への計画的な対応

等、水資源システムの強靭さを高める取組みにより、気候変動の影響に対処するものである。

　　a　ボゴタ上水・下水会社（EEAB）[1]

　ボゴタ上水・下水会社（EEAB）は、コロンビアの首都ボゴタ都市圏において、上水サービスの100％、下水処理サービスの99％、都市雨水排水サービスの98％を提供している、コロンビア政府の所有する会社である。

　同社は、民間NGOコンサベーション・インターナショナル（CI）のプロジェクト「INAP：Integrated National Adaptation Project」のパートナーとして、その上水の水源を支えるChingaza地域の森林の保全・再生を行い、水供給力を強化するための取組みを進めている。INAPプログラムは、生物多様性の強化により適応策を進める、生態系をベースとしたアプローチ（EbA：Ecosystem-based Approach）を特徴としており、その内容は、

・意思決定者のための水と気象の予測に係るコミュニケーション
・Chingaza地域における生態系サービスを支援するプログラム
・コロンビアのカリブ海諸島における生態系サービスを支援するプログラム
・気候変動による生物媒介疾病への暴露増大への対応

の4つの構成要素からなっている。

　同社はこのうち、2つ目のプログラムに参加しており、Chingaza地域のRio Blanco水系の生態系サービス保全に取り組んでいる。Rio Blanco水系は、ボゴタから70kmに位置する4万ヘクタールの森林地域であり、ここから供給される水は、ボゴタ約800万人の市民の重要な水源となっている。しかし、気候変動による降水量の減少や気温上昇によって、水系の森林のもつ浄水の供給能力や地下水の涵養能力が減少すると見込まれており、その再生と保全が課題となっている。EEABは、水ビジネスにおいて、同地域からの水の供給に大きく依存しており、その自然の保護は戦略的に重要性が高いといえる。

　INAPでは、Rio Blanco水系の森林について、地域コミュニティと協力して植生の再生事業を進めるとともに、自治体の土地利用計画のなかに適応策を織り込むことを目指しており、森林の劣化した200カ所以上で、植生の再生事業を行っている。その実施にあたっては、伝統的な知見に基づき植林する樹種を選定し、苗木の育成や植林の手順について地元と協議を行うなど、コミュニティの知恵を活かす配慮がなされている。また、同水系内の自治体においては土地利用計画に、土地修復計画や持続的な

1　UNFCCC, "Designing and implementing an adaptation program to support ecosystem services." UNFCCC.
　http://unfccc.int/files/adaptation/application/pdf/eeab.pdf

農場管理等の適応策を含むようにアップデートがなされている（これには、樹木のフェンス囲み、作物の多様化、土壌および水保全型の農法、森林の水保持能力を低下させる山火事の防止等が含まれる）。

同社は、Chinzaga地域が事業にとって重要な水供給源であることをふまえ、今後ともINAPのパートナーとして、同地域の生態系保護プロジェクトに参加する方針である。

 b アングロ・アメリカンの取組み[2]

グローバルな鉱山会社であるアングロ・アメリカンは、南アフリカ共和国のWitbank炭田で操業しているが、その採掘の際に生じた余剰地下水を浄化処理し、eMalahleni市に供給する取組みを行っている。

同市は、南アフリカ北東部の工業の盛んな人口約40万人の都市であるが、オリファント川水系にあり、水資源が厳しい状況にある。気候変動の予測モデルの結果によると、平均年間降水量は2050年まで減少が見込まれ、将来的に、水供給はますます厳しさを増すと考えられている。一方、水需要は増加が見込まれ、今後、同地域の水不足は深刻となると懸念されている。

このように、コミュニティにとって、地表における過少な水が問題となる一方で、鉱山会社にとって、炭田の操業で発生する地下の過剰な坑内水が、大きな問題となっている。アングロ・アメリカンがeMalahleni市付近で操業する鉱山では、1億4,000万m³の余剰水が発生しており、これは1日当り250億リットルを上回る量となる。

このような状況のなか、アングロ・アメリカンは、電力会社のEskomや他の鉱山会社数社と連携して、10年間調査を行い、地域の不要な地下水を処理してコミュニティに提供することを決定した。2007年に約1億米ドルを投資してeMalahleni水処理プラントの建設を行い、現在、このプラントは、1日3,000万リットルの水を処理し、その供給水量は、eMalahleni市の上水需要量の20％に達している。さらに増設工事によって、2013年までに、処理水量が1日5,000万リットルに増加する見込みである。

eMalahleni水処理プラントの建設により、アングロ・アメリカンは余剰水を適切に処理できるとともに、eMalahleni市は新たな水源を確保することで、水のリスクに対するレジリエンスを高めることができる。アングロ・アメリカンの取組みは、同社と地域社会の双方にメリットを生んでおり、ウィン・ウィンの関係を達成するものとなっている。

---

 2 UNFCCC, "eMalahleni:Water for adaptation." UNFCCC.
  http://unfccc.int/files/adaptation/application/pdf/anglo_american.pdf

C　テムズ・ウォーターの取組み[3]

テムズ・ウォーターは、ロンドンおよびテムズ渓谷を事業地域とする英国最大の水・汚水処理サービス会社であり、毎日、26億リットルの上水を供給するとともに、28億リットルの下水処理を行っている。

英国水業界と環境庁の共同研究によると、気候変動により、テムズ川の8月の河川流量は2020年代末までに25％減少する一方で、気温上昇により市民の水需要は増加すると見込まれている。また、極端な豪雨が、2080年までに3倍に増加すると予測されている。このことは、自然環境に直接的に依存して事業活動を行っているテムズ・ウォーターにとって、大きなインパクトになる。

このため、同社は、将来の気候変動への対応を、コアとなるビジネス戦略に掲げ、長期的な戦略を策定し、設備改善と従業員強化の両面から、気候変動への適応能力の計画的向上に取り組んでいる。

この取組みの中心となっているのが、今後25年間（2010～35年）の対応を記載した、「Taking Care of Water」という戦略指針文書（SDS：Strategic Direction Statement）である。ここでは、同社が、気候変動をはじめとして漏水、水効率の改善等の諸課題に対し、顧客に良質のサービスの提供を続けるためにどう対処するかの、基本戦略を規定している。

SDSの作成にあたっては、同社において過去最大となる、マルチステークホルダーによる対話プロセスを実施している。このプロセスでは、顧客とのディスカッション、ステークホルダーワークショップ、国会議員へのインタビュー、オンラインでの意見交換等を行っており、全体で2,600を超える意見が出されている。

SDSは、2010～15年の間の重要なアクションとして、以下の3分野をあげている。
① 水資源
事業運営を通じて、気候変動の影響に特に配慮していく。
② 下水／内水氾濫（Sewer flooding）
2015年までの間、内水氾濫に対して流域と気候変動への理解を改善する。また新しい施設の設計基準を30年に1回の洪水への保護レベルに向上させる。
③ 洪水防護
100年に1回の洪水に20％を加えたリスクに対応するとの環境庁のガイドに基づき、リスク評価を行い、防護レベル向上のための、2010～20年の段階的な計画を策定する。水資源システム施設の洪水への強靱性に関する評価枠組みの開発においては、

---

[3] UNFCCC, "Taking care of water : Adapting business operations." UNFCCC. http://unfccc.int/files/adaptation/nairobi_work_programme/private_sector_initiative/application/pdf/thames_water.pdf

水サービス規制機関（Ofwat）と密接に連携して作業する。

　また、同社は、サプライチェーンでの対応を進めており、2008年よりサプライヤーに対し、気候変動、適応策、低炭素への対応を求めている。気候変動の影響が増大するなか、サービスレベルを維持するために必要な適応行動、サプライヤーが提供する商品やサービスのカーボンフットプリントに関する評価実施等、気候変動問題への貢献の実施をサプライヤーに求めている。

　このように同社は、市民への安定した水供給や環境保護を実現するため、将来の気候変化に対して、長期戦略や適応策を策定し、その実施に積極的に取り組んでいる。同社は、このような気候変動への率先した（proactive）アプローチは、影響の発生後に対処するアプローチよりも、費用効果が高いと考えている。

(2) 水に係る技術開発、早期警報システム

　清浄な水を安価に供給する技術の開発・普及や、降雨量データをリアルタイムで収集し早期警戒に活用するネットワークの構築等を通じて、気候変動への影響に対処するものである。

　　a　ゼネラル・エレクトリックの取組み[4]

　米国のゼネラル・エレクトリック（GE：General Electric）では、新しい水処理技術と革新的なビジネスモデルを生み出すことを目指し、水制約の強い地域の事業者や都市と広範なパートナーシップを組み、多くのパイロット・プロジェクトを実施している。

　インドにおいて、同社はインド政府と共同し、今後必要となる6万メガワットの発電能力の開発に必要となる用水確保に対処するため、処理水の再利用技術の利用を進めている。これにより水不足の解消を図るとともに、直面する都市廃水の処理に係る問題の解決を目指している。

　また、同社は、インドの水道の届かない地域において、高度の水浄化技術を活用して安全な飲料水を人々に安価に供給する、「安全な水キオスク」（Safe Water Kiosks）の設置・普及を進めている。地域の起業家やコミュニティが、「安全な水キオスク」の創業・運営費を調達できるよう、Safe Water Network等のパートナーや銀行等の金融機関と連携し、水キオスクにかかわるマイクロファイナンスの構築を進めている。

　中国において、同社は不足する飲料水の供給の問題の解決策として、高性能処理プラントをトラックに搭載した、移動式浄化プラント方式を開発している。このプラン

---

[4] UNFCCC, "Technologies that build climate resilience." UNFCCC.
http://unfccc.int/files/adaptation/nairobi_work_programme/private_sector_initiative/application/pdf/ge.pdf

トは、大規模な村落の場合、村落に配備して飲料水を浄化・供給するとともに小規模な村落の場合には複数の村落をまわり、飲料水を製造しタンクに貯水することができる。この方式は、中国政府の国家開発戦略のなかで評価されており、災害救助や水供給の一時断絶の際にも、機動的に対処することが可能である。

さらに同社は、省エネルギー性に優れた次世代型淡水化技術に投資を続けており、最近では、アルジェリアにおいて、大規模な海水淡水化プラントHammaを建設した。この施設は、アルジェリアの首都で最大の都市アルジェにおいて、必要な飲料水の25％を供給できる能力を有している。

このような同社の水分野での取組みは、干ばつ、水不足や水質悪化問題に直面する脆弱な地域のレジリエンス向上に貢献する一方、米国内において質の高い雇用を生み出している。

b　テレフォニカの取組み[5]

スペインおよびスペイン語圏のラテンアメリカ諸国を中心に事業を展開している、グローバル通信事業者テレフォニカ（Telefónica, S.A.）の、テレフォニカ・ブラジルでは、携帯電話のモバイルネットワークを活用して降雨データを収集し、極端現象発生の際に警報を出すシステム「Vivo Clima」の構築に取り組んでいる。

ブラジルでは、雨期のシーズンになると、異常豪雨により洪水や地崩れ、建物崩壊等が生じ、物的な損害のほか、土砂崩れや生き埋めによる死亡事故が発生している。特に不法居住地区等、貧しい人々が多く住む、脆弱性の高い地域で発生することが多く、ハイリスク地区周辺の気象情報のリアルタイムでの情報収集と早期警報システムの実現が課題となっている。

これを受け、同社は、ブラジル中に有する携帯電話のネットワークに着目した。高リスク地域にある携帯電話用のアンテナに、降雨量を自動測定する雨量計と、モバイルネットワーク（3G/GRPS）を通じて降雨データを送信するM2M（Machine-to-Machine）ユニットを設置し、降雨情報をリアルタイムで収集するシステムの構築に着手した。本システムで収集されたデータは、ブラジル政府の科学技術イノベーション省（MCTI）内に設けられた、国家自然災害モニタリングセンター(CEMADEN)や、市民団体に送信される。

本システムにより、ブラジル全土の降雨状況マップをリアルタイムで作成できるうえ、ハイリスク地域の降雨の強度等を分析できるようになる。さらに、災害リスクが高まった地域コミュニティに対して、携帯電話ネットワークを通じて、テキストベー

---

[5]　UNFCCC, "Vivo Clima." UNFCCC.
http://unfccc.int/files/adaptation/nairobi_work_programme/private_sector_initiative/application/pdf/vivo_clima.pdf

ス（SMS）でその情報を発信できる。

　本システムのパイロット・プロジェクトが、サンパウロ大都市圏マウラ地区で、2012年6月から行われたが、同地区は洪水や土砂崩れが頻発するうえ、人口密度が高く、災害リスクが高い地域である。このプロジェクトを通して、極端現象の発生から緊急警報までに要する時間を大幅に短縮でき、ハイリスク地域の人々の早期避難が可能となり、人命や財産を保護することができた。パイロット・プロジェクトの結果が、ブラジル政府により高く評価され、本システムを全国へ拡大することとなり、2013年末までに、新たに1,500の雨量計がVivo Climaシステムに設置される計画である。

　リスクが高い広範な地域の雨量データを、リアルタイムで収集できるようになり、緊急事態発生時の警報を、格段に早く出せる。これにより、ハイリスク地域のコミュニティの人々の被害、特に土砂崩れや生き埋めによる死亡者が減少し、気候変動へのレジリエンスを高めることができると期待される。

(3)　損失と損害への対処の取組み

　洪水等のリスクに対して、低価格での保険カバー（マイクロインシュランス）を零細事業者に提供することにより、損失と損害に対処するものである。

　　a　フォンコゼの取組み[6]

　フォンコゼ（Fonkoze：Fondasyon Kole Zepol）は、ハイチで低所得者に対する融資を行う、ハイチ最大のマイクロファイナンス実施機関（MFI）である。同機関では、マイクロファイナンスを受けた低所得者に対して、豪雨や暴風のリスクへの保険カバー（マイクロインシュランス）を提供する取組みを行っている。

　フォンコゼは、MFIとしての15年の間に、マイクロファイナンスを受けて小事業を立ち上げるべく勤勉に活動してきた事業者（そのほとんどが女性）の努力が、ハリケーンや洪水、地震等の災害によって灰燼に帰す光景を、何度も繰り返しみてきた。そのため、災害による損失を軽減するための、リスク移転商品の必要性を痛感していたが、一般の保険はコストが高く、一般の人々にとって保険の購入は困難な状況であった。

　このため、同機関は、スイス再保険会社やハイチの保険会社AIC、英国開発庁等とともに、2011年に、「マイクロインシュランス災害リスク機構（MiCRO）」を設置した。MiCROは、ドナーの支援で設置された信託基金（Multi-Donor Trust Fund）を備えた、災害リスクからの貧困者の保護を目的とした保険機構である。

6　UNFCCC, "Natural disaster insurance protecting Haiti's micro-entrepreneurs." UNFCCC.
　http://unfccc.int/files/adaptation/application/pdf/fonkoze.pdf

MiCROがフォンコゼの再保険を引き受けることにより、2011年より同社は、マイクロファイナンスの融資を行っている約5万5,000人の全員に対し、災害リスクへの保険カバーの提供を開始した。この保険は、契約者の事業施設や家屋が、豪雨、風、地震により破壊され、融資返済の継続が困難と認められた場合、緊急補償金として125米ドルの現金支払、負債の取消し、事業を再開する場合の新規融資の承認が与えられるものである。

　保険支払手続は、マイクロファイナンスの仕組みを活用して行われ、融資を受ける5人からなるグループ（Solidarity group）が、6～10グループ集まったセンターを中心に進められる。センターのリーダーが、災害直後に被害状況を調査し、その報告をもとに、各グループとフォンコゼの専門スタッフからなるセンターミーティングにおいて審議・決定される。

　保険料については、保険契約者が、マイクロファイナンスの融資額から少額（3％）を保険料として支払うとともに、MiCROが保険料の一部を負担している。

　2011年度には、洪水被害を中心に、5,000件の保険金の支払を行ったが、その結果、破産する人が減少するなど、災害による地域社会への影響の軽減に貢献している。フォンコゼでは、保険とあわせて、契約者個々人が行うべきリスク低減に関する取組みや、自然災害への注意喚起等に関する教育プログラムを提供しており、こうした取組みを通じて、零細事業者のレジリエンスの向上と貧困からの脱出の支援に努めている。

〈参考文献〉

Asian Development Bank（2012）, Sector Briefing on Climate Change Impacts and Adaptation － Water Supply and Sanitation.
Mark C. Trexlar & Laura H. Kosloff（2012）, The Changing Profile of Corporate Climate Change Risk.
UNEP（2011）, Technologies for Climate Change Adaptaion － The Water Sector －.

3-2-6 エネルギーセクターの取組み

損保ジャパン日本興亜リスクマネジメント　斎藤　照夫

1　気候変動とエネルギーセクター

　気候変動は、水温や気温の上昇、降雨パターンの変化、極端現象の増加、海面の上昇等により、エネルギーセクターに運営の支障や供給のストップ等の影響を及ぼすとともに、熱波の発生による急激な需要の増加により、システムの負荷を高める。

　気候変動がエネルギーセクターに及ぼす影響については、次のようなものがある（参考文献のアジア開発銀行の資料参照）。

・水温の上昇は、冷却システムの運転に悪影響を与え、温排水基準の遵守を困難とする。気温の上昇は、発電効率を低下させ、出力を落とすとともに、熱波の発生は、冷房エネルギーに対する需要の急激な増加を招き、送配電システムの負荷を高める。

・降雨パターンや河川流量の変化、干ばつの頻度や強度の増大は、水力発電の運転に悪影響を与えるとともに、火力や原子力発電所での冷却水利用に影響をもたらす。また、干ばつによる地下水位低下は、地下水くみ上げによるエネルギー需要を増加させる。

・豪雨や暴風雨等の、極端現象の強度や頻度の増加は、発電用燃料（石炭、石油、ガス）の調達や質に影響を与える。また、発電施設や送配電システムに支障を与え、エネルギーの供給能力や安全性の低下をもたらす。

・雲量や風速の変動の激化は、風力発電や太陽光発電のエネルギー出力を不安定にし、送配電システムの安定性に影響を与える。降雨パターンの変化はバイオマスエネルギーの調達に影響を与える。

・海面上昇は、沿岸域に立地する発電施設や送配電システムに被害をもたらし、将来の建設適地を制約する。

　エネルギーセクターの適応策は、エンジニアリング手段（engineering measures）と非エンジニアリング手段（non-engineering measures）に分けられる。

　エンジニアリング手段には、より強靱な設計、リスク分散を考慮した施設立地、湿度・塩分・気温に強い部品の採用、空冷または使用水の少ない冷却システム、多重性をもった制御システム、供給およびエンドユーザーにおけるエネルギー効率の向上等

がある。

　具体的には、発電施設や送配電施設の強靱化があげられ、これには、気候リスクを評価・分析し、災害等の影響予測をふまえて、エネルギー施設の分散立地や強化を図る取組みが必要である。エネルギーセクターのインフラ投資は長いリードタイムをもち、その設置は40年以上持続するため、十分なリスク分析や影響予測が求められる。なかでも、原子力発電所は、重大事故発生時の被害が甚大であるため、洪水や津波等の極端現象による予想リスクを幅広く考慮して、安全性確保のための自家発電施設や冷却システムの強靱化を講じていく必要がある。また、厳しさを増す水の制約に応じて、発電所に空気冷却方式を採用して、大幅に使用水を削減することも有効である。

　非エンジニアリング手段には、運転管理の強化、災害に脆弱な地域を避けるゾーニング、気候変動対策と災害対策との統合、気候変化によるエネルギー需給予測手法の改良、発電セクターと水資源セクター等との計画の統合、台風や洪水の地域的予測モデルの改良等がある。

　具体的には、送配電システムに気象情報のネットワーク機能を付加し、異常気象による送配電システムに対する影響を予測することで、危機管理を円滑化するなどの取組みがあげられる。

　一方、公的な送配電が届かない人々は世界で16億人といわれており、その大部分は途上国の遠隔地のコミュニティである。これらのコミュニティでは、気象変化や対応策の動向に係る情報へのアクセスが困難となっている。

　このため、未電化のコミュニティに革新的な発電設備を用いたシステムを導入し、そのレジリエンスを高めるための取組みが進められている。具体的には、コミュニティの中心部に太陽光発電装置を設け、生み出した電力を活用し、照明器具や充電器の貸出を行う取組み等がある。

　このような、エネルギーセクターをめぐる幅広い適応の取組みについて、国連気候変動枠組条約（UNFCCC）では、「ナイロビ作業計画（NWP：Nairobi Work Programme）」の一環として民間セクターの取組状況を調査し、結果をPSI適応データベースとして公表する民間参画イニシアティブ（PSI：Private Sector Initiative）を実施している。本稿では、このPSIデータベースの資料等をもとに、世界で進みつつあるエネルギーセクターをめぐる適応の取組みについて、事例を紹介する。

2　適応策の取組み

(1)　発電施設や送配電システムの強靱化

　気候リスクを評価・分析し、災害等の影響予測をふまえてエネルギー施設の分散立地や施設システムの強化を図ることにより、気候変動による影響に対処するものであ

る。

　　a　エンタジーの取組み[1]

　米国ニューオーリンズを本拠とする電力会社であるエンタジー社（Entergy Corporation）は、ハリケーンカトリーナを教訓に、発電施設や送配電システムのリスク対応力を強化する取組みを、計画的に進めている。

　ハリケーンカトリーナは、2005年に米国南東部を襲い1,836人の死者と1,080億米ドルの経済損失（間接損失を含めると1,500億米ドル）をもたらした大型ハリケーンである。その直撃を受けたニューオーリンズでは、周囲の堤防が決壊した結果、市内の8割が冠水し、市民が避難シェルターや周辺地域での避難生活を、長期間余儀なくされる被害を受けた。

　同社は、カトリーナとその後のハリケーンリタによって20億米ドルの被害を受けたことを機に、気候リスクに対応する重要性を強く認識し、同社の発電・送配電等の施設を強靭にするための対策に乗り出している。

　具体的には、同社では、カトリーナの後にデータセンターや変電センターの移転を行ったが、その立地選定にあたっては、気候への脆弱性を判定し、多重性を考慮した。その後、社外の専門家を含めた事業継続検討グループを編成し、気象変化のほか、テロリストの攻撃や感染症等のリスクに対して評価分析を行い、対策を進めてきている。

　また、現在、メキシコ湾岸にある石油・天然ガスの基地の、ポート・フォーチョンへの送変電線の再配置と強化を行うため、5年で7,350万米ドルの投資を行うプロジェクトを実施中である。同送電ラインは、カトリーナにより送電が止まり、メキシコ湾岸の油田地帯からの石油・ガス搬入が停止したため、原油価格が一時高騰するといった混乱を招いたことがある。

　ほかにも、同社では、主たる操業地であるメキシコ湾岸地域の、ハリケーンや海面上昇等の気候変動に対する脆弱性について調査研究を実施し、顧客や地域選出議員に注意を喚起し、適応策の検討を呼びかけている。同社が2010年10月に発表した、メキシコ湾岸の気候リスク評価に係る調査研究レポート「Building a Resilient Energy Gulf Coast」では、2030年まで、カトリーナ級のハリケーンによる経済影響が、現在の100年に1回から1世代に1回生じるようになり、今後20年間にメキシコ湾岸地域は、累積で3,500億米ドルの経済損失を受けるとの予測を示している。これに対して、建築基準の強化や海岸養浜、家屋の屋根補強等、費用効果の高い適応策を実施す

1　UNFCCC, "Hurricane Katrina: A climate wakeup call" UNFCCC.
　http://unfccc.int/files/adaptation/nairobi_work_programme/private_sector_initiative/application/pdf/entergy.pdf

れば、この損失を1,350億米ドル削減できるとしている。

 b エスコムの取組み[2]

 エスコム（Eskom）は、1923年に設立された南アフリカ共和国のヨハネスブルグを本拠とする国営電力会社であり、アフリカ最大の電力生産者である。同社は、発電、送電、配電部門に分かれており、南アフリカ共和国で使用される電力の95％を生産している。

 南アフリカ共和国における気候変動に関連するリスクとしては、干ばつや洪水の発生頻度と強度の増大、居住状況の変化とこれに伴うインフラストラクチャの移動、これらによる同社のスタッフや顧客へのリスク等があげられる。特に同社は、石炭火力における冷却水の大量使用により、同国で最大の水資源の使用者となっており、多くの発電所の立地地域が水不足に悩んでいることから、水の希少性が最大のリスク要因となっている。

 同社では、短期的な適応策として、新規火力発電所での乾式冷却システムを採用しており、これによって冷却効率のロスはあるものの、水使用量を90％削減できる。

 中・長期的な適応策として、影響のモデル分析を行い、長期計画とリスク低減戦略へ適応策を統合し、発電施設や送配電システムの強靱化や、スタッフの能力向上に取り組み、適応コストの低減、運営への支障の最小化を図っている。

 具体的には、事業のなかで最も脆弱な「ホットスポット」の特定と順位づけのため、ケープタウン大学等の研究機関と連携し、気候モデルの分析・活用を行っている。特に、発電所における水の利用可能性、供給能力に影響を与える異常気象事象、インフラへのダメージや、人々の居住状況の変化に関するリスクに焦点を当て、検討を進めている。

 また、同社は、国連のグローバルコンパクトの「CEO水マンデート（The CEO Water Mandate）」に基づき、持続的な水利用をそのビジネス決定に含めること、新規の水効率化技術のために投資すること、会社の製品やサービスに直接使用する水の状況を把握するために水利用の総合アセスメントを行うこと、同社の全石炭火力発電施設の水を計算・管理する「水計算ディレクティブ（Water Accounting Directive）」を実行することを、誓約している。さらに、同社は、サプライヤーに対しても、水保全策、水質モニタリング、排水の処理、再利用等を改善するよう、働きかけている。

 同社の事業運営は、水等の脆弱な資源および発電・送配電インフラストラクチャに大きく依存している。これをふまえ、同社は、現在および予想される気候変動の影響

---

[2] UNFCCC, "Ensuring reliability and continuity of energy supply." UNFCCC. http://unfccc.int/files/adaptation/application/pdf/eskom.pdf

を理解し、その知見を意思決定に統合していくことが、その事業運営とエネルギー供給を継続し、ビジネスを存続させていくうえで重要であると考えている。

(2) 送配電システムへの気象情報システムの統合

送配電システムに気象情報のネットワーク機能を付加し、異常気象による送配電システムに対する影響を予測することで、危機管理を円滑化し、気候変動による影響に対処する取組みである。

　　a　EDPの取組み[3]

EDP（Energias do Brasil）は、ブラジルのサンパウロを本拠とするエネルギー供給会社である。ブラジルでは、雷、強風、豪雨等が多く発生し、送配電システムが影響を受け、電力の供給停止が頻発している。

そのため同社は、異常気象への対応力を強化するため、気候グリッド（Clima Grid）プロジェクトに取り組んでいる。このプロジェクトは、EDPとINPE（National Institute of Space Research：国家宇宙調査研究所）とのパートナーシップで実施されており、送配電システムに気象の情報を取り込み、異常気象リスクの早期検出と対処を図るものである。

EDPは、雲と雲中の稲妻を検出するセンサーのネットワークBrasil DATに参画し、ここから得られる情報と、INPEに記録された過去のデータとあわせることで、送配電システムに影響を与える気象要素の数値モデル化を実現している。INPEでは、5kmの空間解像度で、降水量、風力・風速、温度、湿度、気圧等の気象要素について、24時間の予測ができる気象モデル（WRF：Weather Resource Forecast）を開発した。この結果は、日々、M2M（Machine to Machine）情報を通じて利用可能となっており、このモデルは、EDPが構築した先導的なスマートグリッドに統合されている。なかでも2012年末から開始されたPLR（Probability Lightning region：予想落雷地域）の情報の提供は世界でも革新的な成果といえる。同社は、収集されるデータをふやし、Clima Gridのアウトプットの正確性を改善するため、新たな投資を計画中である。

同社は、ClimaGridのアウトプットのなかでも、リスクと機会のマッピングが重要と考えている。過去のデータにより、短期、中期、長期の資産の計画が可能となる。また、リアルタイムのデータおよび予測データにより、緊急事態発生の際の危機管理を円滑化することができる。

ClimateGridシステムは、スマートグリッドの開発に新たなコンセプトを導入する

---

[3] UNFCCC, "ClimaGrid- Brazil." UNFCCC.
http://unfccc.int/files/adaptation/nairobi_work_programne/private_sector_initiative/application/pdf/energias_brasil_revised.pdf

取組みである。空間・時間の情報と、気候や環境変化に関する情報を統合することで、気候変化による送配電システムへの影響を予測でき、積極的な対処に役立てるとともに、送配電システムへの支障を防止・最小化することが可能となっている。

3　未電化コミュニティのレジリエンスを高める取組み

電力網の届かないコミュニティの中心部に太陽光発電装置を設け、村の技術者の手でこれを活用した照明器具や充電器の貸出を行うシステムを導入することにより、気候変動への影響に対処する取組みである

####　　a　サンラボブの取組み[4]

サンラボブ再生可能エネルギー（Sunlabob Renewable Energy）は、ラオスを本拠とする再生可能エネルギーサービスを提供する会社である。東南アジアからアフリカの一部まで、公共電力網が届かない農村部の遠隔地のコミュニティに対して、人々が購入可能なレベルで、太陽光発電装置を利用したシステムを提供している。

ラオスでは、公共電力網が届かない遠隔地の大半の人々は、照明を灯油ランプに頼っている。しかし灯油ランプは、火傷や火事をもたらし、屋内空気を汚染する危険性がある。一方、充電式の小型照明器具は、太陽光発電で生産された電気で55時間（弱モード）の点灯が可能であり、安全でクリーンであることから、灯油ランプの有望な代替品として注目されてきた。しかし、不適切な充電や、家庭内のさまざまな機器をつないで使用する「hotwiring」によって、多くの照明器具が予想より早く故障するため、あまり普及していなかった。

こうした課題に対して、同社は、安価で操作が容易で環境影響の小さなエネルギーを提供するため、ラオスの地方部でさまざまな市場調査を行い、革新的なソリューションの実現に取り組んだ。その成果が「太陽光発電照明レンタルシステム、SLRS：Solar Lantern Rental System」である。SLRSは、人々がアクセスしやすいコミュニティの中心に、最新の太陽光発電パネル装置や維持管理装置、20〜50個の充電式小型照明器具等を備えたシステムを設置するものである。そのうえで、教育訓練を受けた村の技術者（Village Technician）がこのシステムの管理と、照明器具の充電・貸出を行う仕組みである。

同社はこのシステム全体を、全村民から選出される村落エネルギー委員会（Village Energy Committee）に貸与する。エネルギー委員会は、村民のなかから村の技術者を選定し、管理を委ねる。技術的な教育訓練を受けた村の技術者は、委員会から

---

[4] UNFCCC, "Meeting energy needs for climate-resilient development." UNFCCC. http://unfccc.int/files/adaptation/nairobi_work_programme/private_sector_initiative/application/pdf/sunlabob.pdf

貸与された小型照明器具を、太陽光発電システムを用いて充電を行い、人々に貸し出す。この際、技術者は、小型照明器具を借りる家庭から料金を徴収するが、この料金は少額であり、村落の店舗で灯油を購入する価格と同程度である。料金の一部は、将来の照明器具の電池更新用として村の維持基金に積み立てられるが、残りは技術者の収入となる。

　この技術者は、実質労働時間が短いことから、村の女性が兼業として携わることが多くなっている。この料金収入は、コミュニティ内に所得を生み出し、職と所得の源泉となっている。また、灯油使用量の節減により、村落から資金の流出を防ぐことができる。さらに、本システムでは、携帯電話やラジオを充電するための充電器（照明器具に接続して使う）も貸出され、人々は充電された携帯電話を通じて、気候変化の情報の入手やコミュニケーションを行うことができる。ほかにも、大型の太陽電池発電装置の電力を活用し、地下水くみ上げや、学校、コミュニティセンター等のコンピュータ等を稼動させることができる。こうした仕組みを通じて、コミュニティのレジリエンスを高め、気候変動による影響への脆弱性を低めることができる。

　同社は、ラオスにおいて450以上の村に5,600以上のシステムを設置し、再生可能エネルギーによるソリューションを提供している。ラオスで得られた教訓は、カンボジア、インドネシア、ブータン、東ティモール、東アフリカ、ラテンアメリカの新しい支部において、活かされつつある。

〈参考文献〉

Asian Development Bank (2012), Climate Risk and Adaptation in the Electric Power Sector.

Asian Development Bank (2012), Sector Briefing on Climate Change Impacts and Adaptation − Energy.

3-2-7 観光セクターの取組み

損保ジャパン日本興亜リスクマネジメント　斎藤　照夫

1　気候変動と観光セクター

　気候の変化は、観光客の流れを大きく変えるとともに、観光の重要要素である自然環境の質を劣化させる。そのため気候変動は、観光セクター（Tourism sector）に広範な影響を与えることとなる。

　また、観光セクターは、最貧開発途上国（LDC：Least Developed Countries）50カ国のうち46カ国において、主要な外貨獲得源として、貧困問題の改善に寄与している。そのため気候変動は、最貧開発途上国の貧困問題の面でも、大きな影響を与えるといえる。

　気候変動の観光セクターへの影響については、直接的な影響と間接的な影響とに分けられる（参考文献のUNEPの資料参照）。

① 　直接的影響

　気候の変化は、観光地や観光シーズンの期間等に影響に及ぼし、観光客の流れを変えるとともに、観光コスト（冷暖房費用、人工造雪費、食糧や水供給費、保険費用等）の増加をもたらし、観光セクターの採算性に大きな影響を与える。

　また、熱波、干ばつ、洪水、台風等の極端現象の増加は、インフラの損傷、対応準備の増加、事業中断の増加、運営コスト増加（予備の食料や電源の増、避難先の確保、保険料の増加等）といった影響をもたらす。

② 　間接的影響

　自然環境は観光の重要な要素であるが、その質が気候変動によって劣化すると、観光セクターは大きな悪影響を受ける。すなわち、水利用可能性の減少、生物多様性の劣化、風景の美しさの減少、農業生産の変化（フードやワインのツーリズムの場合）、災害の増加、沿岸の侵食や水没、生物媒介疾病の増加等は、観光セクターに悪影響をもたらすこととなる。

　また気候変動は、地域の経済成長率や政治的安定にも影響を与えるが、経済成長率の低下はツーリズム需要の低下につながるとともに、政治的不安定の増大は、その地域への観光客の減少を招くこととなる。

　観光セクターの気候変動への脆弱性は、セクター内のバリューチェーンを構成する

主体間で程度が異なっている。顧客である観光客は、気候変動の影響の強い地域や時期を避けて行動を決定する自由があり、最も適応能力が高い。また観光ツアーの企画・運営会社は、特定の観光地に拘束されず、情報の提供や観光の企画運営を行うことから、比較的、適応能力は高いといえる。一方、個別の観光地でホテルやスキー場、複合リゾート施設等を運営する会社は、特定のインフラに拘束され、自由度が低いことから、適応能力が低くインパクトが最も大きい。

　ホテルやスキー場等の観光施設の運営者が適応に取り組む際には、影響の分析および意思決定、その後の投資の実施等、10年以上の期間を要する場合がある。そのため、今世紀中頃に予想される気候変化をにらんだ、余裕をもった準備が必要である。

　気候変動への観光セクターの適応策には、技術的な対応策と、マネジメント面での対応や調査研究による対応等の非技術的な対応策がある。

　技術的な対応策による適応に関して、降雪時期の変化や降雪量の減少に直面するスキーリゾート事業者においては、スロープの造営工事による人工降雪量の削減や、多くの積雪を確保できる北側斜面でのスキーエリアの開発等がある。また、氷河の後退によりアイスクライミングの減少に直面するアルプスの山岳宿舎の事業者においては、新たなハイキングのトレイルの整備や、これを利用する観光客の誘致等がある。

　次に、マネジメント等の非技術的な対応策を用いた適応に関して、ハリケーンが頻繁に襲来する地域のリゾート施設の事業者においては、観光客がハリケーンを心配せずに観光できるよう、ハリケーンで影響を受けた場合に同等の期間と価値の宿泊サービスを提供する「ハリケーン保護プログラム」がある

　このような観光セクターをめぐる適応の取組みについて、国連気候変動枠組条約（UNFCCC）では、「ナイロビ作業計画（NWP：Nairobi Work Programme）」の一環として民間セクターの取組状況を調査し、結果をPSI適応データベースとして公表する民間参画イニシアティブ（PSI：Private Sector Initiative）を実施している。本稿では、このPSIデータベースの資料等をもとに、観光セクターをめぐる適応の取組みについて、事例を紹介する。

2　適応策の取組み

(1) 技術的な対応策

　　a　イントラウェストの取組み[1]

　イントラウェスト（Intrawest）は、北米でスキーリゾート等の山岳地の観光事業

---

[1] UNFCCC, "Relocation to improve snow pack and lengthen ski season" UNFCCC. http://unfccc.int/files/adaptation/application/pdf/intrawest.pdf

を展開する会社である。

北米やヨーロッパのスキー場では、降雪量の減少や降雪時期の変化、融雪量の増加等に直面している。そのため同社では、スロープコンターリング（slope contouring）、空間整備（land contouring）、氷河の保護（protection of glaciers）といった、持続的で費用効果的な適応策に取り組んでいる。

スロープコンターリングは、夏期にスキー斜面から岩、灌木の植栽を除去する工事を行い、冬期のスキーに要する積雪深が浅くてすむよう、スキーコースの斜面を滑らかにする手法であり、これにより人工造雪のコストを節減できる。

空間整備には、溶けた雪が人工造雪の水源池を補充するように造園工事を行い、冬期を通じて人工造雪ができるようにすることや、植栽や森林を計画的に維持し、流動する雪を保持する（snow farming）こと、スロープの一部を日陰とし融雪の進行を遅くして、造雪量を減らすこと等がある。

氷河の保護には、夏の間に、氷河の重要な部分を白い大きなポリエチレンのシートで覆い、紫外線から保護すること（スイス、オーストリア）や、雪の垣根で囲み人工造雪を行い、氷河を保護し成長させる（カナダ）ことがある。

これらに加え、既設のスキー場の改良や、気候的に優位な地点へのスキー場の設置が適応策として存在する。

北側斜面では比較的多くの積雪を長い期間確保でき、スキー客の満足度も維持できることから、同社では、カナダのケベック州のモン・トレンブラントスキーエリアにおいて、山の北側に新たにスキービレッジを2つ設け、歩道で接続する拡張計画を立てている。

また、ヨーロッパのスキーリゾートでは、降雪が確実で長期のゲレンデ運営が可能な、標高の高い地域へのスキーエリアの拡張が計画されている。オーストリアでは、36のスキー場において、より高地での運営許可が申請されている。しかし、標高の高い山岳地域の自然環境はきわめて脆弱であるため、開発の影響を懸念する世論や環境団体からの反発が強く、スキーエリアの拡張を制約している。

ほかにも、スキーエリアのオープンの時期を変えることも、気候変動への対応策となりうる。北米やヨーロッパの多くのスキー場の年間の来客率をみると、クリスマスや新年の休暇前のスキー客の来客率は低い状況である。そのため、気候変動によって人工造雪コストが増大した場合、この時期のスキー場のオープンはコスト的に成り立たなくなる可能性がある。リフトの能力増強や、利用可能なスロープの制限によるスキー場の稼働率向上により、人工造雪を抑え、運営コストを節減することも手段の1つとしてあるが、これにはスキー客の満足度を維持できることが条件となる。

スキー産業は、降雪という自然資源に大きく依存しており、降雪は気候変動によっ

て影響を受けることから、スキー観光事業者は、適応策を意思決定および事業運営に統合していく必要が大きいといえる。

　　b　リフジオ・ドリゴーニの取組み[2]

　リフジオ・ドリゴーニ（Rifugio Dorigoni）は、北イタリアのアルプス地域で山岳宿舎を経営する観光事業者である。

　同地域では、積雪期に氷壁を登って頂上に至るアイスクライミングの顧客がメインであったが、近年の氷河の後退現象により、アイスクライミングを行える機会が減少している。また、氷の消失による地形変化により、いくつかのトレイルが消失するといった影響が現れてきている。今後、気候変動により、氷の消失はさらに進むと予想されており、これが積雪期の登山客離れを招き、一部のアルペン地域に、社会経済的な打撃を与えることが懸念されている。

　これに対して同社は、以前は氷河で覆われていた土地に、新たにハイキングトレイルを整備し、ハイキングや山登り客といった、幅広い観光客を確保することに取り組んでいる。これは、気候変動に伴い、アイスクライミングやスキーをする機会が限られていくなかで、新たな観光需要を誘導し、観光事業を維持する有力な対策といえる。

(2)　非技術的な対応策による取組み

　　クラブメッド等による取組み[3]

　クラブメッド（Club Med）は、北米等に多くのリゾート地点を抱える、観光リゾート会社である。

　カリブ海地域およびメキシコ湾沿岸地域の観光事業は、気候変動により、夏季シーズンの気温の上昇や、強大なハリケーンの増加等の影響を受けると予想されている。

　こうしたなか、1990年代後半に、カリブ海ツーリズム機構（Caribbean Tourism Organization）とその加盟国は、同地域をフォーシーズン型のリゾートとするために、数百万米ドルの広告キャンペーンを行い、新婚旅行や予算に敏感な世帯をターゲットに、積極的な市場開発に取り組んだ。夏の暑さを感じさせないマーケティングメッセージを打ち出すとともに、クラブメッドをはじめとする多くのリゾート会社では、ホテルの空調装置の改良、ルーム料金のディスカウントのほか、ハリケーンシーズン中も観光客が安心して観光を計画できる「ハリケーン保護プログラム（Hurri-

---

[2] UNFCCC. "Mountains of change." UNFCCC.
http://unfccc.int/files/adaptation/application/pdf/rifugio_dorigoni.pdf

[3] UNFCCC. "Improving customer confidence in attractiveness of destination." UNFCCC.
http://unfccc.int/files/adaptation/nairobi_work_programme/private_sector_initiative/application/pdf/apple_vacations_et_at.pdf

cane protection program)」のキャンペーンに連携して取り組んだ。このキャンペーンには、同社のほか、サンダル・リゾート、スーパークラブ、TNTバケーションズ、アップルバケーションズが参加している。

　このハリケーン保護プログラムは、会社ごとに多少の違いがあるものの、基本的には、ハリケーンの影響があった場合、当初の予約と同じ日数分の代替宿泊サービスを、宿泊プランに含めるものである。具体的には、ハリケーンにより影響を受けた観光客は、同等の期間と価値の宿泊サービスを受けられる「将来旅行券（Future Travel Certificate）」を受け取ることができ、観光客は別の日を選択してホテルを利用することができる。このプログラムにより、多くの観光地において、ビーチリゾートの夏季の客室占有率と冬季の占有率がほぼ同じとなっており、本プログラムは成功を収めているといえる。

　なおフロリダ州では、ハリケーンシーズン中にフロリダのホテル等で開催する会議について、会議組織者がハリケーンの心配なく計画できるように、天候保険のカバーを提供している（Cover Your Event（CYE）プログラム）。これは、2004年に非常に大型の4つのハリケーンが相次いで襲来し、ホテル等の会議利用が大幅に減少したことへの対応として、同州が「hurricane recovery」のマーケティングに3,000万米ドルを計上し、開発した保険プログラムである。具体的には、ハリケーンで会議が開催できなかった場合、ホテルの借料や会場設営費等の損失額を補てんするため、CYEが会議組織者に対して最大20万米ドルの保険金を支払うものであり、州がその保険料を負担している。

〈参考文献〉
UNEP (2009), Climate Change Adaptation and Mitigation in the Tourism Sector: Frameworks, Tools and Practices.

3-2-8 銀行セクターの取組み
——日本政策投資銀行によるBCM格付融資

日本政策投資銀行　竹ケ原　啓介、蛭間　芳樹

1　気候変動と銀行セクター

　銀行セクターによる気候変動問題へのかかわりは、これまでのところ温室効果ガス排出削減に向けた取引先企業へのサポート、あるいは自らの省エネ対策等、もっぱら緩和先が中心であり、適応策はまだなじみの薄いテーマである。

　これは、国際的にみてわが国の気候変動適応に関する戦略の策定が遅れた影響の表れともいえるだろう。環境金融という用語が一般化したように、近時、環境政策のツールとして金融機能を活用しようというトレンドが定着しつつあるが、このために用意されたインセンティブは、温室効果ガス排出のコミットメントを条件とする融資条件の緩和（利子補給制度）が中心であった。多大な行政コストを回避しつつ、企業の気候変動緩和への取組みを効果的にモニタリングできることから、この判断にも十分合理性を見出せるが、半面、緩和策への過度の傾注により銀行セクターの適応策への対応が後手に回った感は否めない。

　では、今後、銀行セクターとしてこの問題にどのような関与が考えられるだろうか。いうまでもなく、気候変動への適応は、緩和策を講じてもなお避けられない悪影響への備えである。直接的な影響は、渇水や熱中症・感染症の拡大、第一次産業への影響等のかたちで表れるが、これを銀行業務との関連でとらえ直せば、こうした不確実性を伴う変化が与信リスクに与える影響をいかにマネジメントしていくかという問題に収れんする。

　リスクマネジメントの高度化は、地球規模の問題解決に向けて金融機能を活用しようとする枠組みづくりの議論においても度々強調されている。1992年の国連環境計画・金融イニシアティブ（UNEP FI）の設立を嚆矢に、2006年の国連責任投資原則（PRI）の制定に至る一連の議論は、適応策も含めた多様な企業努力がもたらす価値を適切に評価し、これを金融市場に反映させるための努力の軌跡と考えることができる。

　わが国の金融業界も例外ではない。2011年10月4日、ESGに配慮した投融資等の拡大を目指し、金融機関の自主的な取組みとして採択された「持続可能な社会の形成に向けた金融行動原則（21世紀金融行動原則）」では、日本の金融業界の役割として、①日本自身を持続可能な社会に変えることへの貢献、②グローバル社会の一員として

地球規模で社会の持続可能性を高めることへの貢献、を謳いつつ、その役割を果たすうえで、「予防的アプローチ」の視点を重視する点を強調している。抽象レベルとはいえ、これは、地域金融機関を含む200近い日本の金融機関が、気候変動の影響がもたらす不確実性下における金融行動について問題意識を共有したことを示すものといえるだろう。

投資の分野では、世界中の主要な機関投資家の賛同を背景に、企業の気候変動リスク情報を収集・公表する「CDP：Carbon Disclosure Project」がすでに定着し、企業の気候変動への戦略や温室効果ガス排出量に関する開示情報等を、企業価値の参考指標として利用し始めている。また、投資家等のステークホルダーに対して、財務情報および非財務情報（たとえばESG情報）の関連性をわかりやすく、比較可能なかたちで取りまとめ提供することを目指した「統合報告」の動きも関心を集めつつある。

金融という大きな枠組みで考えれば、適応策を含めた気候変動対策をリスクマネジメント上の重要テーマに位置づけ、そこにオポチュニティを見出す意義は、すでに広く認識されるようになってきているといってよいだろう。今後銀行セクターに問われるのは、こうした問題意識をどのようなかたちで実務に落とし込むかである。

以下では、気候変動問題をリスクとして分析している世界経済フォーラムの研究を簡単にレビューしたうえで、多様なリスクへの備えを企業の事業継続性（Enterprise Resilience）という非財務価値として評価する日本政策投資銀行（DBJ）の実践事例を、現時点で具体化している数少ない銀行セクターのプロダクツとして紹介するなかで、今後の展開を探ってみたい。

2 グローバル・リスクとしての気候変動リスク

(1) 世界経済フォーラムの事例

「Resilient Dynamism」。これは、世界経済フォーラム（WEF：World Economic Forum）の年次総会、通称「ダボス会議」における2013年の総合テーマである。WEFは、1971年にスイスの経済学者クラウス・シュワブにより設立された国際的な非営利財団であり、ビジネス、政治、アカデミアをはじめ社会各層のリーダーたちが連携して世界・地域・産業の政策議題を形成し、世界情勢の改善に取り組むことを目的としている。独立した国際機関として、ジュネーブに本部を置きつつ、主要各国で多数の会合を開催している。

最近、内外で多用されるキーワードに「レジリエンス（Resilience）」という言葉があるが、その契機となったのが、このダボス会議で発表された「グローバル・リスク2013年版」報告書である。これは、WEFのシンクタンクとしてリスクに関する世界中のエキスパートを集めた専門部会であるリスク・レスポンス・ネットワーク

表1　グローバル・リスクの定義

1	少なくとも2大陸に及ぶ大きな地理的影響力がある
2	3つ以上の産業に及ぶ産業間共通の影響力がある
3	100億米ドル超の大きな経済的影響および／または1,600人超の人命損失を伴う社会的影響力がある
4	人的被害および人命損失を伴う大きな社会的影響力がある
5	今後10年間でどのように現れ、および／またはどのような影響を及ぼすのか不明である
6	原因に対処し、影響を低減するために官民両セクター間の協力を必要とする

(RRN：Risk Response Network)の研究成果である。RRNは、グローバルな知のプラットフォームとして表1の6つの定義を満たすグローバル・リスクを研究し、これに対する世界のレジリエンスを向上させるためにさまざまな情報提供に努めている。

2013年版報告書では、グローバル・リスクを総合的に可視化し、対策の優先順位を検討するための3つの成果物として、①リスク・ランドスケープ、②リスクの経年変化、③リスクの相互関連性マップを提示している。紙面の制約から詳細は避けるが、図1はこの1つ、2013年のグローバル・リスク・ランドスケープである。選定された50のグローバル・リスクについて、今後10年間の発生可能性と影響度の2軸で作成された散布図であり、対処するべきリスクの全体を把握し、リスク管理の優先順位づけの検討やステークホルダーとのリスク・コミュニケーション・ツールとしての活用が想定されている。

気候変動リスクが表1の各要件を充足する典型的なグローバル・リスクであることは論をまたない。事実、リスク・マップ上に示される環境リスクの多くは、気候変動と切っても切れない内容であるが、それ以上に注目すべきは、図1の右上部分にプロットされたグローバル・リスクの1つに「気候変動への適応の失敗」が記されている点である。世界のリーダーの間では、適応策の巧拙が今後10年間にわたる大きなリスクファクターとして認識されていることがわかる。

WEFにおける議論は、一義的には国家レベルでのレジリエンス（National Resilience）にフォーカスしており、これが直ちに金融に影響するものではないが、銀行セクターとの関係でいえば、グローバル・リスクに関するこうした認識は、まずグローバル企業の事業継続戦略に反映され、彼らのサプライチェーン・マネジメントを介して、最終的には取引先企業に影響を与えずにはおかない。RRNとは異なり、自然災害系を中心とする特定のリスクに関心が偏り、内外のリスク特性をふまえた総合的なリスク・アセスメントがいまだ十分には実施されていないわが国を活動基盤とす

図1　グローバル・リスク・ランドスケープ

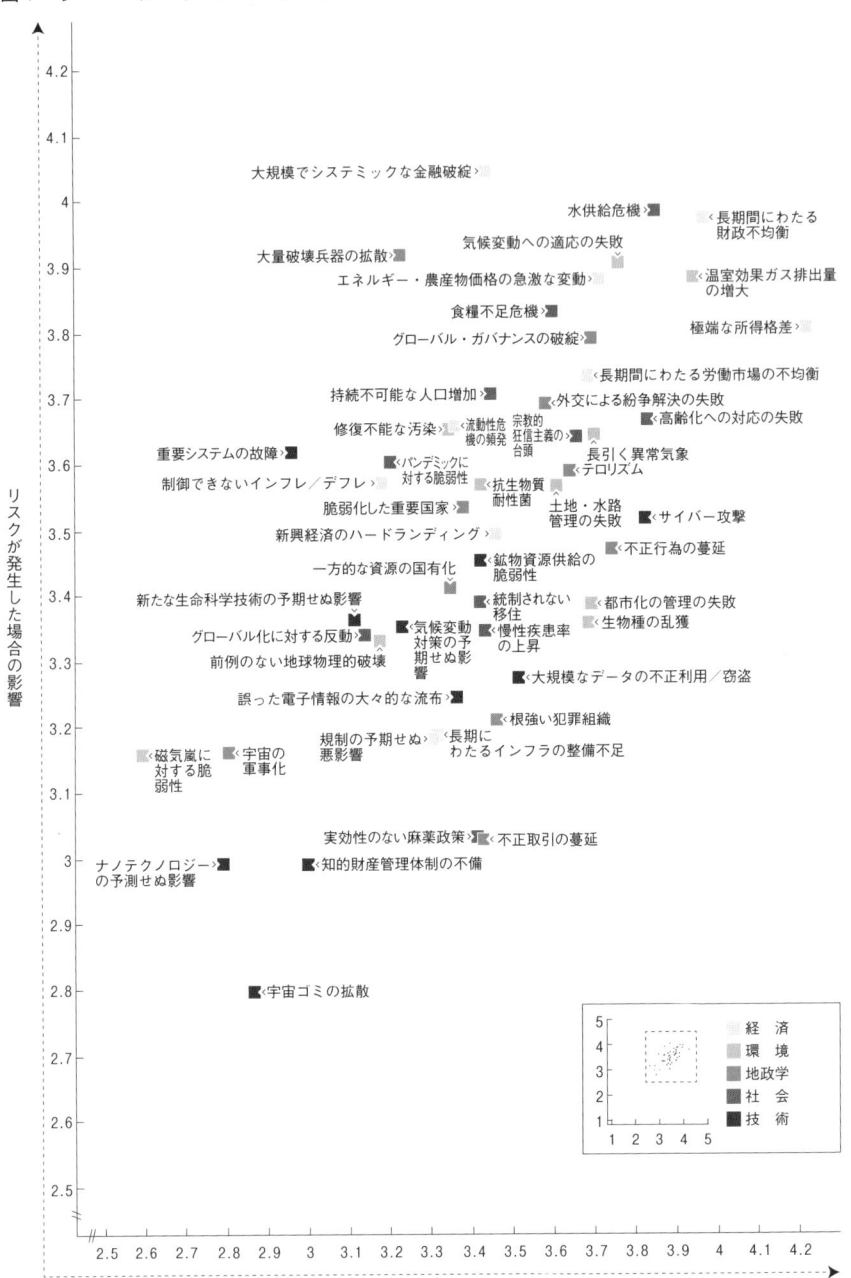

| 縦軸 | リスクが発生した場合の影響 |
| 横軸 | 今後10年間に発生すると予測される可能性 |

凡例：
- 経済
- 環境
- 地政学
- 社会
- 技術

プロット項目：

- 大規模でシステミックな金融破綻
- 水供給危機
- 長期間にわたる財政不均衡
- 大量破壊兵器の拡散
- 気候変動への適応の失敗
- エネルギー・農産物価格の急激な変動
- 温室効果ガス排出量の増大
- 食糧不足危機
- グローバル・ガバナンスの破綻
- 極端な所得格差
- 長期間にわたる労働市場の不均衡
- 持続不可能な人口増加
- 外交による紛争解決の失敗
- 高齢化への対応の失敗
- 修復不能な汚染
- 流動性危機の頻発
- 宗教的狂信主義の台頭
- 長引く異常気象
- 重要システムの故障
- パンデミックに対する脆弱性
- テロリズム
- 制御できないインフレ／デフレ
- 抗生物質耐性菌
- 脆弱化した重要国家
- 土地・水路管理の失敗
- サイバー攻撃
- 新興経済のハードランディング
- 鉱物資源供給の脆弱性
- 不正行為の蔓延
- 一方的な資源の国有化
- 新たな生命科学技術の予期せぬ影響
- 統制されない移住
- 都市化の管理の失敗
- グローバル化に対する反動
- 気候変動対策の予期せぬ影響
- 慢性疾患率の上昇
- 生物種の乱獲
- 前例のない地球物理的破壊
- 大規模なデータの不正利用／窃盗
- 誤った電子情報の大々的な流布
- 規制の予期せぬ悪影響
- 根強い犯罪組織
- 長期にわたるインフラの整備不足
- 磁気嵐に対する脆弱性
- 宇宙の軍事化
- 実効性のない麻薬政策
- 不正取引の蔓延
- ナノテクノロジーの予測せぬ影響
- 知的財産管理体制の不備
- 宇宙ゴミの拡散

表2　世界経済フォーラム　リスク・レスポンス・ネットワークが研究対象とする50のグローバル・リスク

リスク分類	リスク	リスク説明
経　済	1　長期間にわたる財政不均衡	政府／地方自治体の債務超過が是正されない
	2　長期間にわたる労働市場の不均衡	循環的というより構造的な過少雇用や失業が、高いレベルで長期にわたり継続する
	3　エネルギー・農産物価格の急激な変動	急激な価格変動により消費者は必要な商品に手が届かなくなり、経済成長は鈍化し、市民の抗議行動が誘発され、内外地政学的緊張が高まる
	4　新興経済のハードランディング	重要な新興経済国の突然の成長鈍化
	5　大規模でシステミックな金融破綻	世界／国内の金融システムにとって重要な金融機関または通貨制度が崩壊し、世界／国内の金融システム全体に影響を及ぼす可能性を生み出す
	6　長期にわたるインフラの整備不足	長期間にわたりインフラ・ネットワークへの適切投資が不足し、インフラを十分に強化・確保することができない
	7　流動性危機の頻発	銀行や資本市場からの資金調達不足が繰り返し起こる
	8　極端な所得格差	富裕層と最貧困層の格差が拡大する
	9　規制の予期せぬ悪影響	規制が期待される効果をもたらさないで、むしろ産業構造、資本の流れ、市場の競争に悪影響を及ぼす
	10　制御できないインフレ／デフレ	価格・賃金に関連した貨幣価値が極端に上昇または下落し、これを是正できない
技　術	11　重要システムの故障	システムの単一点の故障が脆弱性を広げ、重要情報インフラと情報ネットワークに連鎖的に故障を引き起こす
	12　サイバー攻撃	国家の支援を受けた、または国家と関連した犯罪者やテロリストによるサイバー攻撃を受ける
	13　知的財産管理体制の不備	イノベーションや投資を効果的に促進する役割を果たしている国際的知財産管理体制が、効果的な体制として機能しなくなる
	14　誤った電子情報の大々的な流布	扇動的な情報や誤解を招く情報、不完全な情報が急速かつ広範に広がり、危険な結果をもたらす
	15　大規模なデータの不正利用／窃盗	個人情報が前例のない規模で犯罪または不正に利用される
	16　鉱物資源供給の脆弱性	新たな供給源から採掘して市場に出るまで長いタイムラグがあるため、供給源が限られている希少鉱物に対して産業界の依存度が増す
	17　宇宙ゴミの拡散	人工衛星が密集している地球の周回軌道上に宇宙ゴミが急速に蓄積し、重要な衛星インフラを危険にさらす

第3章　実践面からのアプローチ　215

	18	気候変動対策がもたらす想定外の結果	地球工学または再生可能エネルギー開発への取組みが、新たに複雑な課題をもたらす
	19	ナノテクノロジーがもたらす想定外の結果	原子・分子レベルの物質操作が、ナノ材料の毒性に対する懸念を生む
	20	新たな生命科学技術がもたらす想定外の結果	遺伝学および合成生物学の進歩が、不測の事態や事故を引き起こし、または武器として利用される
環 境	21	抗生物質耐性菌	人を死に至らしめる細菌の抗生物質耐性が増大する
	22	気候変動への適応の失敗	気候変動のインパクトから人々を守り、必要な事業移行のための実効性のある対策を、政府や企業が施行・実行できない
	23	修復不可能な汚染	生態系、社会の安定、健康、経済的発展を脅かすほどのレベルにまで、大気、水、土地が恒久的に汚染される
	24	土地・水路管理の失敗	森林伐採、分水、採鉱、その他の環境変容を引き起こす数々のプロジェクトが、生態系と関連産業に壊滅的な影響を与える
	25	都市化の管理の失敗	不十分な都市計画、都市のスプロール現象(郊外に宅地が無秩序・無計画に広がってゆく現象)、関連インフラの不整備によって環境悪化要因が増加し、農民の離村にも効果的に対処できない
	26	長引く異常気象	リスク地域における建物の密集、都市化、また、異常気象の発生頻度の増大と関連して被害が増大する
	27	温室効果ガス排出量の増大	政府、企業、消費者が温室効果ガス排出量の削減や二酸化炭素吸収量の増加に失敗する
	28	生物種の乱獲	種の絶滅または生態系の崩壊により、生物多様性の不可逆的喪失のおそれが生まれる
	29	前例のない地球物理的破壊	地震、火山活動、山崩れ、また津波などの地球物理的大災害が前例のない規模で発生し、既存の災害対策や準備では対応できない
	30	磁気嵐に対する脆弱性	巨大な太陽フレアの影響で、重要な通信・ナビゲーションシステムの機能が停止する
社 会	31	グローバル化に対する反動	労働力、モノ、資本の国際的移動の増大への抵抗
	32	食糧不足危機	適切な量、適切な質の食糧・栄養を入手することが、不十分もしくは不安定になる
	33	実効性のない麻薬政策	違法な薬物使用を減らすどころか、犯罪組織を勢いづけ、薬物使用者を黙認し、公的資源を浪費するような政策が続く
	34	高齢化への対応に失敗	人口の高齢化によって起こる費用増加と社会的課題の増大に対処できない
	35	慢性疾患率の上昇	疾病がもたらす負担と長期的な治療費が増大し、近年社会的に進歩した平均余命と生活の質に脅威となる

	36	宗教的狂信主義の台頭	強硬な宗教思想が社会の分裂を招き、地域的緊張が増幅する
	37	統制されない移住	資源不足、環境悪化、機会喪失、安全、社会的安定の欠如が引き金となって、大規模な集団移動が生じる
	38	持続不可能な人口増加	人口増加率と人口規模が持続不可能なほど低く、あるいは高くなり、資源、公的機関、社会の安定に対して強い圧力が高まる
	39	パンデミックに対する脆弱性	不十分な疾病監視システム、国際協調の失敗、ワクチン生産能力の不足
	40	水供給の危機	真水の質と量が低下し、食糧・エネルギー生産などの資源集約型システム間で競争が激化する
地政学	41	脆弱化した重要国家	経済的・地政学的に重要性の高い国家が弱体化し、崩壊の可能性が大きくなる
	42	大量破壊兵器の拡散	核、化学、生物、放射線技術・放射性物質が入手可能になり、危機をもたらす
	43	根強い犯罪組織	高度に組織化され、スピーディに行動できる国際的ネットワークが犯罪を起こす
	44	外交による紛争解決の失敗	国際的紛争が武力紛争へとエスカレートする
	45	グローバル・ガバナンスの破綻	脆弱または不適切なグローバル機関や国際協定、または国際的なネットワークが、競合する国益や政治的利害関係と絡んで、グローバル・リスクへの対応の協力態勢を阻害する
	46	宇宙の軍事化	商用、民間、軍用の宇宙資産および関連する地上システムが標的にされ、武力紛争が勃発、拡大する可能性がある
	47	不正行為の蔓延	委任された権限を私利私欲のために濫用する行為が広く、深くはびこる
	48	テロリズム	個人または非国家グループが、大規模な人的または物的損害をもたらす
	49	資源の一方的な国有化	国家が一方的に主要商品を輸出禁止、埋蔵資源の備蓄、自然資源の収用に動く
	50	不正取引の蔓延	人とモノの不法取引のチェック機能が作用されず、世界経済全体に蔓延する

る企業であっても、この流れとは無縁ではいられないだろう。したがって、わが国の銀行セクターにとって、適応問題に取り組む端緒となるのは、取引先企業の事業継続問題であると考えられる。では、これを銀行実務にいかに接続すべきであろうか。

3 企業の事業継続性（Enterprise Resilience）に着目した新たな金融

ゴーイングコンサーンを原則とする企業は、さまざまな資本を投入し、創造と破壊

のダイナミズムを繰り返すことで、自身の事業継続力を高めるとともに社会へのインパクトを与えている。適応を考えるためには、この一環として、気候変動が既存の事業に与える影響を評価し、これに対応する戦略を経営に落とし込む必要がある。ここで、気候変動への適応能力が企業の事業継続性に一定の影響を与えるという仮定を置けば、金融ツールを活用して効率的かつ効果的に事業継続性の高い社会経済システムを創造していくことは、適応策への貢献という面からも、金融機関としての未来への責任を果たす重要な取組みとなるだろう。しかし、主として財務情報に基づく企業価値／信用力の評価が中心である実務の現状を考えれば、非財務情報としての事業継続性という素材は十分に消化されているとはいえない。

このジレンマへの解として、DBJでは、企業の事業継続性（Enterprise Resilience）に着目した金融技術「BCM格付融資」の開発を行った[1]。BCM格付は、企業の信用力やキャッシュフローを継続的に創出する力（＝事業継続力：図2）を評価するべく設計されている（表3）。融資に先立ち、通常の与信審査と並行して組織の防災対策や事業継続対策について広範なスクリーニングを実施し、結果を与信判断ではなく、その条件（金利）に反映させる仕組みである。取組みのレベルに応じて経済

図2　組織レジリエンスの概念図

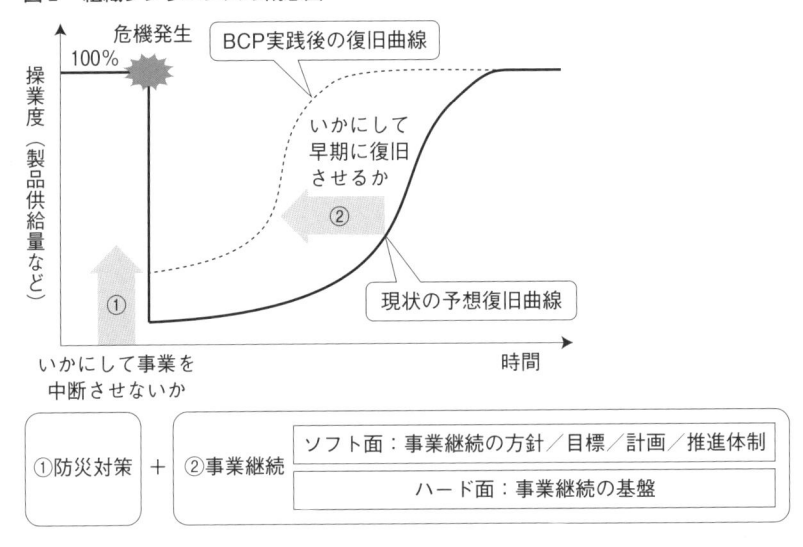

---

[1] BCM格付融資は、前述のWEF「Global Risk Report2012」において「世界規模に影響力があり効果的でイノベーティブな金融商品」、UNISDR（国連国際世界防災戦略）出版の「Business and Disaster Risk Reduction 2013」で、開発防災・レジリエンス向上に貢献する「Good Practice」と紹介されている。

的インセンティブを設定することで、レジリエンス向上に係る事前投資を促すねらいがある。

また、BCM格付に関する覚書を用いて、防災および事業継続への継続的な取組みに関するモニタリング機能が組み込まれている。いわば、一種のコベナンツ型融資の形態をとることで、一時点だけを切り出したスナップショット型の格付を回避し、融資期間全体にわたり高度なリスクマネジメントを維持できていることを確認する趣旨である。また、このモニタリングを前提に、格付を取得した企業にはロゴマークが付与される。近時、このマークをCSRレポート、ホームページ、証券取引所への提出

表3　BCM格付の評価項目（概要）

分野		評価項目	得点 （100点満点）
事業継続対策	ハード面	1　施設安全策および設備の状況把握 2　物的経営資源（拠点・設備・その他）の代替性確保 3　情報システムの安全・安定性と冗長性確保	25点
^	ソフト面	4　基本方針の策定、事業継続体制の構築、事業継続リスク・アセスメント 5　事業継続リスク・アセスメントに基づく重要業務の洗出し 6　事業継続の制約となる要素・資源（ボトルネック）の把握、時系列分析 7　目標復旧時間の設定と業務水準の算定 8　事業継続に際しての社外への代替戦略の検討 9　事業継続の訓練・演習と見直し 10　サプライチェーン／バリューチェーンのリスクマネジメント 11　地域コミュニティへの貢献 12　能動的なリスク／クライシス・コミュニケーション 13　リスクファイナンス等の活用による災害時の財務的な安定性確保 14　事業継続対策上の優れた取組み	50点
防災対策		1　応急対応を中心とした防災計画の策定 2　生命安全確保策の整備 3　周辺地域への二次災害防止策の整備 4　コンプライアンス	25点

書類等、関係するステークホルダーとのコミュニケーションツールとして活用する企業がふえており、結果的に事業継続力に優れた企業に関する情報を金融市場に伝える効果を発揮していると考えられる。

東日本大震災を機に事業継続力が大きな経営課題に浮上したこともあり、DBJ BCM格付融資は、2011年8月の運用開始から2年あまりで112件、1,034億円の実績を積み上げている（2013年9月末時点）。一連の評価を通じて確認できるのは、従来、大規模な自然災害等に限定されがちだったリスクの認識が大きく変化しつつある点である。自らの事業継続マネジメントを原因事象でなく、結果事象に基づいて包括的に構築しようとすれば、その前提となる想定リスクの範囲はおのずと拡大する。RRNさながらの詳細なリスク・マップを策定しオールハザード対応型のBCPを有する企業もふえつつある。

それでも、気候変動問題に関してみれば、温室効果ガスの排出量の増加や炭素排出に関するコスト負担の増加等、緩和策に係るものは別にして、事業継続マネジメントの一環として適応策を位置づけている企業はまだ例外的な存在である。今後、適応問題が企業経営に大きな影響を与える可能性が高いことにかんがみれば、DBJとしては、BCM格付評価というコミュニケーションを通じて、企業のリスク・アセスメントにこの点を反映させるよう働きかけていく努力が重要になると考えている。特に、先の金融行動原則や投資の世界で先行する動きをふまえれば、業態を超えた連携を通じた働きかけが強く求められよう。現在、BCM格付融資については、損害保険ジャパン（NKSJホールディングス）との連携により、災害やライフラインの停止等のリスクから企業のキャッシュフローを守る「企業費用・利益総合保険」との協働プログラムが実現しているが、今後、こうしたプラットフォームを活用し、より総合的なインセンティブに基づき、適応策へのサポートを強化していきたいと考えている。

4　今後の展望

銀行実務の問題としてみれば、適応への対応は、きわめて限定された領域の話とならざるをえないのが現状である。しかし、昨今の異常気象を引き合いに出すまでもなく、気候変動の影響が不可避である現実をふまえれば、今後の与信判断に関して、気候変動適応型の考え方や価値観を普及・浸透させていく必要があることは間違いないだろう。その際、気候変動が水資源や食糧の安全保障、投資環境等に与えるマクロ的な影響を念頭に置きつつ、これらが取引先企業の事業環境に与える影響を検討するミクロの視点が欠かせない。

こう考えれば、現在「6次産業化」というキーワードのもと、各地の地域金融機関が取り組んでいる農業ファイナンス、全量固定買取制度を契機に急拡大している再生

可能エネルギー向けファイナンス等、現在、実務の世界で最も関心の高い融資活動も、気候変動、とりわけ適応の問題とは切っても切れない関係にあることがわかる。気候変動がもたらす農業生産性や発電設備の利用率（風況、日射量、雨量、バイオマス収率等）の変化は、ストレートに与信リスクとなるからである。つまり、明示的には認識されないながら、実は、多くの銀行がすでに適応問題への接点を数多く抱えていると考えられる。

　今後は、こうした接点を活かして、より多様なアプローチが模索される必要がある。21世紀金融行動原則というインフラの実効性が試される局面といえるだろう。

〈参考文献〉
竹ケ原啓介（2010）『環境格付－環境金融の情報基盤』金融財政事情研究会
日本政策投資銀行環境・CSR部（2013）『責任ある金融－評価認証型融資を活用した社会的課題の解決：環境格付・BCM格付・健康経営格付－』金融財政事情研究会
蛭間芳樹「世界経済フォーラムにおけるグローバル・リスク・アセスメントとナショナル・レジリエンスの研究事例に関する一考察と日本への示唆」日本リスク研究学会第26回年次大会　講演論文集Vol.26、Nov.15-17、2013
The Risk Response Network, World Economic Forum, The Global Risks Report 2013.

3-2-9 保険セクターの取組み――損保ジャパンによる気候変動への「適応」と「緩和」

損保ジャパン日本興亜リスクマネジメント　佐野　肇、津守　博通

1　気候変動と保険セクター

　気候変動による影響は、保険会社や顧客企業の経営にとっても重大なリスクになりうる。たとえば、気候変動による風水災リスクの増加は、企業の施設や設備、物流等へ直接的な被害を及ぼし、保険会社の支払保険金の増大を招く。ほかにも、たとえば2008～09年の暖冬の際、家電量販店の暖房器具の売上げが半減し、雪不足により通常のシーズンの半分程度しか営業できないスキー場が続出した。こうした気候変動による気象の変化は、顧客企業の売上げに大きな影響を与える一方で、天候デリバティブ等の気象リスクをカバーする商品やサービスに対するニーズの増大につながることが考えられる。

　また、気候変動による影響を食い止めるため、温室効果ガスを大幅に削減し、低炭素社会へ移行していくための規制が強化されつつある。こうした規制強化は、保険会社自身の規制対応コストを増大させる一方で、再生可能エネルギーや省エネルギー、CCS[1]（Carbon dioxide Capture and Storage：CO_2回収・貯蔵）、排出量取引等のビジネスチャンスを生みつつある。海外の保険会社は、再生可能エネルギー分野への積極的な投資や、CCSへの保険提供等に取り組み始めているが、低炭素社会への転換は、保険会社にとっても大きなビジネスチャンスになりうるといえる。

　そのため本稿では、損保ジャパンによる気候変動への「適応」と「緩和」に関する取組みを紹介し、気候変動問題において保険業界が果たすべき役割について述べていく。

2　損保ジャパンについて

　損害保険を基盤として、幅広い事業活動を展開している損保ジャパン。その原点は、1888年に日本で初めて設立された火災保険会社、東京火災にある。東京火災は、江戸時代の「火消し」にルーツをもつ「東京火災消防組」という私設消防隊を社内にもっており、火事が起こるとすぐに現場に向かい、身にまとった印半纏(しるしばんてん)に水をかけ、鳶口(とびぐち)を使って、延焼を防ぐためにお客さまの家にいち早く駆けつけていた。

1　CCS：火力発電等の大規模な排出源の排ガスからCO_2を分離・回収し、地中や海洋に長期間、貯留・隔離し、大気へのCO_2放出を抑える取組み。

国や自治体による「公助」と、自分自身で行う「自助」の中間にある、「共助」という考え方が保険事業の基本であり、皆で助け合い生きていく社会の実現こそが、損保ジャパンの目指すものである。

　損保ジャパンの前身の安田火災は、1990年にわが国の金融機関としてはいち早く、地球環境問題への取組みを行う専門部署として、地球環境リスク・マネジメント室を立ち上げ、1997年に国内金融機関で初のISO14001認証を取得している。その後、環境からCSRへ取組みを拡大し、現在は、CSR重点課題の1つに「気候変動への適応と緩和」を掲げている。

3 損保ジャパンによる気候変動へのアプローチ

　近年、世界各地で頻発する大規模な自然災害により、社会経済が深刻な影響を受けている。保険会社からのリスクを引き受ける再保険会社の大手であるミュンヘン再保険がまとめた統計によると、1990年代以降、異常気象による大規模災害が世界的に増加しており、それに伴う経済損失や保険損害が増大している。特に2011年は、東日本大震災やタイ洪水等の巨大な自然災害が数多く発生し、経済損失や保険金の支払額が大きく増加した。

　気候変動が原因とみられる自然災害の増大により、農業等の第一次産業、電力や鉄道等のインフラ産業、自動車や電機等の製造業、小売や流通等のサービス産業等、さ

図1　世界の自然災害による経済損失と保険損害[2]

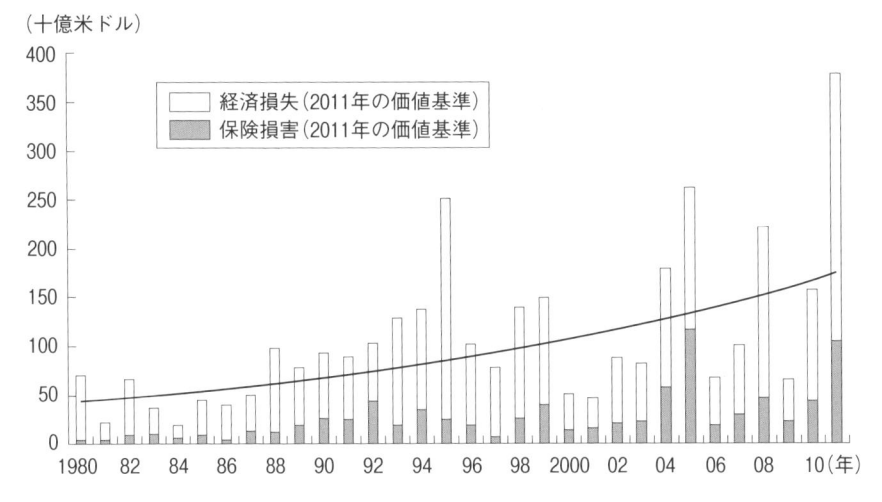

2　ミュンヘン再保険「NatCatSERVICE」

まざまなセクターが影響を受けている。そして、それらセクターのリスクを保険というかたちで引き受けているのが保険会社であり、保険会社にとって気候変動は、経営上の重大なリスクであると同時にチャンスであると受け止めている。

気候変動の解決手段には、「緩和」と「適応」の2つのアプローチがある。

温室効果ガスを削減する「緩和」については、具体的には再生可能エネルギーの普及・拡大やカーボン・オフセット、企業活動の低炭素化（節電等）の取組みがあげられる。損保ジャパンでは環境マネジメントシステムISO14001を基盤として自らの事業活動に伴う環境負荷の削減に取り組むとともに、2008年には環境大臣から「エコ・ファースト」の認定を受け、損保ジャパンが排出するCO_2を2050年までに2002年度比で56%以上削減することを宣言、空調の効率化・照明のインバータ化等の省エネルギー投資、社員全員参加の省資源・省エネ活動の展開、バリューチェーンにおけるグリーン購入システム構築といった取組みを加速させている。

また、環境経営に積極的に取り組む企業を後押しするエコファンド「損保ジャパン・グリーンオープン（愛称：ぶなの森）」の開発や、ウェブでの保険契約手続による紙使用量の削減、事故車両のリサイクル部品の活用、エコ安全ドライブの支援サービス等、保険商品や金融商品、サービスの提供を通じて、社会全体の気候変動への「緩和」の促進に努めている。

一方、気候変動によるさまざまな影響を回避・低減する「適応」について、損保ジャパンでは、長年にわたって蓄積されたノウハウ（社会に存在するリスクを評価・定量化し、解決策である保険商品等のソリューションを提供すること）を活かし、後述するタイでの天候インデックス保険をはじめとした、さまざまな商品・サービスを提供している。

4 タイにおける天候インデックス保険の展開

2007年に、国際協力銀行（JBIC）が、気候変動の影響に脆弱で災害対策が遅れている途上国において、保険をはじめとする民間のリスクファイナンス手法が適応策として有効かを検討するために、「適応問題における民活（保険）活用と国際協力銀行のあり方研究会」を立ち上げた。損保ジャパンもこの研究会に参画したが、この研究会では、日本と関係の深い東南アジア地域、さらに気候変動の影響を最も直接的に受け、民間部門だけでは対応がむずかしい農業セクターをターゲットとして選定した。

研究会では、途上国で保険を開発する場合の技術的な課題やその対策、民間と公的部門の役割分担のあり方、将来的にリスクが巨額となった場合のキャパシティ確保のための国際的枠組み等、さまざまな視点から議論が行われたが、天候デリバティブ（天候インデックス保険）は適応策の一手法として有効であるとの結論に至った。

天候デリバティブとは、気温、風、降水量、積雪量等の天候に係る指標（インデックス）が一定の条件を満たしたときに、あらかじめ約定した金額の支払を受けられる金融商品である。たとえば、農作物の収穫量に大きく影響する7月の降雨量が一定以下ならば、被害の有無にかかわらず、約定した金額が支払われる。こうしたインデックス型の商品を活用することにより、想定外の気象条件により被る収益減少や支出増大に対して、通常の実損型の保険と比較し迅速に補てんすることが可能となり、自然災害への復旧の遅れによる2次被害を防ぎ、被害を最小限に食い止めることができる。
　なお、天候デリバティブと天候インデックス保険は、商品の機能はほぼ同じである。日本では天候デリバティブとして販売されている商品とほぼ同じ内容の商品が、タイ等の国では保険として扱われている。
　天候デリバティブ（天候インデックス保険）は、損害データと相関の高い気象データを基礎として設計するため、長期にわたる信頼できるデータが必要不可欠である。そこで東南アジアにおいて、充実した気象観測体制をもち、気象観測に関する進んだ情報技術を有する、農業国であるタイを選んだ。また、タイのなかでも東北部は、灌漑設備の整備が遅れ、農業用水を雨水に頼る天水農法が主体であり、全体的に貧しい地域である。そのため、タイ東北部の中心的な地域であるコーンケン県を選定し、タイの主要な作物であるコメをターゲットとした。
　天候デリバティブ（天候インデックス保険）を設計するには、まず対象地域の過去の気象データやコメの収量データを分析する必要がある。そこで、タイ東北部の稲作の研究をしている農業環境技術研究所に協力を依頼し、過去データの分析を行った。その後、分析結果に基づき、天候インデックス保険の試作品を開発し、タイの現地の農家に意見を聞くために現地を訪問した。
　タイ農村部では保険の普及は遅れており、天候インデックス保険はタイの農家にとってなじみのない商品のため、現地で受け入れられない可能性がある。そのため、まずは保険商品の試作品をつくり、現地の販売パートナーでありタイの政府系金融機関であるタイ農業協同組合銀行（BAAC）の協力のもと、現地の農家に対する説明会を開催した。
　途上国向けの天候インデックス保険の開発は、損保ジャパンにとって初めての試みであり、商品内容を現地の人たちに理解してもらうことに不安を覚えていた。しかし、10人程度の農家に参加してもらった最初の説明会の反応は、非常に好意的なものだった。タイの一般的な農家は、主として労働力確保のための資金を銀行から借り入れ、収穫物を現金化することにより元本と金利を返済、翌年また同じように借入れを行うということを繰り返している。そのため、干ばつ等により収穫に影響が出ると、ローンの返済が滞り、翌年以降の農作業に支障が出てしまう。現地の人たちにとっ

図2　インタビューのようす

図3　説明会のようす

て、干ばつ等によるローン返済の遅滞への不安感は大きいため、「こうした商品があるならぜひ利用したい」という声が説明会で農家から寄せられ、引き続き開催した他の地域での説明会でも同様の反応がみられた。

　その一方で、現地の農家から、試作品に関するさまざまな要望が寄せられた。たとえば、最初の試作品では、6～8月まで3カ月間の降水量が一定量以下で、かつ6月の降水量が何mm以下だったら保険金を支払うというかたちで、2つの条件を同時に満たす必要があった。しかし、農家からは、支払条件は1つのほうがわかりやすいという意見が出され、3カ月間の降水量のみを条件とするよう支払条件を変更した。また、6月より9月の降水量が収量により影響を与えるとの指摘が農家から出たため、対象期間を7～9月に変更した。

　このように、現地の声を商品内容に反映させ、商品の改良に努め、2009年には、農家に天候インデックス保険を体験してもらうために、保険料や保険金の実際の受渡し

図4　天候インデックス保険のスキーム

```
┌─────────────────────────┐   保険料      保険金相当額
│ ┌────────┐ ┌────────┐ │ ←─────       ←─────       ┌──────┐
│ │損保ジャ │ │損保ジャパン│ │  ⇔          タイ農業協同    ⇔         │稲作農業│
│ │パン    │ │日本興亜   │ │ 保険契約    組合銀行      ローン契約   │従事者 │
│ │        │ │タイランド │ │              （BAAC）                  │      │
│ └────────┘ └────────┘ │ ─────→      ─────→                    └──────┘
│    損保ジャパングループ    │   保険金     保険金相当額
└─────────────────────────┘
```

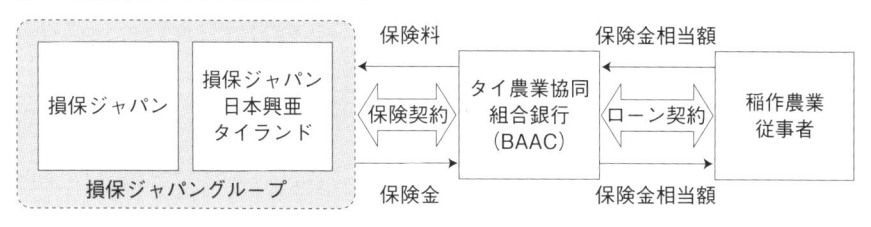

図5　タイ天候インデックス保険の商品内容

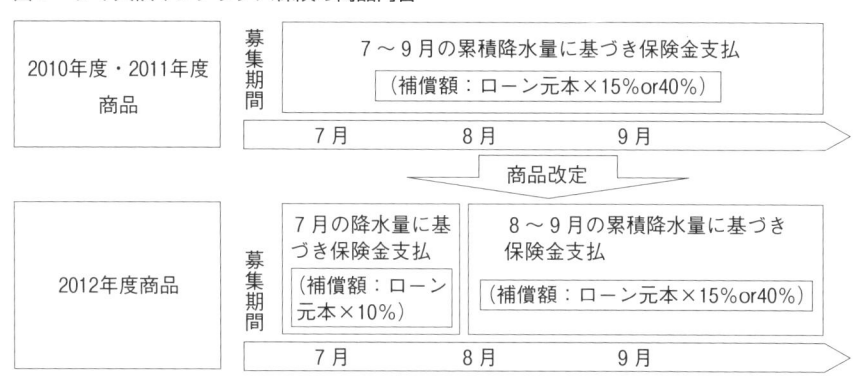

2010年度・2011年度商品

募集期間

7〜9月の累積降水量に基づき保険金支払
（補償額：ローン元本×15%or40%）

7月　　　　　8月　　　　　9月

商品改定

2012年度商品

募集期間

7月の降水量に基づき保険金支払
（補償額：ローン元本×10%）

8〜9月の累積降水量に基づき保険金支払
（補償額：ローン元本×15%or40%）

7月　　　　　8月　　　　　9月

を行わない販売シミュレーションを実施した。

　並行して、タイの保険当局との折衝も進め、2009年12月に、損保ジャパングループの現地子会社である損保ジャパンタイランド（現・損保ジャパン日本興亜タイランド）が、正式に天候インデックス保険の商品認可を取得し、2010年1月から商品の販売を開始した。

　今回のスキームでは、損保ジャパンタイランドが保険契約の引受けを行い、農家に対する保険の募集は、BAACが担当している。干ばつ等の理由により保険金支払事由が発生した場合、損保ジャパンタイランドはBAACに保険金を支払い、BAACは保険金相当額を農業従事者に支払うかたちとなっている。

　募集開始にあたって、バンコクでセレモニーが開催されたが、タイの財務大臣や在タイ日本国大使等が参加し、気候変動への適応策としての天候インデックス保険の可能性に対して、期待の声が寄せられた。

　損保ジャパンでは1,000件の保険加入の申込みを目標に掲げていたが、保険が浸透していないタイ東北部で、どの程度の反響があるか不安だった。しかし、蓋を開けてみると、予想を超えるペースで農家からの申込みが相次ぎ、契約数は最終的に1,158件に達した。

2011年度には、商品のわかりやすさに関する高い評価を受け、BAACから販売地域拡大の要請があった。そのため、商品設計に必要な信頼性を有する気象データの蓄積を確認できた4県（ナコンラチャシーマ県、マハーサーラカーム県、カーラシン県、ローイエット県）を、新たに販売地域とした。販売地域が拡大したことを受け、2011年度の加入件数は6,000件を超えた。

　さらに2012年度には、BAACや農家からの要望をふまえ、従来の「7～9月の3カ月の累積降水量」から、「7月単月の累積降水量」または「8・9月の2カ月間の累積降水量」に基づいて保険金を支払うように条件を変更し、収穫量への影響が大きい作付け初期の7月に干ばつが発生した際に、早期に保険金を支払可能となるよう、商品を改良した。あわせて、これまでの販売地域であったコーンケン県、ナコンラチャシーマ県、マハーサーラカーム県、カーラシン県、ローイエット県の5県に、新たにブリーラム県、シーサケート県、スリン県、ウボンラーチャターニー県の4県を加えたタイ東北部9県で販売することとなった。なお、2012年度は、タイ東北部の一部地域において干ばつが発生し、多くの加入者に対して保険金を支払うことになり、保険の効果・効力を実際に示す結果となった。

　このように、農家や提携パートナーの声をもとに改良を重ね、天候インデックス保険は、着実に現地に根づき始めており、途上国における自然災害リスクの軽減に向けた適応策として、注目を集めている。

5　日本における天候デリバティブの展開

　ここまでタイの天候インデックス保険についてみてきたが、タイで商品開発が実現できたのは、日本国内の天候デリバティブの開発で培ってきたノウハウがあったからといえる。天候デリバティブは1997年、米国の大手エネルギー会社が開発したのが始まりといわれているが、損保ジャパンでは1999年12月に、気温を支払基準としたデリバティブを日本で初めて販売して以降、積極的に販売を行っている。

　なんらかの意味で収益が天候に影響される企業は、企業全体の4分の3にも達するといわれている。こうした企業に対して、損保ジャパンではオーダーメイドで天候デリバティブを提供している。過去のデータをもとに、どういった指標に基づき、どの程度の支払水準とするか等、顧客企業と検討を重ね、商品を設計している。

　損保ジャパンが提供している天候デリバティブは多岐な分野にわたる。たとえば農業分野では、農業法人向けに、冷夏や多雨等のリスクを補償する天候デリバティブを販売しており冷夏を例にあげると、対象期間中の最低気温があらかじめ定めた一定値以下となる日の合計日数に応じて、一定額を支払うかたちをとっている。ほかにも、台風リスクの補償を目的に、あらかじめ定めた対象エリアを通過する台風の個数によ

り、補償金の額が決まる商品を提供している。

　また、再生可能エネルギー分野では、太陽光発電事業者に対し、日照時間を指標としたデリバティブを提案している。この商品は、日照不足による収益減少リスクを軽減し、事業の安定的な発展を支えるため、日照時間が一定時間を下回った場合に事前に取り決めた金額を支払うものである。一方、個人向けでは、個人住宅への太陽光発電システム設置を手がけている企業と共同で、太陽光発電向けの天候デリバティブを活用したサービスを開発し、提供している。こうした商品の提供を通じて、太陽光発電を含む再生可能エネルギーの導入を促進することが期待できる。

　損保ジャパンでは、こうした天候に関連するリスクを低減する商品の提供を通じて、事業者の経済活動を支援し、気候変動に強靭な社会の実現を目指している。

6　自然災害リスク評価モデル

　損保ジャパンがタイと日本で提供している天候インデックス保険・天候デリバティブに関してここまで触れてきたが、こうした保険商品・金融商品の設計には、対象となるリスクの定量的な評価が必要となる。

　リスクの定量評価には、統計モデル・物理モデル・ファイナンシャルモデル等の数理モデルを高度に組み合わせた「自然災害リスク評価モデル」が一般的に用いられるが、損保ジャパンでは、地震、台風、洪水、津波といった自然災害リスク評価モデルを、自社グループ内で開発している。モデルにより評価した保険損害額は、保険商品の設計や保険会社の経営判断に役立っている。

　ここでは、自然災害リスク評価モデルの例として、損保ジャパンのグループ会社が開発した台風モデルを紹介する。台風モデルでは、過去観測データに基づいて、台風がどのような地点で発生し、どのような経路をたどり、どのような勢力をもったかという特性を統計的にモデル化している。この台風特性の統計モデルに基づき、コンピュータ上でランダムシミュレーションを行い、数百年・数千年分の仮想台風イベントを生成し、台風イベントセットを構築する。このイベントセットには、まれにしか発生しない大規模台風イベントも入っており、過去に経験したことがない巨大台風災害についても、リスクを定量的に評価することが可能となっている。

　気候変動への適応策を講ずるにあたって、自然災害リスク評価モデルにより定量化した将来のリスク変化量が必要となる。統計モデル・ランダムシミュレーションを基礎とする自然災害リスク評価モデルは、過去の特性をモデル化し、その特性に基づき多数の災害イベントを生成して確率論的にリスクを定量化するものである。一方、気候変動によって、自然災害の発生頻度や強度そのものが変化する可能性が指摘されている。そのため、気候変動による自然災害の中長期的なリスク変化量を評価するに

図6 台風モデルによって生成された仮想台風イベント

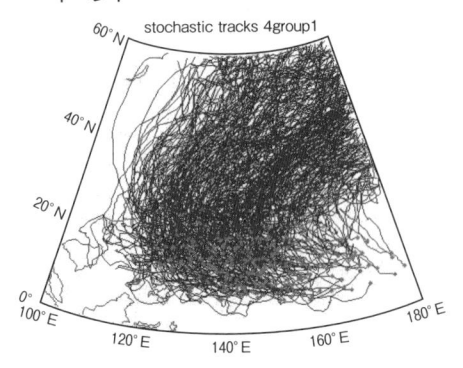

は、過去データに基づく統計的手法からなる自然災害リスク評価モデルのみでは、限界がある可能性が存在する。

これを解決する方法として、温暖化予測シミュレーション結果を自然災害リスク評価モデルに反映させることがあげられる。たとえば英国では、保険協会と気象庁が共同で、風水災リスクの将来変化を予測する共同プロジェクトを実施し、気候変動影響下での100・200年再現期間における損害額や年間期待損害額等を評価している。そのうえで、保険会社は、こうした評価結果を、中長期的なリスク管理に役立てている。

損保ジャパンでは、京都大学防災研究所と連携し、気候変動影響を考慮した、日本全域の洪水モデルの共同研究開発を行っている。京都大学がもつ降雨変動解析や流出・氾濫計算のノウハウと、損保ジャパンがもつ保険損害に関するリスク評価のノウハウを融合させ、日本全域の洪水リスクを経済的な観点から定量的に評価することを目指し、研究開発を進めている。

7 持続可能な社会の実現に向けて

気候変動は、社会のさまざまな分野に甚大な被害をもたらす、未曾有の大きな課題である。特に保険業界にとって、自然災害の増大は支払保険金の増加につながるため、気候変動は経営上の大きな課題といえる。

また、保険会社にとって、社会経済に存在するリスクを評価し、その解となる保険商品や金融商品、サービスを提供していくことは、社会的な使命である。気候変動により社会の持続可能性が脅かされているなか、損保ジャパンは、気候変動リスクへのソリューションの提供を通じて、持続可能な社会の実現に貢献するとともに、保険会社自身の持続可能な成長を目指していきたいと考えている。

第3節　市民による取組み

3-3-1 市民による取組み

損保ジャパン日本興亜リスクマネジメント　**松岡　智江**

　近年、気候変動、貧困、難民、食料危機等、国境を越えた世界規模の問題が深刻化しており、行政や企業だけでは、課題解決が困難となっている。そうした状況のなか、NPOやNGO等の市民団体が担う社会的な役割や影響力は、年々大きくなっている。

　本稿では、そうした市民による気候変動に関連する取組みについて、概説する。

1　市民団体による活動の状況

　日本では、1998年に特定非営利活動促進法（NPO法）が施行されて以来、日本国内で認証を受けている特定非営利活動法人（NPO法人）の数は急激に増加しており、2013年5月末時点で4万7,771の団体が存在している。

　NPOの活動分野は多岐にわたり、「保健、医療または福祉の増進を図る活動」「社会教育の推進を図る活動」「まちづくりの推進を図る活動」「環境の保全を図る活動」

図1　特定非営利活動法人の認証法人数の推移[1]

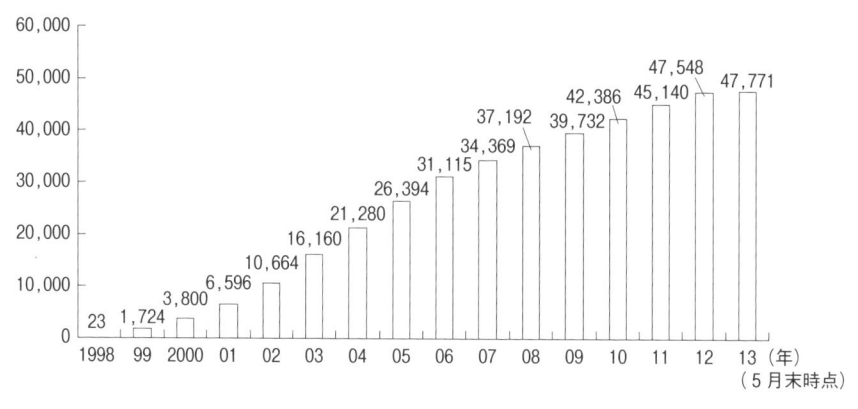

年	認証法人数
1998	23
99	1,724
2000	3,800
01	6,596
02	10,664
03	16,160
04	21,280
05	26,394
06	31,115
07	34,369
08	37,192
09	39,732
10	42,386
11	45,140
12	47,548
13	47,771

（5月末時点）

1　内閣府の「NPO基本情報」をもとに、損保ジャパン日本興亜リスクマネジメント作成。

表1　特定非営利活動の種類（複数回答）[2]

No	活動の種類	法人数
1	保健、医療または福祉の増進を図る活動	27,602
2	社会教育の推進を図る活動	22,304
3	まちづくりの推進を図る活動	20,369
4	観光の振興を図る活動	565
5	農山漁村または中山間地域の振興を図る活動	508
6	学術、文化、芸術またはスポーツの振興を図る活動	16,307
7	環境の保全を図る活動	13,516
8	災害救援活動	3,734
9	地域安全活動	5,425
10	人権の擁護または平和の活動の推進を図る活動	7,866
11	国際協力の活動	9,139
12	男女共同参画社会の形成の促進を図る活動	4,171
13	子どもの健全育成を図る活動	20,338
14	情報化社会の発展を図る活動	5,412
15	科学技術の振興を図る活動	2,614
16	経済活動の活性化を図る活動	8,048
17	職業能力の開発または雇用機会の拡充を支援する活動	10,954
18	消費者の保護を図る活動	2,993
19	前各号に掲げる活動を行う団体の運営または活動に関する連絡、助言または援助の活動	21,877
20	前各号で掲げる活動に準ずる活動として都道府県または指定都市の条例で定める活動	66

「災害救援活動」「国際協力の活動」「子どもの健全育成を図る活動」等、さまざまな分野において、実践活動や普及活動、調査研究、政策提言等の活動を進めている。

---

[2] 内閣府「NPO法人の申請受理数、認証数」
https://www.npo-homepage.go.jp/portalsite/bunyabetsu_ninshou.html

2   市民団体による気候変動への取組み

　気候変動の分野においても、NPOやNGO等の市民団体の存在感は増している。気候変動に関する国際的な枠組みとして、COP（Conference of Parties：締約国会議）があるが、COPとは、1992年にリオ・デ・ジャネイロの地球サミットで採択された「国連気候変動枠組条約」を受けて設置された会議であり、各国の代表が毎年1回集まり、同条約について検討を重ねている。

　COPでは、気候変動問題への対策が重要である点は認識されているが、先進国や途上国、新興国の利害が対立し、各国による具体的な取組目標等について、議論が難航しているのが現状である。

　しかしながら、市民団体は、特定の国や地域の利害にとらわれず、中立的な立場から、地球全体の利益を見据え、政策提言することができる。市民の視線から各国の交渉を注視し、交渉の経緯や結果を社会に広く発信することにより、交渉の進展を促すことが可能である。

　また、こうしたグローバルレベルでの政策提言のみならず、地域レベルでの草の根活動においても、市民団体の役割がますます重要となってきている。気候変動の影響は地域ごとに異なるため、地域の状況に根ざした、地域独自のボトムアップ型の活動が必要となるからである。

　たとえば、開発NGOのオックスファムでは、フィリピンにおける小規模農家の支援の一環として、対象地域の気候変動の中長期予測結果をふまえた開発計画を策定している。これは、途上国支援の活動に地域レベルでの気候変動リスク評価を組み込んだ、市民団体による先進的な気候変動適応策の一例といえる。

　現状では、温室効果ガスを削減し、気候変動の進行を遅らせる「緩和」について取り組む市民団体は多いが、気候変動による自然災害の増大や水資源・生物資源の減少、食料危機や健康悪化等の影響を低減する「適応」を活動テーマに掲げ、それを中心に活動を展開する市民団体はほとんどみられない。しかし、さまざまな市民団体が取り組んでいる、防災や復興支援、農業支援、住民への啓発等の活動は、すでに顕在化し始めている気候変動による影響を低減し、地域のレジリエンスを高める「適応」ととらえることができる。

　「気候変動適応社会をめざす地域フォーラム」[3]では、気候変動適応策の実施には、地域レベルでの影響予測やリスク評価、脆弱性評価における政策立案者や専門家と、一般市民との間に生じうる潜在的な認知のギャップを解消し、リスクコミュニケーションや参加型手法による協働、合意形成が必要であることを主張している。研究者や国・自治体、企業だけでなく、市民参加型の適応策が重要視されているのであ

る。この好取組事例として、地方自治体と市民・NGOとの連携による適応策を実施している例がみられる。

たとえば、ドイツ、エムシャー・リッペ地域においては、気候変動による地域の水利用への影響や、市民・経済・環境への影響を把握し、地域における適応力の開発支援を目的に、地方自治体や研究者のほか、地元企業や市民グループを含めた30以上の団体を集めたうえでの「適応策策定」を試みている[4]。

また、長野県においては、適応における市民参加型のモニタリングとして「信州・温暖化ウオッチャーズ」を立ち上げ、気候変動に影響を受けやすい生物の観察情報等をウェブ上に書き込む仕組みをつくった[5]。

さらに、アジア太平洋地域では、国連環境計画が主導し、「アジア太平洋適応ネットワーク（APAN）」が動き始めているが、これは、適応の能力開発、政策立案・計画のサポート、知識や優良事例、技術の移転の促進等、アジア太平洋各地域の適応策に関する知識共有ネットワークを目指すものである。

気候変動の影響を受けやすい途上国では、インフラ整備をはじめとする災害対策が進んでおらず、自然災害や水不足、食料不足等による貧困問題が悪化している。とりわけアジア地域においては、各国政府、国際機関の災害予防および災害被害軽減のための多大な努力にもかかわらず、過去30年（1979〜2008年）にアジア地域で発生した災害の死者数が世界全体の約6割、被害額が約5割、被災者数が約9割を占めるほど、自然災害による影響が深刻化している[6]。

そのため、気候変動に脆弱かつ適応策の必要性の高いアジア地域において、防災や水資源、農業、健康、教育等の分野で支援活動を行う市民団体を取り上げる。3－3－2以降では、フィリピン等にて気候変動による地域のリスク評価をしたうえでの支援活動等を展開するオックスファム・ジャパン、バングラデシュ等にて自然災害に備えた避難訓練・防災教育等を実施するシャプラニール、ミャンマー等にて自然災害に強い学校の建設や防災教育等を実施するブリッジエーシアジャパンの3団体について触れていく。

---

3 「気候変動適応社会をめざす地域フォーラム」環境省環境研究総合推進費S－8温暖化影響評価・適応政策に関する総合的研究プロジェクト（代表：三村信男、茨城大学）の一環として、同研究プロジェクトにおける温暖化影響の将来予測結果等を活用して、地方自治体等における温暖化影響の把握および適応策の計画的推進の普及を図ることを目的として設立したフォーラム。
4 馬場健司（2012）「気候変動リスクと適応策をめぐる ステークホルダー会議の設計」http://www.adapt-forum.jp/meeting/pdf/20121115_09_criepi.pdf
5 長野県「信州・温暖化ウオッチャーズ」http://de23.digitalasia.chubu.ac.jp/
6 内閣府「平成22年防災白書」http://www.bousai.go.jp/kaigirep/hakusho/h22/bousai2010/html/honbun/2b_4s_1_04.htm

3-3-2 フィリピン・インド・エチオピアにおける取組み
——オックスファムによる農業・災害分野の取組事例

オックスファム・ジャパン　米良　彰子

1　オックスファムについて

　オックスファムは、世界90カ国以上で活動する国際協力団体であり、より公正な世界の実現を目指して、貧困問題の解決に取り組んでいる。

　オックスファムの活動は、1942年、ナチス軍による攻撃で窮地に陥っていたギリシア市民に、5人のオックスフォード市民が食糧や古着を送ったことから始まった。当初は「オックスフォード飢饉救済委員会（Oxford Committee for Famine Relief）」という名称で支援活動を行っていたが、その後、オックスファム（Oxfam）に名称を改めた。1948年には、オックスフォードで初めて、オックスファムのチャリティーショップを開き、市民レベルでの活動を開始した。第二次世界大戦後のヨーロッパの戦後復興、植民地独立への難民支援、自然災害に対する緊急支援等の支援活動を行ってきた。

　ヨーロッパが復興を遂げるとともに、オックスファムは、活動の重心を発展途上国に移し、1961年に初めて海外事務所を設立した。それをきっかけに、「現地の人々の生活が自立するように、人々が自分の作物をつくることができる援助」を目指し始めた。

　こうした理念に共鳴し、世界各地で、オックスファムを新しく設立する動きや、賛同する団体がオックスファムへ合流する動きが起こった。1990年代には、気候変動や食料不足、エネルギー不足等、地球規模で起こるさまざまな問題に対応するため、世界各地のNGOの連合体である、「オックスファム・インターナショナル」に生まれ変わった。各国のオックスファムは、互いに対等な関係のもと、それぞれの事情にあわせた独自のスタイルを保ち、強い結束力をもって、活動を行っている。

　日本では、「特定非営利活動法人 オックスファム・ジャパン」という独立したNGOとして、2003年12月の設立以来、活動を続けている。オックスファムが掲げる理念のもと、途上国における貧困と紛争を軽減するための長期開発支援事業や、途上国で紛争や自然災害の被害を受けた人々に対する緊急救援事業、貧困問題に関する調査研究事業、経済的・精神的援助に関する普及・啓発事業等に、世界各地で取り組んでいる。

日本国内においても、東日本大震災の発生以降、東北や東京のNPOとパートナーシップを組み、緊急支援・復興支援を進めている。これまでに2万2,000人以上の被災者を支援するとともに、行政の復興政策が、より男女共同参画に焦点を当てたものとなるよう、パートナー団体のアドボカシー(政策提言)活動のサポートを行っている。

2 開発促進事業を通じた気候変動への適応

(1) フィリピンにおける小規模農家の支援

次にオックスファムの具体的な取組事例として、フィリピンのミンダナオ島における小規模農家への支援活動を紹介する。オックスファムは、1987年にフィリピンでの活動を開始しており、現在、首都マニラとミンダナオ島に、事務所を置いている。

フィリピンは人口の3人に1人が農業に従事しているが、小規模農家が多く、都市部と農村部の所得格差が大きい。特に南部のミンダナオ島では、長期にわたる紛争により、貧困問題が深刻化している。

また、近年、気候変動の影響とみられる、降雨・日照・気温パターンの変化に悩まされている。ミンダナオ島の場合、雨季が1カ月以上遅れ干ばつが続く、乾季にもかかわらず突然の降雨がある、乾季に異常に気温が上昇する、といった、気候変動が原因とみられる異常気象が毎年発生している。

農家は主にキャッサバやコメ、トウモロコシを栽培しているが、乾燥したもののほうが高く売れるため、多くの農家は、収穫物を天日で乾燥させる。しかしながら、突発的な豪雨が発生すると、収穫物の乾燥が計画どおりにできず出荷量が減ってしまう。それを防ぐためには、農家は高い使用料を支払い、天日乾燥施設で乾燥させる必要があるが、これにより農家の家計が圧迫されてしまう。また、降雨量の減少により農作物の収穫量が減少する、洪水により生産した作物が水没して収穫できない、といった事態が頻発しており、経済的な余力に乏しい小規模な農家は大きな打撃を受けている。

特に、2009～10年にかけて発生した異常気象の影響は深刻であり、多くの小規模農家が生産量を減らし収入を大幅に減らした。農家は、種子や肥料等の購入のために借金を行っているが、収入の減少により、借金を返済できなくなり、負債が大きくふくらんだ。その結果、食事を満足にとれず家族の栄養状態が悪化する、教育や医療にかけるお金が減ってしまう、子どもたちが学校を休み、他の農場での労働に従事するといった、深刻な問題が生じた。

こうした状況を改善し、住民の命と生活を守るため、オックスファムでは、外務省の日本NGO連携無償資金協力の助成金やサポーターからの寄付金をもとに、気候変

動への適応の観点を組み込んだ、さまざまな支援活動を展開している。

　まず2009年に、事業対象地での、気候変動のコミュニティへの影響に関する事前調査[1]に着手した。そのうえで、現地の農民組合や農業担当官、パートナー団体等と検討を重ね、コメやトウモロコシの収穫後の処理のための天日干し場や倉庫等の対策を実施することを決めた。

　こうした対策を決定する際は、現地の事情を考慮することが非常に重要だが、以下の４つの観点から、機械乾燥施設ではなく、天日乾燥施設を導入することを決め、建設に着手した。

① 維持管理代や燃料代の点から、天日干し施設は機械乾燥施設と比べて使用料を３

図1　作物貯蔵用の倉庫

図2　天日干し場でコメを乾燥させているようす

---

1 「気候変動適応のための小規模農業施設の建設：事業実施計画詳細（事業申請書）」
http://www.mofa.go.jp/mofaj/gaiko/oda/data/zyoukyou/ngo_m/e_asia/philippines/pdfs/120220_02.pdf

割程度に抑えることができ、農家が負担なく使い続けることができる。
② 天日干し施設は、維持管理が機械乾燥機よりも複雑でないため、耐久性があり、これから先長い間使える。
③ 気候変動の中長期予測の結果によると、対象地域の降雨量は減少傾向にあるため（2020年までに現在よりも5.6％、2050年までに6.1％減少する見込み）、天日干し施設が有効であると考えられる。
④ コメやトウモロコシの乾燥で使用していないときは、それ以外の作物の乾燥に使える、住民の集会等の会場として使えるなど、地域の多様な目的に供することができる。

また、単に施設を建設するのみならず、住民のキャパシティ・ビルディング（能力向上）のためのトレーニングを実施した。このトレーニングは、事業管理や経理管理に関する指導者養成のためのものであり、トレーニングを受けた施設の管理組合や委員会のメンバーが、後日、地域の農家に指導できることを目指している。トレーニング後には、成果を活かした活動を実施できるよう、オックスファムのスタッフが各地区をまわり、助言や住民間の調整、組織化等に関するフォローアップを行った。

こうした活動により、さまざまな効果が得られることが見込まれている。具体的には、収穫後処理施設の建設により、乾燥させた作物が降雨により影響を受けることがなくなり、収穫後損失率がほぼ０％になる。また、十分に乾燥した作物は業者からの買取価格が上昇し、事業開始前と比較して５～20％高い値段で販売できる。さらに、女性が施設の維持管理・運営の意思決定に男性と同じように参画でき、女性の社会参加を促すことができる。

(2) インドにおける洪水対策支援

インドは、12億人という巨大な国内市場を有する新興国であり、目覚ましい経済成長を遂げている。経済成長の恩恵を受け、過去20年間で多くの貧困層が中産階級になったが、一方で４億5,000万人余りの人が、いまだに１日1.25米ドル以下で暮らす絶対貧困層として取り残されており、貧富の格差が広がっている。また、とりわけ女性の間で識字率が低く、国連の統計によれば、世界で読み書きのできない人の３人に１人がインド人といわれている。

インドでは自然災害が頻発しており、洪水、サイクロン、干ばつ等により、毎年多くの人命が失われている。インドでは、毎年６月頃にモンスーンが吹き始め、各地に大量の雨をもたらすが、その結果、河川で増水が起こり、各地で洪水が発生する。洪水は肥沃な土壌をもたらす一方、近年、気候変動の影響により、頻度や強度が増しており、いままで洪水を免れていた地域においても、田畑や家々が水に飲み込まれる事態となっている。

洪水により、下痢や感染症、皮膚疾患等が流行し、体力のない子どもを中心に、多くの命が奪われている。また、一度浸水すると、田畑の回復や家屋や家財の復旧・再購入に多大な労力・資金が必要となり、元から貧しかった小規模農家がさらなる困窮に追い込まれる。さらに、乾季には極端に降雨量が減り、農作物の生産量が大幅に減るという事態もふえてきている。

　こうした状況のなか、オックスファムは、パートナー団体とともに、洪水や気候変動に強い村づくりのための支援を行っている。

　その要は、地域のすべての住民が参画する組織強化と組織づくりである。農村の意思決定機関である村落開発委員会から始まり、農家の組合、若者のグループ、小学生を中心とした子どもたちのグループ、女性たちの自助グループ等のあらゆるグループで、防災の意識啓発と訓練を行っている。また、住民の手で、避難所や備蓄倉庫等、施設面の計画・設置を行い、徹底的に地域の防災力と共助力を高めることに努めてい

図3　住民で構成されたレスキューチーム

図4　子ども応急処置・衛生チーム

第3章　実践面からのアプローチ　239

る。

　具体的には、住民による防災訓練の実施支援や、備蓄食料庫の建設・整備、住民の手によるハザードマップの作成支援、ペットボトルを用いた簡易的な救命ジャケット等、現地で調達可能な素材を用いた防災用具の普及等を進めている。また、若者によるレスキューチームや、子ども応急処置・衛生チームの結成を促進している。

　子ども応急処置・衛生チームは、9～14歳の少女から構成され、ケガや下痢の応急処置の方法や、安全な水のつくり方に関する知識を身につけている。洪水発生の際には、子ども応急処置・衛生チームは、応急処置の第一線で活躍するとともに、平常時には感染症予防のための衛生知識の普及に努めている。

　ほかにも、コメ・ムギの農法改善や、多様な作物の導入、有機肥料づくりを支援し、気候変動への適応を促進している。

　オックスファムでは、洪水被害に対する緊急支援にも積極的に取り組んでいる。

　2008年8月に、ビハール州にあるコシ川上流のネパール側の堤防が豪雨により決壊し、ビハール州の村々がまたたく間に飲み込まれた。その結果、270万人以上が家を離れ、うち100万人以上が道沿いや空き地に急きょ設けられた150カ所の避難キャンプに避難する事態となった。避難した人々の70％は子ども、女性、高齢者だったが、安全な水が手に入らず、感染症の流行や下痢の症状の拡大が懸念されていた。

　オックスファムは洪水直後から、現地パートナー団体とともに緊急支援活動を始め、取り残された人々の救助活動を行うほか、水の浄化セットやバケツ、防水シート、シェルターシート等を、被害が特に深刻なスパウル県で配布した。さらに、洪水発生の1週間後に、複数の避難キャンプや村で調査を行い、食料、シェルター、衛生的な環境の確保、家を追われた人々の安全確保が最も大きな課題であると明らかにした。それを受け、食料やシェルターの提供、手押しポンプ式井戸や簡易トイレの設置等による衛生的な環境の確保に注力するよう努めた。また、手押しポンプ、排水管とトイレを設置する作業を、洪水によって農作物を失った村の人々に依頼し、現金収入を得る貴重な機会を提供した。避難キャンプにいる1万8,674世帯と、8つの村の2万世帯に対して支援を行ったが、支援プログラムが終了した2008年12月には、今後の管理のために、すべての設備を現地政府に引き渡した。

　一方、ヒマラヤの裾野の山岳地帯では、土壌浸食、水不足、森林伐採による燃料資源の枯渇等が進行しており、農家をとりまく状況が悪化している。農家の人々は、水や、薪や家畜の飼料を確保するため、遠くまで歩く必要があるが、村の男性は都市へ出稼ぎに行き不在のため、少女や女性たちへの負担が大きくなり、生活レベルが悪化している。

　そこで、オックスファムでは、こうした状況を改善するため、150以上の村に対し

て、多様な支援を行っている。少女や女性たちが、水や飼料を確保するために、遠くまで歩く必要がないよう、村の貯水システムの確保や牧草栽培の普及を図っている。

こうした取組みが実を結び、オックスファムが支援している村では、人々はヤギや鶏を育て、果樹園や温室をつくり、融資の資金を管理する女性グループが稼働中である。

(3) エチオピアでの農業保険[2]

オックスファム・アメリカ（Oxfam Americas）は、グローバルな再保険会社であるスイス再保険会社（Swiss Re）や、他の機関と連携して、エチオピアの貧しい農家に対して、干ばつ時における穀物の不作に対する保険カバーを提供する「「アフリカの角」適応のためのリスク移転（HARITA：the Horn of Africa Risk Transfer for Adaptation）」プロジェクトに取り組んでいる。

エチオピアの農家は世界でも最も貧しく、保険のカバーがなければ、干ばつの打撃を受けた農家は、その年の収穫だけでなく、来年の種を購入する資金を失い、場合によってはあらゆる資産を投売りせざるをえなくなる。しかし、エチオピアの8,500万人の人口のうち、0.4%しか保険に加入していない。この原因として、既存の保険は運営コストが高く、また、農家には現金が不足しているため、貧しい農家には保険料の支払が困難だったことがある。

このような農家に保険カバーを提供するため、HARITAプロジェクトでは、保険料の支払を現金ではなく、農家が地域における小規模灌漑施設の改良や植林等の適応プロジェクトに従事した労働で代替できる仕組み（insurance for work）を採用している。これは、エチオピア政府が、脆弱性の高い農家への生活支援として普及を進めている「food and cash for work」Productive Safety Net Program（800万人が本プログラムの受益者となっている）を活用したものである。

慢性的に食料や資源が不足している農家にとって、保険料として支払う現金のもちあわせのないことが、保険スキームへの加入を阻む最大の要因であったが、insurance for workプログラムの活用によって、より多くの農家に参加してもらうことが可能となった。

また、天候インデックス保険方式を採用しており、不作の指標となる降雨量がトリガー値を下回った場合には、自動的に農家に保険金の支払が行われる。インデックスの設定には、過去の降雨観測データと農作物の関連の分析が必要であるが、過去の天候データ収集と分析には、エチオピア国家気象庁（Ethiopian National Meteorologi-

---

[2] UNFCCC, Horns of Africa Risk Transfer for Adaptation（HARITA）.
http://unfccc.int/files/adaptation/application/pdf/swiss_re.pdf

cal Agency）が重要な役割を果たした。

　さらに、労働の対象となるプロジェクトは、コミュニティが主導する地域能力向上および脆弱性アセスメントを通して選択された。気候変動に対し地域のレジリエンス向上につながるプロジェクトが選ばれており、その実施を通じて、地域コミュニティの気候変動への適応能力の向上を図ることが期待できる。

　HARITAプロジェクトで保険カバーを受けた農家は、2010年で5村落の1,300人であったが、そのうち73％が労働による保険料の支払を選択していた。2011年にはティグレイ地方の43村落に拡大し、1万3,000人が参加するまでに広がっている。HARITAの成功を受け、オックスファムは国連食糧計画（WFP）と連携して、本スキームをもとに「R4：地域レジリエンスイニシアティブ」を開始し、エチオピア国内および他国に拡大することとしている。

3　食料システムの革新に向けて

　過去数十年間、世界の飢餓人口はゆっくりながらも減少を続けてきたが、現在その数は急速に増加しており、近く10億人を突破する見込みである。これは、世界の7人に1人が飢餓状態に置かれていることを意味する。

　原因としては、気候変動による天候不順や自然災害、食料やエネルギー価格の高騰、食料生産の伸悩み、先進国と途上国の間の不公平な貿易ルール、市場の失敗、女性と男性の間の不平等、途上国の農地をめぐる大国間の奪い合い等の問題があげられる。こうした問題はますます深刻化しており、世界中の多くの人々が満足な食料を得ることができないでいる。

　気候変動に関していうと、熱波、干ばつ、洪水等の強度や頻度が今後増すとともに、温暖化により農業生産の多くの土地で食料生産高が落ちると予測されている。特にアフリカのいくつかの国では、食糧生産高が現在のレベルから半減するといわれている。さらに、天候不順により、農家はいつ種をまき、いつ畑を耕し、いつ収穫すればよいのかすら、わからなくなりつつある。

　一方で、多くの国で行われている農法が、気候変動の原因になっており、現在地球上に排出されている温室効果ガスの約3分の1は、農業活動によって排出されている。

　このような深刻な状況の改善を図るため、オックスファムでは、世界の食料システムの革新に向けて、「GROW」キャンペーンを推進している。

　「GROW」キャンペーンでは、「SAVE FOOD（のこさない）」「SEASONAL（旬を大切にする）」「LESS（肉をへらす）」「SUPPORT（支援する）」「COOK SMART（賢く料理しよう）」を掲げ、活動を進めている。

また、「GROW」キャンペーンでは、「友産友消（ともさんともしょう）」を掲げ、「友だち」がつくったものを「友だち」として食べることを提案している。小規模生産者や、フェアトレード等、つくった人の顔のみえる食べものを選ぶことで、私たちのキッチンからでも、生産者に寄り添うことができる。

　こうしたGROWキャンペーンを通じて、この壊れた世界の食料システムを改め、食料が持続可能な方法で生産され、だれもが十分に食べられる世界を実現できるよう、オックスファムは市民の参加を呼びかけている。

3-3-3 バングラデシュ・ネパールにおける取組み
──シャプラニールによる災害分野の取組事例

シャプラニール　筒井　哲朗

1　シャプラニールについて

「特定非営利活動法人シャプラニール＝市民による海外協力の会」（シャプラニール）は、1972年に設立された、特定の宗教、政治、企業、団体には属さない、日本の国際協力NGOである。

シャプラニールの活動は、1972年に、日本の青年ボランティア50数人が、「バングラデシュ復興農業奉仕団」として、前年に独立したばかりのバングラデシュへ派遣されたことから始まる。援助によって潤っているのは豊かな人たちであり、国民の大部分を占める貧しい者にとって援助は無縁であるという矛盾に満ちた援助の姿を、派遣されたメンバーは現地で見聞きすることとなった。同時に、多くのメンバーは、バングラデシュの美しい自然と人々の人情に強く惹きつけられた。その後、貴重な経験を得て帰国したメンバーは、「バングラデシュの人々にとって本当に役立つ援助とは何か」を真剣に考え、新宿歩行者天国での街頭募金を通じた資金集めを行い、継続して活動していくための組織として、「HBC（ヘルプ・バングラデシュ・コミティ）」を結成した。現在のシャプラニールの前身である。

最初の活動として、バングラデシュの農村に入り、子どもたちにノートと鉛筆を配ることから始めた。独立戦争や干ばつ、サイクロン等で疲弊したバングラデシュに対して世界中から支援物資が届いていたが、物資は村々に届く前にどこかへ消えてしまう。そんななか、われわれが訪れた村の人たちは、「この村に支援物資が来たのは初めてだ」と喜んだ。ところが翌日、村の市場に寄ると、昨日渡したノートと鉛筆がたくさん売られていた。独立間もないバングラデシュでは、飢餓で死ぬ人もおり、子どもたちは文房具を売って食べものにかえ、飢えをしのいだと思われる。子どもたちにノートと鉛筆を配ったら、明日から学校に行けると錯覚し、政府の援助を無駄だと批判していたわれわれが、まったく同じ失敗をしてしまった。

猛省の後、われわれは駐在生活を始め、村に入り、村人たちと同じものを食べ、同じ言葉を話し、生活をともにし、彼らが本当に必要としているものを知るよう努めた。その後、青空識字学級と、戦争で夫を失った寡婦たちにジュート（黄麻）を使って手工芸品をつくってもらう仕事を開始したが、これが成功し、女性たちの暮らしは

格段に向上した。しかし、1977年、駐在事務所が強盗団に襲われ、駐在員が重傷を負うという事件が起こり、再び猛省を強いられることとなった。現地の風習や文化を十分に理解しないまま、日本人が主役の支援活動を行っていなかったか、それが村に新たな軋轢を生んでしまったのではないか、と反省し、その後は、現地の住民組織や若い人たちが自分たちで始めた村おこしの活動を、側面から支援していくというかたちに、活動のスタイルを変えていった。

1999〜2005年にかけては、現地のスタッフや村人に、より積極的に地域の問題にかかわってもらうために、もともとあった村のわれわれの事務所を、3つの現地NGOにのれん分けし、独立してもらった。そのうえで、日本のNGOとして何をすべきかあらためて問い直したとき、都市化の進展、経済発展によってバングラデシュの社会に生まれてきた「取り残された人々」に目を向けるのが、われわれの役割ではないかと考えるようになった。

現在は、レストランで、あるいは家事使用人として働く子どもたち、災害の多い地域に暮らす若者たちやスラムに住む人々、高齢者や障害者等、経済発展や開発から「取り残された人々」への支援活動に取り組んでいる。「当事者自身の生活向上への主体的な参加」つまり自分の暮らしは自分でよくすることを基本姿勢にし、住民の依存心を生むことのないよう細心の注意を払い、活動を進めている。

また、東日本大震災の発生を受け、いわき市内で被災した被災者や、避難生活を余儀なくされている被災者を主な対象とした支援活動にも取り組んでいる。2011年10月からいわき駅前に開設している被災者のための交流スペース「ぶらっと」では、長期化する避難生活のなかで増大する不安感や孤独感を解消するための取組みを進めている。また、薄れゆく震災への関心を喚起する活動にも取り組んでいる。

2 支援活動を通じた気候変動への適応

(1) バングラデシュでのサイクロン対策支援

日本の面積の40％ほどの国土に、およそ1億6,000万人が暮らしているバングラデシュは、世界有数の高人口密度国である。そのうえ、国土の大部分が海抜12m以下の低地であるため、6〜10月のモンスーン期には、洪水、サイクロン、竜巻等の自然災害が発生し、毎年多くの被害が生じている。さらに気候変動の影響による海水面の上昇により、将来、国土の一部が水没することが懸念されている。また、縫製産業の進展により、経済成長は順調に進んでいるものの、自然災害が多いため、経済的に苦しく、自分の土地をもたない貧しい農家や、路上で生活するストリートチルドレン等が多数存在する。

シャプラニールがバングラデシュに駐在員を初めて送り出した1974年には大洪水が

発生したが、その際に緊急救援活動を行って以来、洪水やサイクロン、地震等の自然災害だけでなく、政治的に迫害を受けている難民に対しても、緊急救援や復興支援を行っている。

　1987・1988・1998・2004・2007年の大洪水に対する緊急救援と道路補修等の復興支援活動、1985・1991・2007・2009年のサイクロン被災地への緊急救援・復興活動、1992年にミャンマーからの避難民流入に対して行った難民キャンプでの救援活動、1996年に起きた竜巻被害に対しての活動等、災害の規模が大きく、多くの支援が望まれる場合に実施している。

　2007年に、巨大サイクロンシドルがバングラデシュ南西部を襲った際には、死者・行方不明者約4,000人、被災者総数890万人という大きな被害が発生した。シャプラニールでは、サイクロン発生直後から2008年2月頃まで緊急救援活動として、バゲルハット県、ボルグナ県、ゴパルゴンジ県の各地で食料や衣類の配布、生活用水確保の

図1　村人に被害状況を聞くフィールドスタッフ

図2　孤児のいる家庭への食料配布

ための池の浄化や緊急用井戸の掘削など緊急救援活動を実施した。

　また、サイクロンシドルで最も大きな被害を受けた地域の1つである、バゲルハット県ショロンコラ郡ボクルトラ村では、これまでにサイクロン・シェルターの建設や緊急警報システムの設置などがされていたものの、避難訓練や防災教育等を通じた、サイクロンへの実際の備えが不十分だった。そのため、シャプラニールでは、パートナー団体と連携して、青少年や農家を対象とした、サイクロンからの復興支援や災害対策、農業支援活動、インフラ整備等を行っている。

　具体的には、防災訓練やサイクロン防災に関する討論会を中学校で開催するとともに、防災教材を作成し、小学校・中学校・高校の先生との意見交換を行い、生徒や学生が防災に必要なことを理解できるよう環境を整備している。

　また、青年の男女混合のグループをつくり、グループ内で、
① 早期警戒情報の伝達担当
② 救助・避難担当
③ シェルター管理担当
④ 健康管理担当
⑤ 救援担当

といったかたちで担当を分け、家族単位での防災計画立案や災害時要援護者の把握、地元の防災活動団体との効果的な連携方法の検討に取り組んでいる。当初、ボクルトラ村の住民はかなり保守的なため、特に少女たちの親が抵抗を示すのではないかという懸念があった。しかし、スタッフが根気よく、地元関係者との打合せや地域の家庭訪問を行ってきたことで、次第に協力者がふえてきている。

　また、行政担当者や地域リーダー向けに、防災活動や、災害に対して予防対策がない場合のリスク等に関して定期的に話し合う場を設け、ニュースレターを半年に1度配信している。さらに、地方新聞社や地方テレビ局の記者とも意見交換を行い、意識向上を図っている。

　ほかにも、サイクロンシドルが襲った11月は、雨期の水で育つアモン稲と呼ばれるコメの収穫を目前とした時期だったため、大半の稲は被害を受けた。その後、次のアモン稲の田植えの季節がめぐってきたが、農家たちの多くは田を耕す耕運機や牛を失っており、稲作を始められない状況だった。そのため、農家グループを結成し、耕運機貸出しによる農業支援を実施した。耕運機使用ルール等を農業グループ内でよく話し合ってもらい、耕作の順番をめぐるトラブル等もなく、田を耕してコメをつくり、十分な収穫を得ることができた。

　インフラ整備については、新しく14の池の堤防を設けるとともに、砂利と砂で池の水をろ過して浄化する設備（ポンドサンドフィルター）の管理委員会を、それぞれの

図3　防災について学ぶための授業のようす

図4　意見交換のようす

地域で発足させた。ボクルトラ村の場合、ベンガル湾のすぐ近くにあるため、ため地下水の塩分濃度が高く、井戸が使えず、池に雨期の雨水をためて生活用水として使っていた。しかし、堤防の高さが足りず、2009年5月のサイクロンアイラが襲来した際には、塩水に浸かってしまった。そのため、地域住民と一緒に、堤防と3つの池の再掘削の工事を計画し、2010年7月にすべての工事が完了した。堤防はアイラと同規模の水位上昇に耐えうる高さになり、池の容量も大きくなったので、足りない水をくむために1.5km離れた水場へ通う時間を節約できるようになった。その後も活動地域を広げつつ、必要な対策をとり続けている。

(2) ネパールでの洪水対策支援

　東、西、南の三方をインドに、北方を中国国境に接するネパールは、世界最高峰のエベレストを含むヒマラヤ山脈を国土に有している。近年、気候変動の影響により、山岳地域の氷河湖が融解し始めており、氷河湖の決壊の危険性が深刻化している。ま

図5　洪水対策検討のようす

　た、ネパールはモンスーンの影響を強く受けるため、雨期の降雨量が非常に多く、大雨による洪水や地滑り等の自然災害が毎年発生している。

　シャプラニールでは、2006年8月にネパールを襲った洪水の被災者に対して、地元のNGOと連携し、テントや生活必需品、食料や医薬品の配布、住民の診察等の緊急救援活動を実施した。以来、洪水対策が不十分な川の近くの集落で、これまで住民が自主的に行ってきた活動を支援するかたちで、洪水の被害を軽減する活動を、パートナー団体と連携して行っている。

　ネパール南部に広がる平野部に位置するチトワン郡は、人口が集中しており、洪水に襲われた場合、家屋や家畜、農作物等、広範囲にわたって甚大な被害が生じる。ある集落では、これまでも多くの堤防等が地方行政等によってつくられてきたが、設置方法が十分に検討されなかったため、毎年洪水で壊れてしまっていた。そのため、スタッフが繰り返し集落を訪れ、集落の地図をつくり、どのように洪水が村を襲うか、どの世帯が危険かを、住民とともに確認してきた。こうした過去の洪水情報を含めたリソースマップやハザードマップの作成、住民間の相互訪問による研修を通じて、いま、住民は自分たちで長期的に役立つ堤防設置計画を考え始めている。また、避難訓練や応急処置訓練を行うほか、住民に対してリーダーシップ研修等を行い、行政へ働きかける能力の向上を目指している。そのうえで、行政機関への定期的訪問、住民と郡や村等の行政関係者とのワークショップを実施している。

3　個人のエンパワーメントと社会の変革に向けて

　ここまで、災害対策支援を中心に、シャプラニールの活動を紹介してきたが、シャプラニールでは、すべての人が豊かな可能性を開花することのできる社会の実現を目指しており、その活動は多岐にわたる。

シャプラニールの活動の柱の1つにフェアトレード（Fairtrade、公正貿易）があるが、フェアトレードとは、適正な賃金の支払や労働環境の整備等を通して生産者の生活向上を図るもので、1966年に、米国のNGOによって、プエルトリコの女性たちがつくった手工芸品を本国の教会で販売したのが最初といわれている。

　シャプラニールが1974年にバングラデシュに駐在員を派遣した当時、首都ダッカから北西約80kmにあるポイラ村は、深刻な洪水により農地が荒れ、町へ働きに行く交通費もなく、物価が高騰し、住民の生活は困難をきわめていた。そのため、シャプラニールでは、「女性のためのジュート（黄麻）手工芸品生産協同組合」を立ち上げ、女性たちが仕事をして収入を得る手段として、伝統的なジュート製の民具づくりの技術を活かした、手工芸品生産活動を始めた。イスラムの慣習から、外で働く機会のなかった女性にとって、手工芸品づくりは定期的な収入を得ることができる貴重な機会となった。その収入により、1日に3度の食事ができるようになる、子どもたちを学校に通わせられるようになる等、たくさんの生産者とその家族の生活を支えることができるようになった。

　また、障害者支援のためのリハビリテーション支援や補装具の提供、収入向上支援、地域住民への働きかけや、児童補習学級の運営、児童労働防止に向けた行政や企業への働きかけ、子どもたちからの電話相談窓口の運営等に取り組んでいる。

　こうした取組みを通じて、「取り残された人々」を支援するとともに、その周辺にいる人々や組織へ働きかけ、南アジアの市民一人ひとりの意識と行動を変えることで、社会を変えていきたいと考えている。

3-3-4 ミャンマーにおける取組み——ブリッジエーシアジャパンによる災害・水資源分野の取組事例

ブリッジエーシアジャパン　根本　悦子

1　ブリッジエーシアジャパンについて

　1993年に、戦後復興を進めるベトナムの孤児や障害児を支援するために設立された、国際協力の任意団体である「インドシナ市民協力センター」が、ブリッジエーシアジャパン（BAJ）の原点である。1994年に、国連機関である国連難民高等弁務官事務所（UNHCR）から要請を受け、ミャンマーのラカイン州北西部のマウンドーを拠点に、帰還難民の定住促進事業を開始し、この時点で団体名称を現在のように改めて開始した。

　マウンドーではUNHCRをはじめとする国連機関や国際NGOが使用する車両や機械類の整備を行いながら、帰還民や地元青年を対象に、エンジン修理や溶接、電気等の技術訓練を実施した。また、帰還民の帰還・再定住に必要な橋や学校、井戸等のインフラ整備も進めてきた。2000年からは、ミャンマー中央乾燥地域での生活用水の供給事業を実施している。

　現在は、サイクロン被災地の支援、干ばつ地域での水供給、多雨地域でのアクセス改善のためのインフラ整備、技術訓練、学校や建設、車両整備、紛争後のシェルター建設等、さまざまな事業を進めており、現地スタッフは150人以上となっている

　2002年には、ベトナムのホーチミン市に現地駐在員を派遣し、国際協力銀行の案件形成調査「ベトナムの都市ごみリサイクル調査」を実施し、その延長で都市部の貧困地域を対象に、ゴミの分別収集や環境改善活動を行い、マイクロクレジットや貯金活動を通じて、貧困地域の生活改善を進めた。また、ベトナムのフエ市近郊農家と連携し、環境を守りつつ安全な食材を提供しようと循環型農業を実践し、子どもたちへの環境教育を進めている。

　なお、2011年3月に発生した東日本大震災を受け、国内での緊急復興支援活動を2011年4月より開始した。岩手県大船渡市の「さんさんの会」や、大槌町で活動する「おらが大槌夢広場」と協力し、大船渡市・陸前高田市の避難所や仮設住宅、在宅の被災者の方々にお惣菜を届ける事業やコミュニティの活動支援を行った。

　このように、BAJでは、「ともに知恵を出しあい、ともに汗を流す」を合言葉に、「①技術習得や能力強化の機会を提供」「②収入向上の支援」「③地域発展のための環

境基盤整備」を目標に、さまざまな活動に取り組んでいる。

2 支援活動を通じた気候変動への適応

(1) ミャンマーでのサイクロン対策支援

　ミャンマー連邦共和国（ビルマ）は、インドシナ半島西部に位置し、中国・タイ・ラオス・インド・バングラデシュと国境を接している。面積は日本の約1.8倍あり、石油、木材、宝石等の豊かな天然資源に恵まれているが、長らく続いた軍事政権に対する経済制裁の影響で、経済発展が遅れている。また、地域ごとに気温や降水量の差が激しく、ベンガル湾やアンダマン海の沿海部は年間降水量が5,000mmを超える世界有数の多雨地域である一方、内陸部は降雨量が500～700mmと少なく、近年の気候変動の影響を受け、サイクロン、洪水、干ばつ等の自然災害が頻発している。

　2008年5月に大型サイクロンナルギスがミャンマーのイラワジ河沿岸部に上陸、通過し、風速毎時200kmの強風と高潮3.6mにより、未曾有の被害が発生した。さらにサイクロンは、デルタ地域からミャンマー最大の都市ヤンゴン管区に移動し、合計50郡に及ぶ地域に爪痕を残した。2008年6月時点の公式発表によれば、ナルギスの被害を受けたタウンシップの総人口735万人（推定）のうち、死者数は8万4,537人、行方不明者数は5万3,836人、被災者数は約240万人[1]とされている。家屋4万5,000世帯が流失したほか、橋や桟橋、道路等の多くのインフラが破壊され、食料備蓄が失われた。さらに、農地の荒廃や籾殻の流失、家畜や農具、ボートや漁業網の損失等により、生計手段が一瞬にして失われた。また、教育面では、約4,000の学校のうち60%が被害を受け、校舎の倒壊や損壊により安全性に問題が生じ、必要な家具や文具も失われた。さらに衛生環境の悪化により、子どもたちが学校で安全に学ぶ環境を整えることが急務であった。

　BAJでは、被災直後の5月中旬に被災地域で初動調査を実施し、6月の新学期に向けて、校舎を早急に修繕・再建する必要性があることを確認した。なお、2008年6月に、ミャンマー政府・アセアン・国連機関が実施した合同調査においても、70%の住民が、早急に修繕・再建が必要とされている公共施設として、学校を第1にあげていた。

　BAJは7月に学校改修・再建活動を、モールミャインジュン・タウンシップで開始した。この地域では、全326校（小学校、中学校、高校）の校舎のうち、179の校舎が全壊していた。また、暴風で屋根が飛ばされる、壁が崩れる、窓やドア、トイレ、給水タンク等が破損する、校舎が傾くといった被害が発生し、大規模な修繕が必要と

1　Tripartite Core Group（2008）, Post Nargis Joint Assessment Report, July 2008.

なった学校も多かった。

　このような環境では生徒が安心して学習できないことから、サイクロン襲来直後から、国連児童基金（UNICEF）、国際NGO等の多くの援助機関、個人ドナーや村コミュニティが、木や竹と防水シート等を用いて、仮設校舎を建設した。しかし、こうした校舎の耐久期間は半年〜1年程度のうえ、日中は校舎内が非常に高温となることもあり、生徒にとって好ましい学習環境とは言いがたかった。多くの学校から早急な新校舎の建設や修繕の要請があがってきたが、被害規模が非常に大きく、政府機関では十分な対応ができていなかった。また、被災地域の多くの村々では、被災直後で十分な財力や技術がなく、コミュニティの自助努力で校舎の再建・修繕を行うことはできない状況であった。

　そのため、BAJでは、外務省の日本NGO連携無償資金協力を活用し、ナルギスによって学校校舎が損壊した村々において、サイクロンや高潮等の自然災害時に強い学

図1　サイクロンによる被災状況

図2　被災した校舎

校校舎を再建し、子どもたちの教育環境を大幅に改善し、被災後の復興に寄与することを目指し、支援事業を行った。

具体的には、モールミャインジュン・タウンシップのイェートゥインゴン村、ミェッタリンゴン村、セインパン村において、村人と協議し、サイクロン襲来時にシェルターとして使用できる鉄筋コンクリート製の校舎とトイレを建設した。また、子どもたちの学習用の、木製の机と椅子のセットを供与した。ほかにも、子どもたちの心のケアのため、校舎前方の敷地の整地作業を行って校庭をつくり、シーソー、ブランコ、すべり台、バドミントンコート等の遊具を設置し、生徒の安全のために、各学校の前方に鉄製の門のついたレンガ製のフェンスを設置した。さらに、ミェッタリンゴン村とセインパン村では井戸を、イェートゥインゴン村では井戸のかわりに5,000ガロンの雨水収集タンクを設置した。加えて、イェートゥインゴン村では、校舎後方に土壌の流出を防止する鉄筋コンクリート製の壁を設置した。

なお、本事業を実施した3村では、村人が自発的に、船着き場から学校校舎建設現場まで、砂利、レンガ、鉄筋、セメント等の建設資材を運搬した。多いときには、50～100人程のボランティアが運搬作業に参加した。また、建設現場での掘削作業やコンクリート作業等に無償で参加した村人もいた。こうしたボランティアの協力により、建設費を節約することができ、フェンスの設置等の追加工事を行うことができた。同時に、村人の建設活動への直接的な参加によって、村人の学校校舎に対するオーナーシップがいっそう高まった。

また、各村での学校校舎等の建設作業は、学校建設委員会との協議を通じて選定された、5人の村人のOJTを兼ねて実施した。OJT訓練生への指導は、主にBAJのサイト・スーパーバイザーが行ったが、訓練生は、建設についての基礎知識、建物のレイアウト、基礎工事のための掘削作業、鉄筋の組み方、鉄筋加工、鉄筋コンクリートの柱、左官、大工、セメントの混ぜ方等を学んだ。訓練生の多くは、左官と鉄筋加工に強い興味を示したが、そうした技術は、将来の学校校舎のメンテナンス作業において役立っていくと考えている。各村で学校校舎が完成する頃には、OJT訓練生は一定の建設技術を身につけることができ、イェートゥインゴン村の訓練生の1人は、「普通の家であれば自分だけで建てられるようになった」と話した。OJT訓練生は、学んだスキルを活かし、建設の仕事を続けたいと考えており、OJT終了後、就労に役立つよう、訓練生に測量用テープ、工具等を供与した。

本支援事業を行った3村に対しては、プランインターナショナルのテクニカルサポートにより、BAJのローカルスタッフ3人がフィリピンで行われた防災教育の研修を受ける機会を得た。BAJの学校志向型防災教育の対象は通学する子どもたちで、研修で学んだ内容と自然災害が多い日本で蓄積されたノウハウをあわせたBAJ

オリジナルのカリキュラムとなった。実施に際しては、BAJスタッフがファシリテータとして参加するだけでなく、地元の学校教師、保護者を巻き込む工夫もした。

　防災教育では、サイクロン、洪水、津波、地震、火山の噴火、地滑り、火事等の自然災害についての、ビルマ語によるビデオを紹介し、興味を示した約25人の生徒とPTAメンバーを集中トレーニングのために選定した。集中トレーニングでは、当該地域でどの災害がどの時期に起こりやすいか、災害が起こったときにどのようにして身を守ればよいか、災害にどのように備えればよいかについて話し合った。また、村の地図を作成し、アクセス道路、避難経路、村内の強固な建物等を確認した。さらに、気候変動に関する教育や植林作業等を行い、最後に、ラジオ、基礎的な医薬品等の入った非常用キットを、各学校の教員に贈呈した。

　理解度をみるために行った事前事後のテストでは、防災教育を受ける前の子どもたちの正解率は10%だったが、防災教育後は平均75%の正解率となった。防災教育は、

図3　校舎の再建のようす

図4　新校舎の引渡し

BAJにとって新たな挑戦であったが、結果として子どもたちが楽しく災害について学ぶことができ、また将来の災害に備えることができるようになったと多くの村人、教員から好評を得た。周辺の学校からも「自分たちの学校でもやってほしい」という手紙が多くきた。
　2009年8月から開始した防災教育は、2011年9月までの約2年間に87校で実施し、3,229人の子どもたちと、4,099人のPTAメンバーと村人たちが防災の知識を得て、次の災害に備える自信をつけることができた。
　本事業を実施したイェートゥインゴン村は、サイクロンナルギス襲来時に約100人の生徒を含む約300人の村人が亡くなった。そのため、村人は不安感にさいなまれていたが、今回の事業を通じて、避難用シェルターとなる2階建て屋上付きの鉄筋コンクリート製の校舎が完成し、村人の不安感が緩和された。この新校舎の2階部分と屋上には、計600人以上が避難することができ、近隣の6カ村からもここに避難してくることができる。
　また、本事業で新しいトイレ4つと5,000ガロンの雨水収集タンクが完成し、衛生状態が改善された。雨水収集タンクには十分な水がたまっており、飲料水として使用されているほか、手洗いやトイレにも使われている。
　さらに、新校舎が完成し、家具が供与されたことにより、教育環境が大幅に改善した。新校舎の教室は換気がよく、光が十分に入り、教室と教室の間に壁があり授業を行いやすくなったため、村長は、「教育の質や教員のやる気が向上した」と話をしている。
　本事業開始前の生徒数は、2009年6月時点で210人だったが、2010年6月には222人になり、2010年7月には246人までふえた。校長は、「この学校で学びたいという生徒がふえている」と話をしており、教員数も、本事業開始前は6人だったが、2010年7月までに2人ふえて、8人となった。
　このように、支援事業を通じて、村人の防災意識の高まりや衛生意識・衛生状態の向上、教育環境の改善等、さまざまな効果が生じている。

(2) ミャンマーでの生活用水供給
　ミャンマー中央部に「Dry Zone（乾燥地域）」と呼ばれる地域がある。古いパゴダ（仏塔）が3,000基も立ち並ぶ、世界三大仏教遺跡の観光地として有名だが、遺跡群から少し離れて散在する村々の生活は、昔と変わらず厳しい状況にある。
　近くには火山で隆起したポッパ山や大きなエヤワディ河が流れていが、この地域一帯の年間降雨量は500～600㎜と少なく、村人は、毎日必要な水の確保に追われている。普段は、近くにある池の水を生活用水として利用するが、乾季には池が枯れてしまうため、村人は天秤棒で重さ40kgの水桶を担ぎ、片道数kmを歩いて水を運んでい

る。

　また近年は、気候変動が原因とみられる降雨量の減少がみられ、農業にも影響が出始めている。この地域の農産物として、ゴマ、ピーナツのほかに、砂糖椰子の実からとれたジュースを煮詰めてつくる黒砂糖があり、黒砂糖で生計を立てる農家が多い。しかし砂糖椰子の木が枯れ、実をつけない木も出始めており、村人たちの生活に暗い影を落としている。

　BAJでは、2000年から、中央乾燥地域で本格的に井戸を掘る「生活用水供給事業」を開始した。この地域では、約20年前に国際機関のUNICEFが多くの深井戸を掘ったが、現在は、ポンプの破損や機械の故障等で放棄された井戸が多い。また、地層が複雑で、水がある層は地下200～300mと深いため、井戸を掘ることは容易ではなく、

図5　井戸掘削現場

図6　天秤棒で給水

確実に水を得るには、事前調査と大型の掘削機が不可欠である。また、エンジンや発電機で動くポンプや、貯水タンクも必要となる。

BAJでは、井戸を掘ってほしいと要請のあった村に行き、村の井戸の維持管理や、水の販売等を管理している水管理委員会と話し合い、信頼関係を築きながら計画を立てている。建設作業が始まると、作業を実施するBAJスタッフの食事や、砂利や砂等の建設資材は、できる範囲で村から提供してもらっている。BAJと村人が共同で井戸建設を進めていくことにより、村人の間では「自分たちの井戸」という意識が高まるといえる。

村に井戸を建設すると、ため池が枯れる乾季においても、村内で水を得られるようになり、乾季に離れた村の井戸まで水くみに行かずにすみ、水くみの時間を農耕に専念できる。また、水浴びを毎日できるようになり、衛生状態を改善することができる。

なお、井戸を長く使うには、水量の減少や機械類の不具合に、きめ細かく対応していくことが必要である。BAJでは、村の水管理委員会で選ばれたポンプ担当者に対し、操作や維持管理の方法について技術研修を行っている。さらに、井戸を維持管理するのに必要な委員会の運営に関する講習も行っており、村によっては、水を売った収益で学校を建てる等、井戸を有効活用しているところもある。

3 困難を抱える人たちに寄り添って

ここまで、ミャンマーでの活動を中心に、BAJの活動に触れてきたが、昨今、民主化の兆しがあるミャンマーは、最後のフロンティアとして世界から注目を浴びている。BAJは、ミャンマーで20年の活動実績があり、役割も大きいと実感している。特に地方の少数民族地域では、教育の機会に恵まれない若者たちに学ぶ場を提供し、技術や技能を身につけ、雇用に結びつけていくことが、ミャンマーの発展には欠かせないことであると確信している。

現在われわれは、貧困、難民、気候変動等、国境を越えた世界規模の問題に直面している。BAJは、こうした解決が不可能と思われるような問題に対し、地域から考え、地域で行動を始めることで、解決の道を探ることが必要と認識している。ミャンマーやベトナムを中心に、今後も引き続き技術移転と人材育成、環境保全をテーマに、国際協力の輪を広げていきたいと考えている。

第 4 章

適応の推進に向けた提言

いま日本に何が必要か

損保ジャパン環境財団　関　正雄

　本章では、第1～3章の議論や、損保ジャパン環境財団による「環境問題研究会」における検討内容、「環境問題研究会」の中間報告シンポジウム[1]での議論等をふまえ、まとめと提言を行う。

1　「緩和」と「適応」の両輪による気候変動対策

　気候変動は確実に進行している。しかしながら、温室効果ガス排出を削減し、気候を安定化する「緩和」の努力は、十分な成果をあげていない。

　産業革命から2℃以下の上昇に抑えるというレベルでの安定化のためには、2050年の世界排出総量を、現在の排出量（300億ｔ／年）から半分に下げることが必要である。ただし現実には、各国の自主削減目標を合計しても、さらに80億ｔ（8Gt）以上、温室効果ガスを削減しなければならないとされており、いわゆるギガトンギャップの問題に直面している。

　「1－1　気候変動の影響」で取り上げたとおり、緩和の努力が実を結ばないうちに、予想された気候変動の影響が、多方面で顕在化してきている。その1つが、本書で中心テーマとして取り上げた、自然災害の増大である。これは先進国・途上国を問わない共通的な課題だが、とりわけアジア地域において、自然災害による影響が深刻化している。

　温室効果ガス排出を削減し、気候を安定化する「緩和」と、気候変化に適切に対応して生存・生産・生活を維持していく「適応」は、車の両輪のごとく、バランスよく取り組む必要がある。ただ、これまでは、緩和の取組みが先行してきた。また、適応だけで問題が解決するという誤解を招くという懸念から、適応に力を入れることは、緩和への努力を緩めることになりかねない、いう意見もあった。

　しかし、気候変動問題は、緩和のみ、適応のみの一方の努力で解決するものではない。そのため、「1－2　適応策を推進するうえでの課題」で論じたとおり、緩和と適応の相乗効果を考慮した対策の選択によって、双方の対策の効果をあげ、費用対効果の高いかたちで対策の実現を図ることが必要である。また、「1－3　適応策に関

---

[1] 損保ジャパン環境財団環境問題研究会中間報告シンポジウム「気候変動にレジリエント（強靭）な社会のために」2012年11月
　http://www.sjef.org/about/sje_symposium2012/

する国際交渉の動向」で触れたとおり、特に途上国において、適応策を実施するための、資金や技術が不足している。そのため、資金規模の拡大や、効果的な技術支援の方法について、十分に検討する必要がある。また、途上国政府が長期的リスクの評価に目が向くような仕組みをつくりだす必要がある。いずれにせよ適応に関しての本格的な行動はこれからである。

2 適応策推進の課題と解決に向けた提言

今後は、社会全体で、適応に関するプライオリティをあげていくことが必要である。そのためには、まだ十分とはいえない適応に対する認知度をあげ、その重要性の認識を広めることが重要である。科学的な知見の共有は、そのベースとなる。

本書では、理論面と実践面という2つの面から、適応に関する最新の知見や実践事例を取り上げてきた。これまでの議論を通じて得られたポイントをふまえ、適応を具体的に進めるための個別対策の推進に向け、とりわけ重要と考えられる点について、

表1 適応策推進の課題と解決に向けた提言

気候変動問題の特性	適応策推進の際の課題	課題解決に向けた提言
不可逆性	いったん影響が顕在化すると、とりかえしのつかない不可逆的な事象が起こりうる	変化を先取りした予防的アプローチが必要である
長期継続性	海面上昇等、温暖化による影響は、長期にわたる	
不確実性	どの地域に、いつ頃、何が、どの程度起きるかに関して、まだ十分な予測ができていない	科学的知見の進展や状況変化にあわせ、定期的に見直し、タイミングよく適応策を実施する、柔軟で順応的なアプローチが必要である
地域性と多様性	気候変動の影響はグローバルに及ぶが、気候変化の状況は地域によって異なるため、適応策に関する一般的な知識だけでは、対応が困難である	地域の状況に根ざした、マルチステークホルダー・プロセスによるトップダウン・ボトムアップ両方のアプローチが必要である
メインストリーミング	既存の対策のなかに、適応の視点が組み込まれているケースが少ない	適応を、通常の意思決定や行動のなかに、組み込むことが必要である

提言を行いたい。

(1) 予防的アプローチ

気候変動の影響と考えられるさまざまな事象がすでに観測されているが、今後は世界規模で起きる広大な生態系変化や種の絶滅等、とりかえしのつかない不可逆的な事象が起こる可能性がある。また、海面上昇等、温暖化による影響は長期にわたる。

そのため適応策は、1992年にブラジルのリオ・デ・ジャネイロで開催された、環境と開発に関する国際連合会議（地球サミット）で出された、リオ宣言の第15原則である予防的アプローチ（予防原則）に基づいて検討すべきである。

第15原則には、「環境を保護するため、予防的アプローチ（Precautionary Approach）は、各国により、その能力に応じて広く適用されなければならない。深刻な、あるいは不可逆的な被害のおそれがある場合には、完全な科学的確実性の欠如が、環境悪化を防止するための費用対効果の大きい対策を延期する理由として使われてはならない」と記されている。

この予防原則にあるように、コスト対効果の高い対策を先のばしにすべきでないが、スターン・レビュー[2]にも示されているとおり、コストと効果は短期的ではなく中長期的な視点から検討する必要がある[3]。また、「2－4　災害費用をどう見積もるべきか」で述べているとおり、より広い範囲で被害をとらえていく必要がある。

(2) 柔軟で順応的なアプローチ

気候モデル研究は進んでいるが、どの地域に、いつ頃、何が、どの程度の規模で起きるかに関しては、まだ十分な予測ができておらず、不確実性が存在する。不可逆性や不確実性のもとでの意思決定は、「2－5　対策をいつ実施するべきか」で論じているとおり、困難な問題である。

しかしながら、気候変動予測が不確実だからといって、何もアクションをとらず確実性が高まるまで待つというスタンスは望ましくない。現状の科学的知見をふまえて行動を始め、状況変化や研究の進展に応じて柔軟に当初計画を修正するほうが、より実効性の高い対策ができる。不確実性のもとでの意思決定の考え方を説く予防的アプローチには、こうした順応的なアプローチを組み合わせるべきである。

2014年前半に発表されるIPCC第5次評価報告書によって、科学的知見もアップデートされる。政策の判断基準として活用されることを想定したものなので、当然政

---

[2] 英国ニコラス・スターン卿の「温暖化の経済学」(2006) では、GDPの1％を温暖化対策に充てれば、将来起こりうる、GDPの5％から最大20％にも及ぶ大きな経済的損害を回避することができるとしている。

[3] 社会的責任の国際規格ISO26000の環境の項では、予防原則について次のような記述がある。「組織がある対策の費用効果を考える場合には、その組織にとっての短期的な経済費用だけでなく、その対策の長期的な費用便益を考えるべきである」。

策の見直しも必要になろう。気候変動の影響に関する研究が進むにつれ、地域ごと、分野ごとに、より精緻で確度の高い影響予測や研究成果が、今後も生まれてくる。そうした科学的知見の進展や、時間の経過とともに変化する状況をふまえ、不確実性を前提に、幅広い柔軟な考え方で、適応策の検討を進める必要がある[4]。

たとえば、「3－1－2　英国における適応への取組み」で紹介しているとおり、英国の国家戦略では定期的な見直しを最初から組み込んでいる。また、「3－1－4　自治体の視点からの適応策の考え方」では、計画目標を変化にあわせて特定の時点ごとに決める考え方の有効性に言及している。このように科学的知見の進展や、時間の経過とともに変化する状況をふまえ、柔軟で順応的に対応していくアプローチが求められる。

また、不確実性があるなかで柔軟に対応するには、ハード的対応とソフト的対応を組み合わせることが有効といえる。「2－2　気候変動のもとでの適応策としての災害リスク管理」「2－3　リスクファイナンスとは」「2－7　望ましい水害保険の構築に向けた政府関与のあり方」で紹介したとおり、水災害分野を例にとると、気象災害の増加に対しては、ダムや堤防等の構築によるハード的対応と、災害時を想定した避難活動や事後的な復旧を支援する保険、住民の自主的活動等のソフト的対応の両者がある。

ハード的なインフラ更新が30～100年という長期のサイクルで行われることを考えると、ソフト的対応をうまく活用することにより、費用のかかるハード対策の決定時期や規模に柔軟性をもたせ、科学的知見の進展や状況の変化に応じて、タイミングよく適応策を計画・実施することが可能になる。

(3) マルチステークホルダー・プロセス

気候変化の状況は地域によって異なり、一律のトップダウン型の対策だけでは、対応が困難なため、ボトムアップによって状況に応じた適応策を進める必要性がある。そして多岐にわたる実際の解決策を担うのは、それぞれの地域の当事者である。

たとえば、「3－1－5　長野県における適応策の取組経緯とモデルスタディ」で紹介したとおり、長野県では、市民参加型モニタリングを実践し、適応する主体自らがモニタリングにかかわることで、日常的に気候変動へのアンテナを高くすることを目指している。

---

[4] 損保ジャパン環境財団研究会の中間報告シンポジウムにおける、三村信男教授の以下の発言を参照。「数年の間は、現在の政策に基づくモニタリングや早期警戒に取り組む短期的適応策（Real time adaptation）を進めること、……中長期的には、常に最新の科学的情報を組み込みながら、定期的に適応策を見直すという順応的な適応策（Adaptive adaptation）に取り組むことが重要」（『グローバルネット』267号（2013年2月）地球・人間環境フォーラム）。

このように適応は地域において進める必要があり、その自然環境、経済環境、社会環境等により異なるさまざまな影響に対して、個別具体的に対処することが求められる。したがって、多様な関係主体（ステークホルダー）が、解決に向けて主体的に取り組むことが不可欠である。

　そのためには、ステークホルダーが対策の検討・決定段階から参加し、解決行動を担っていく、参加型のプロセスが欠かせない。また、利害関係は多岐にわたるため、時にはマイナスの副次効果が問題となったり、トレード・オフの状況になったりすることもありうる。よって、情報共有と対話を通じて、ステークホルダー間の合意を形成することが必要となる。その観点から、ボトムアップの対策を進めるには、多様な主体が参加し、合意し、実践においても協働する「マルチステークホルダー・プロセス」が有効と考えられる。実際、「第3章第3節　市民による取組み」で触れたとおり、地域住民をはじめとする多様なステークホルダーを巻き込み活動を進めないと、十分な効果は得られないといえる。

　一般的にパートナーシップは課題解決に有効とされているが、とりわけ適応については強く当てはまる。それは、地域の適応力を全体として向上させる対策は広範囲にわたり、多数のステークホルダーの参画が必要なこと、不断の努力によって継続的にレジリエンスを高めていかなくてはならないこと、全体最適を目指す横断的対策が必要かつ効果もあがることなどがその理由である。

　特に、パートナーシップの基礎として科学的知見を共有し、共通の理解を政策や企業の戦略・行動に活かすことが重要である。その意味で研究セクターと政策決定者・企業経営関係者との対話と協働がいままで以上に求められる。こうしたセクター間の連携によって、人材・ノウハウ・資金等をより有効活用することが可能となろう。

　実際、「第3章　実践面からのアプローチ」でみてきたとおり、国連機関、地方自治体、NGO、企業等が参画し、住民を巻き込みながら、気候変動への脆弱性に対処し、貧困から脱して活力あるコミュニティをつくりだす新たな実験プロジェクトが、各地で行われるようになってきている。

(4)　トップダウンとボトムアップのアプローチ

　「3－1－3　地方自治体における適応策の取組動向と課題」で述べているとおり、現場での適応策推進の主体である地方自治体においては、国家レベルで適応の政策的な位置づけが明確でないことが、推進に向けた障害となり得る。

　そのため、日本での適応策を推進するためには、国家戦略に位置づけることが必要である。こうした計画（National Adaptation Plan）は、米国、英国、EUをはじめ、アジアでは中国、韓国等が先駆けている。日本においても、「3－1－1　日本における適応への取組み」で触れているとおり、2015年度夏頃をメドに政府全体の適

応計画策定を予定している。これは国としてプライオリティをあげるために必要な措置である。まず、優先政策課題であることを政府として明確にし、リーダーがコミットすることが必要である。

国全体の計画をトップダウンで策定することは、現場での適応策の重要な担い手である、地方自治体の計画作成などのアクションに対して裏付けを与えることになる。必要な予算措置や政策実施の根拠づけがなされ、具体的な適応政策を進めるための後押しとなる。

また、適応政策実施にあたっては、「2－6　自然災害に対する賢い選択行動と政府の姿勢」で述べたように、企業や住民の選択を強制したり規制したりする「厳しい介入」だけではなく、市場でより効果的な賢い選択がとれるように後押しする「穏やかな介入」を併用することが望ましい。

なお、気候変動の影響はグローバルに及ぶため、グローバルな視野で考える必要がある。「3－2－2　製造セクターの取組み」で触れたように、2011年のタイ洪水で日本企業が多大な影響を受けたが、国境を越えて相互依存が強まるなか、他国で発生した自然災害等により、日本も大きな影響を受ける。したがって国内でレジリエンスを高めるだけではなく、気候変動に脆弱なアジア等の国々の問題にも積極的にかかわっていく必要がある。「1－1　気候変動の影響」で紹介しているが、研究者による「気候変動の脆弱性、影響、適応研究プログラム（PROVIA）」や「アジア太平洋適応ネットワーク（APAN）」等の国際的なネットワークが生まれている。日本もこうしたネットワークに積極的に加わり、貢献を進める必要がある。

こうした国レベルでの戦略構築と並行して、「3－1－3、3－1－4、3－1－5に示された地方自治体による取組み」「第3章第2節　企業による取組み」「第3章第3節　市民による取組み」など、国内外の地域コミュニティで各主体が参加・連携しつつ取り組む事例が生まれ始めている。

適応の推進にあたっては、国がトップダウンで進めることに加えて、地域でさまざまなセクターが参加し、重層的な適応策をボトムアップで進めることの両方が相まって、はじめて効果的な対策が可能になる。

その意味で、こうした両方向の取組みがかみ合い、整合性のとれた活動となるよう、全体をコーディネートする機能が今後は重要となろう。たとえば先進事例として、オーストラリアでは、連邦政府の計画に基づきクイーンズランド州が「気候変動適応センター」を設立して、地域のさまざまなセクターによる活動を総合的に推進している。企業をターゲットにした円卓会議、優れた取組みの表彰、自然災害発生時のボランティア事前登録制度など、コミュニティにおける幅広い関係者の参画と主体的な活動を促しながら、適応策を計画的に進めている。

⑸ メインストリーミング

　メインストリーミングとは、「主流化すること」「意思決定のなかに（適応の）配慮を組み込むこと」を指す。多様なステークホルダーが、それぞれの事業や活動において、適応を特別なこととしてではなく、日常の意思決定や行動のなかに組み込むことである。政府であれば各省庁の政策のなかに、企業であれば事業戦略や各部門の業務遂行のなかに、適応、すなわち気候変動リスクへの対処を織り込むことを意味する。

　「2－1　気候変動リスク管理・リスク分析」で論じているとおり、気候変動問題を、リスク管理の問題としてとらえる動きがふえている。しかしながら、より横断的に既存のリスクマネジメントの取組みのなかに、適応の視点を組み込んでいるケースはまだ少ない。「2－2　気候変動のもとでの適応策としての災害リスク管理」で述べられているような、新たな視点でのリスク管理を生むきっかけとしたい。

　適応をメインストリーミングしていくうえでの障壁の1つは、慣例主義である。政府にせよ企業にせよNPOにしろ、多くの組織が、往々にして過去の経験や統計データを頼りに意思決定している。これまでの実績や慣行にのみ基づいて計画を策定・実施していると、将来の新たなリスクや起こりうる変化に対応できない。たとえば「3－3－2　フィリピン・インド・エチオピアにおける取組み」では、気候変動のコミュニティへの影響に関する分析をふまえた開発援助の実施例を取り上げたが、このように、将来予測のためのモデリング、シミュレーションの結果等を、意思決定に活用すべきである。たしかに、不確実な予測に基づいて意思決定することへの反対意見や抵抗感もあろう。しかし、現実的に、組織や社会のレジリエンスを高めるためには必要なことである。

　もう1つ、メインストリーミングの実現において重要なのは、縦割主義を排することである。「3－1－5　長野県における適応策の取組経緯とモデルスタディ」で紹介しているとおり、長野県では、防災・農業・健康・観光・自然等の関係部局を巻き込んで議論を進めたが、適応の担当部門が孤軍奮闘するのではなく、部門間に横串をさし、横断的に議論することが重要である。

　そのうえで、一過性のプロジェクトにはせず、日常の手順に組み込み、点検・改善を平常業務として遂行し、PDCAサイクルを回していくことが求められる。

3　企業への期待と問われる各セクターの役割

　気候変動に強い社会（climate resilient society）を築いていくためには、多くのステークホルダーの参画が必要である。そして、それぞれが日常業務のなか、あるいは既存事業の枠内や延長線上で、適応に取り組んでいくことが求められている。

　他方で、社会構造の大きな変革を伴う対策や、従来の常識や既存技術の壁を超えた

革新的な対策が必要な場合もあり、技術的、社会的イノベーションが求められる。その意味で、適応に関するイノベーティブな課題解決力をもち、新たなソリューションを提供できる企業への期待は高まっている。こうした企業の力を最大限に発揮させるためには、企業がビジネス・オポチュニティとして適応に取り組むように、「経済に適応を組み込む」、すなわち市場の力を通じて普及推進することが有効であろう。イノベーションを通じて課題解決力をもつ企業の力を適応推進に活かし、適応を新たな成長分野として位置づけることが望まれる。

まだ実際には、企業の適応への取組みは、萌芽期にある。リスクマネジメントとして自らを守るだけにとどまらず、ビジネスチャンスとして社会全体のレジリエンスを高めるような企業行動は、まだ多くは生まれていない。ただ、「第3章第2節　企業による取組み」で紹介したように、各企業セクターにおいて先進事例は生まれつつある。

こうした、企業セクターのイノベーション力を生かしつつ、国や地方自治体、市民、研究者など、多様なセクターがそれぞれ適応への取組みを加速していくことが、求められている。そして、科学的知見を行動のベースとして共有し、どのように各ステークホルダーが連携しつつ、力強い共同行動につなげていくかが、いま、われわれに問われている。

〈参考文献〉

植田和弘・大塚直・損害保険ジャパン・損保ジャパン環境財団（2010）『環境リスク管理と予防原則』有斐閣

環境省（2007）「気候変動に関する政府間パネル第4次評価報告書に対する第2作業部会の報告　政策決定者向け要約」

Stern, N. (2006), The Stern Review : The Economics of Climate Change.

Queenland Government (2011), Climate Change : Adaptation for Queensland － Issues Paper －

Deloitte (2013), Building our nation's resilience to natural disasfers : Australian Business Roundtable for Disaster Resilience and Safer Communities.

気候変動リスクとどう向き合うか
――企業・行政・市民の賢い適応

平成26年3月4日　第1刷発行

監修者	西岡秀三・植田和弘・森杉壽芳
編著者	損害保険ジャパン
	損保ジャパン環境財団
	損保ジャパン日本興亜リスクマネジメント
発行者	倉　田　　勲
印刷所	株式会社太平印刷社

〒160-8520　東京都新宿区南元町19
発　行　所　一般社団法人 金融財政事情研究会
　　編集部　TEL 03(3355)2251　FAX 03(3357)7416
販　　売　株式会社きんざい
　　販売受付　TEL 03(3358)2891　FAX 03(3358)0037
　　URL http://www.kinzai.jp/

・本書の内容の一部あるいは全部を無断で複写・複製・転訳載すること、および磁気または光記録媒体、コンピュータネットワーク上等へ入力することは、法律で認められた場合を除き、著作者および出版社の権利の侵害となります。
・落丁・乱丁本はお取替えいたします。定価はカバーに表示してあります。

ISBN978-4-322-12424-8